机载光电成像跟踪测量系统误差与像移分析

金光　杨秀彬　张屾　姜丽　王旻　著

国防工业出版社
·北京·

内 容 简 介

本书深入浅出地介绍了机载光电成像跟踪测量系统误差与像移补偿计算原理，并以此分析了载体运动对光电成像跟踪测量精度的影响，通过建立成像测量全链路数学模型，对机载测量与稳定成像系统多类型影响因素进行了分析与综合，最后完成成像像移补偿方案。本书共6章，内容包括：绪论、机载光电成像跟踪测量设备的测量方程、机载光电成像跟踪测量设备误差分析与综合、机载光电成像像移及补偿技术分析、机载光电设备成像模型的建立和像点运动方程及误差分析。

本书内容重点突出，系统全面，实践性强，对于需要快速学习和掌握机载光电成像跟踪测量系统的年轻科技工作者来说，是一本很有价值的图书，也可作为本科毕业设计、研究生学术论文的参考资料，还可以作为对跟踪测量技术感兴趣并系统学习的读者的参考用书。

图书在版编目(CIP)数据

机载光电成像跟踪测量系统误差与像移分析/金光等著. —北京：国防工业出版社，2018.9

ISBN 978-7-118-11631-1

Ⅰ.①机… Ⅱ.①金… Ⅲ.①机载电子设备-光电跟踪系统—系统误差—研究 Ⅳ.①V243

中国版本图书馆 CIP 数据核字(2018)第171871号

※

国防工业出版社出版发行

(北京市海淀区紫竹院南路23号 邮政编码100048)

三河市众誉天成印务有限公司

新华书店经售

*

开本 710×1000 1/16 **印张** 10¾ **字数** 187千字

2018年9月第1版第1次印刷 **印数** 1—2000册 **定价** 62.00元

国防书店：(010)88540777 发行邮购：(010)88540776

发行传真：(010)88540755 发行业务：(010)88540717

序

现代战争中，航空领域中的制空权的重要作用日益凸显，有人甚至猜想：“未来的战争，很可能成为航空武器与空防武器之间的对抗。”信息化条件下的高技术战争，需要全面、详尽的战术与战略情报，进行超大范围内态势感知。机载光电跟踪设备是侦察、探测、定位以及战果评估的重要手段，日益受到各国的重视并竞相研制。机载光电成像跟踪测量系统在现代军事装备中，是具有基础性作用的通用设备，发展机载光电成像跟踪测量技术，对提高国防科技水平具有重要意义。

机载光电成像跟踪测量系统利用光电传感器完成对地面或空中目标的搜索、识别、跟踪和瞄准等功能，通过搭载红外、激光等不同的有效光电载荷，可进行空域监视、目标指示、光电干扰、武器测试等多种不同的工作任务。机载光电成像跟踪系统是一个大时延、多耦合、非线性的高精度实时伺服控制系统。在目标高速高机动的运动过程中，系统要达到精确稳定的实时跟踪成像，需要在时序、结构机构、光学系统和成像单元等多方面进行精确设计与成像补偿，进而才能实现对不同目标的精确打击能力和远程打击能力。针对武器实施战术打击及其效能评估、精确制导武器的研制评价，机载光电成像跟踪测量设备凭借高精度测量和高清晰成像能力成为最有效的评价手段之一，它已经成为赢得信息化局部战争胜利的一个必要条件。

机载光电成像跟踪测量系统是一个复杂的系统工程，该系统在一个活动的航空光电稳定平台上安装各类光电传感器，能够根据操作者指令和系统反馈，实现对目标的识别、获取及跟踪，最终完成视轴稳定和目标跟踪等功能。本书以机载光电稳瞄系统为研究对象，依据系统的稳定原理，分析载体运动对光电成像跟踪测量精度的影响，建立成像测量全链路数学模型，对机载测量与稳定成像系统多类型影响因素进行分析与综合，最后建立成像像移模型与补偿方案，使战场指挥员成为千里眼、顺风耳，从而拥有战场感知能力或者说它拥有强大的获取战场信息的能力。

本书是航空光电跟踪成像误差分析与综合领域一部较新的专著，本书的编著者都是长期从事航空航天、光电信息、深空探测以及误差体系分析与仿真的一线科技工作者，不仅踏实勤奋，而且实践经验丰富。编者在编著过程中不仅收集了大量的文献资料，还通过认真分析总结整理完成了全书的编写工作，同时，在编写的过程中还大量融入了编者们的工作心得。本书一个非常重要的特点是理论联系实际，全书不仅系统全面地介绍了相关的理论方法，重要的是在介绍每一个重要分析应用领域中，都以详细示例分析为基础进行介绍，使得读者既能掌握基本理论方法，又能按照示例进行循序渐进地学习，可操作性强。

本书重点论述了机载光电成像跟踪测量系统误差与像移补偿计算，其内容安排由浅入深，重点突出，系统全面，实践性强，对于需要快速学习和掌握机载光电成像跟踪测量系统的年轻科技工作者来说，是一本很有价值的图书，也可供高等院校、科研院所高年级相关专业研究生和科研人员参考。

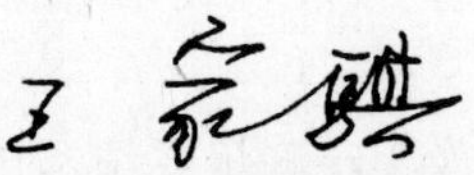

中国科学院长春光学精密机械与物理研究所

2018 年 5 月

王家骐为中国科学院院士。

前　言

从20世纪初开始，光电成像系统迅速发展，并广泛应用于科研、军事、工业、资源与环境等领域。但由于背景复杂度和各类干扰的影响，在很多情况下，光电成像系统的成像质量较低，目标探测性能较差。因此，如何获得更高的成像质量成为一个热门的课题。机载光电成像跟踪测量系统就是一种提升成像质量和目标探测性能的系统。机载光电成像跟踪测量系统是安装在载机上的伺服系统，能够通过隔离飞机的振动和运动的干扰，确保载体平台上的光电传感器的视轴稳定指向目标，也能计算和修正目标的跟踪误差，实现对地面或者空中目标的跟踪定位。机载光电成像跟踪测量系统性能的优劣，直接影响了机载传感器的观测结果及后续决策，因此需要对其性能指标进行考核和评估。

为了验证机载光电成像跟踪测量系统的性能指标是否达到要求，需要进行多次外场飞行试验。这种方法需要的试验周期较长，并且会花费大量的人力和资源，并且要求对系统成品进行试验，在系统预研时期无法实行。为了准确有效地考核和评估系统，减少不必要的消耗，缩短研发周期，迫切需要一种新的方法，在系统研发的前期，能够有效地评估系统的性能和技术指标，并为后续的设计和研制提供指导和支持。本书依据上述需求，针对中国科学院长春光学精密机械与物理研究所多年来在研的机载光电成像跟踪测量有关项目中涉及的跟踪测量误差与跟踪成像像移补偿技术，进行整理和归纳。重点分析和探讨机载光电成像跟踪测量设备的测量误差的种类、误差源、误差传递的关系及任意飞行姿态下成像像移补偿的问题，并从系统的角度出发，建立机载光电成像跟踪测量设备的测量误差方程和成像数学模型，进行误差分配、综合以及仿真计算，并结合像移速度矢量图分析了像移速度在载具的平飞、姿态调整和随机扰动的条件下的变化规律，为开拓和研制好机载光电成像跟踪测量设备做必要的技术准备。

本书从成像全链路理论出发，对光电成像跟踪测量系统进行深入分析。全书共分6章，第1章是对高精度测量和高清晰成像能力的信息化作战需求与光电成像跟踪测量设备进行介绍；第2章介绍机载光电成像跟踪测量设备的测量方程的建立过程；第3章介绍一种新的误差分析方法蒙特卡罗法，并建立了适合蒙特卡罗法的误差方程，实现了机载光电跟踪设备多环节测量误差的综合；

第 4 章对机载光电成像像移及补偿技术进行分析；第 5 章建立了由地物到像面的机载光电系统成像数学模型，得到包含载机飞行参数和相机成像参数的瞬时像面像移速度计算公式；第 6 章详细介绍了载机运动过程中一定范围内随机变化的姿态角和姿态角速度对像面上的像移速度变化的影响，并分析了像移速度变化对应的像移补偿措施。

本书是在团队成员的共同努力下完成的，参与本书资料整理、章节编写、校对审核和技术支持的人员包括了中国科学院长春光学精密机械与物理研究所的金光、杨秀彬、王旻、常琳、王绍举、范国伟以及空军第二航空大学的张峋和长春理工大学的姜丽等人，全书由金光撰写和统稿。需要说明的是，为了保证本书的科学性和严谨性，本书在编写的过程中，对需要实践的相关章节内容通过软件编程仿真进行了实现。在本书的编写过程中，始终得到中国科学院长春光学精密机械与物理研究所学术委员会主任、中国科学院院士王家骐研究员的关注、指导和支持，并为此书作序，在此特向王家骐院士表示衷心的感谢。空军第二航空大学、北京理工大学、长春理工大学、清华大学、哈尔滨工业大学等兄弟院校航空航天领域的专业老师们提出了许多宝贵的意见和建议；国防工业出版社的领导和编辑予以直接指导与帮助。借此书出版之际，谨对上述领导、专家和朋友们一并表示深深的感谢。

机载光电成像跟踪测量系统误差与像移分析是囊括光学、机械和电子多学科的一项艰巨的系统工程，由于我们的水平所限，难免有错误和不妥之处，欢迎专家和读者批评指正。最后，感谢一直给予我关心和支持的亲朋好友、同事、同学和朋友们！我将永远怀着一颗感恩的心，祈祷你们身体健康、工作顺利，生活幸福！

金光

2018 年 3 月

目　录

第1章　绪　　论

在国家防务中各类先进制导武器以其高精准打击能力一直排在各类军事威慑武器的前列,特别是海湾战争和科索沃战争中空中精确打击武器的大量应用为高技术武器在今后战争所起的作用奠定了雄厚的基础。21 世纪现代化局部战争中对制导武器的作战要求:必须建立完善的作战系统;必须对不同的目标具备精确的打击能力;必须具有应急机动作战能力;必须具有远程精确打击能力;必须具有防空作战能力;必须具有较高的战场适应能力。针对武器实施战术打击及其效果评估、精确制导武器的研制评价,机载光电成像跟踪测量设备凭借高精度测量和高清晰成像能力成为最有效的评价手段之一。目前,我军武器装备的机械化和信息化程度越来越高,但是,获取武器打击信息和图像信息的装备却相对落后和匮乏。这就相当于一个体魄健壮却患有眼疾的战士,其战斗力必将大打折扣。因此,机载光电成像跟踪测量设备是发展高技术武器研制过程中不可缺少的关键成像测量设备,同时也是机载火控系统中的关键装备。它已经成为我军赢得信息化局部战争胜利的一个必要条件[1]。

1.1　光电成像跟踪测量设备概述

光电成像跟踪测量系统主要用来实施空间目标的跟踪成像与精确位置测量,根据其应用领域可以分为以下 4 类[2]:

1. 天文望远镜

天文望远镜主要用于天文观测和天文测量。天文望远镜一般焦距很长,视场小,跟踪速度和加速度小,测量精度要求很高。天文望远镜的主要特点是长焦距、相对孔径和视场都很小,最长焦距可以到达 5~30m,此时由于焦距过长,视场角就会变得很小。在天文观测和测量中,一般采用极轴式布置的跟踪架,其特点是外框架轴与地轴平行,即让外框架轴指向两极,其余的两轴与地平式相同。其好处是对当地天顶目标的观察和测量不受限制,特别在做天文观测时,只要外框架轴以地球自转角速度运动时,不必控制内框架轴,视轴就可和被观察的天体同步。但极轴式跟踪架在观察和测量接近两极的目标时受到限制,因此天文观测和测量中往往还使用第三种布置形式,称为滚地式,即其外框架轴的指向不一定通过两极,而是根据观察和测量任务规划的需要,任意改变外框架轴的取向。

2. 靶场光测设备

靶场光测设备主要用于弹道测量,是根据靶场弹道测量,特别是火箭、导弹弹道测量的需要而形成的一类综合光学精密仪器。随着现代技术的发展,形成了装备有电视、红外和激光跟踪测量、电影记录的光电跟踪经纬仪,结构一般采用地平式跟踪架。这一类仪器焦距较长,视场适中,跟踪速度和加速度要求较高,其跟踪精度和测量精度要求极高。早期的光电成像跟踪测量系统往往是依靠人—机半自动跟踪,因此在主机上配置有操作员。操作员依靠目视瞄准镜,通过操作手轮(双人操作)或单杆(单人操作)实现半自动跟踪。随着电视跟踪测量传感器、红外跟踪测量传感器以及伺服控制技术的发展,新研制的光电成像跟踪测量系统大多为脱机操作,即在主机上不设操作员,而是依靠雷达引导、光电成像跟踪测量系统间的相互引导、光电成像跟踪测量系统各种跟踪测量传感器自身强大的捕获和跟踪能力,来实现捕获和跟踪目标。为了适应对各种不同目标的跟踪和测量需要,现代的光电成像跟踪测量仪器往往配置了多种测量、记录传感器,最典型的有电影摄影、电视跟踪测量、红外跟踪测量、激光测距、激光跟踪测量、目视观察望远镜以及微波测量测速。

3. 光电跟踪仪

光电跟踪仪主要用来为火器指示目标,给出目标空间位置信息。由于电子对抗的发展,雷达信号往往受到强有力的干扰,从而影响到整个火控系统的有效性,因此越来越多的火控系统装备光电跟踪仪,用其作为雷达的补充,同时还可以提高对目标指示的精度。对于火控系统中的光电跟踪仪,由于其对测量精度的要求相对较低(比靶场光测设备通常低 1~2 个数量级),因此往往采用 T 形配置用来减轻重量和缩小体积,即减小转动惯量和提高刚度,提高其跟踪速度和加速度。

4. 机载光电成像跟踪测量设备[3]

由于现代武器技术的发展,将靶场成像测量设备应用到飞机上是当前光电成像跟踪测量系统的新发展。机载光电成像跟踪测量系统是吊挂在飞机上,可精确成像测量地面目标或空间目标相对飞机的方位角和俯仰角及距离。由于飞机处于飞行运动状态,飞机的位置、姿态等因素会不可避免地影响测量。机载成像测量设备与地基光电成像跟踪测量系统相比,技术难度更大,对测量精度影响的环节更加复杂。如何分析机载光电成像跟踪测量系统的测量精度,寻找实用化、工程化的机载光电成像跟踪测量系统误差分析方法,是目前从事机载光电跟踪系统科研人员亟待解决的问题,它对我国目前开展航空成像测量设备的研制具有较高的应用价值。

机载光电成像跟踪测量系统可完成对地面、空中目标的搜索、捕获、锁定、跟踪和瞄准,并将飞机相对目标的方位、俯仰、距离等信息进行记录,可应用到常规武器靶场、机载光电侦察、机载光电火控等领域。

机载光电成像跟踪测量设备与地基光电成像跟踪测量设备一样都是以地平式跟踪架为基础对飞行目标进行跟踪和测量,其结构和组成方式大致相同。地基光电成像跟踪测量设备一般是安放在固定基座上;而机载光电成像跟踪测量设备是吊挂在飞机上,它与飞机一起处于运动状态,并对地面目标进行跟踪和测量。因此,机载光电成像跟踪测量设备与地基光测相比,技术难度更大,环境要求更为苛刻。机载光电成像跟踪测量与地基设备不同点相关比较如下:

(1) 设备的安装基座处于运动状态,称为动基座;

(2) 飞机的姿态变化融入成像测量中,从而引起测量误差;

(3) 跟踪架既承担目标的捕获和跟踪,又是成像测量的稳定平台;

(4) 测量光轴的指向不稳定性、光学窗口外侧高速气流的扰动、载体的飞行姿态变化和高频振动均对成像质量和测量精度产生影响。

总之,机载光电成像跟踪测量设备是将光电成像跟踪测量拓展到更宽领域里的显著标志,同时也是光电测量的新发展。

1.2 机载光电成像跟踪测量设备概述

1. 机载光电成像跟踪测量设备的组成

机载光电成像跟踪测量设备与地基光电成像跟踪测量设备测量原理上基本相同,都是以地平式跟踪架为基础,含有竖轴、横轴、照准架、光电传感器视轴等基本部分,如图 1-1 所示。从组成形式上看,机载光电测量设备是倒载挂在机上,属动态测量,因此更为复杂,具体组成如下[4]:

(1) 基座:含有竖轴和光电轴角编码器、驱动电动机及减速器(或力矩电动机)、导电环、调平装置、无角位减震器等;

(2) 照准架:含有横轴和光电轴角编码器、驱动电动机及减速器(或力矩电动机)、球型吊舱、电视摄像和测量、红外摄像和测量、激光测距、陀螺稳像、环控、保护窗等部分;

(3) 陀螺稳定伺服控制:陀螺、伺服控制;

(4) 图像跟踪及记录:电视跟踪、红外跟踪、视频处理及记录[5];

(5) 控制计算机:工业控制计算机、数据采集。

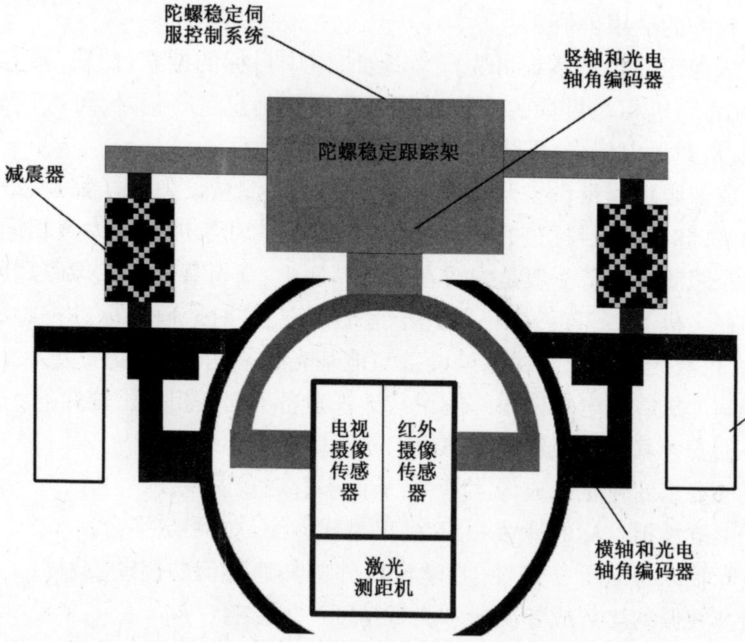

图 1-1　机载光电成像跟踪测量设备示意图

2. 机载光电成像跟踪测量设备的应用

1）空基靶场光测设备

空基靶场光测设备主要用于巡航弹等各种特殊导弹的外弹道测量，它是配合地基光测设备共同完成各类导弹的测量任务。从其发展历史来看，也是应靶场弹道测量，特别是火箭、导弹弹道测量的需要形成其独有的新型综合光学精密仪器。随着现代技术的发展，形成了配有电视、红外和激光三位一体的综合测量手段。

2）机载光电侦察设备

机载光电侦察设备主要是安放在无人机和各种型号侦察机上，完成对地面目标的侦察和测量定位，是目前机载光电侦察的发展方向[6,7]。

3）机载光电火控跟踪系统

机载光电火控跟踪系统主要用来为机载火控系统指示空中或地面目标，给出目标空间位置信息，引导机载武器打击目标。

机载光电成像跟踪测量设备的应用十分广泛，它即可对各种目标进行定位，又可与飞机火控系统相结合，承担地面目标的跟踪和瞄准，还可以吊挂在侦察机上实行侦察。

1.3 机载光电成像跟踪测量设备的发展

现代战争的特点是高技术、多方位、立体、全天候作战,它决定了陆、海、空的协调统一是制胜的关键,尤其是空中侦察对作战的优势显得越来越重要。因此,作为侦察、测量和校射,以及打击效果评估的重要手段,机载光电成像跟踪测量设备日益受到各国的重视。意大利、英国和西班牙从1992年开始联合研制“机载被动红外跟踪设备”,计划装备欧洲战斗机。该装置质量不到60kg,功耗小于550W,采用了工作于8~12μm波段的高灵敏探测器,可探测74km范围内的高速喷气式飞机。其空空工作包括:在两个不同的视场内,跟踪多个高速目标并优先排序、跟踪和识别单个目标;在空地工作中,它可辅助驾驶和着陆。该装置还具备以下能力:在空空和空地应用中提供高分辨率图像以用于目视识别;定位低空目标并提供标示信息;为平视或多功能俯视显示器提供数据和图像,以支持不良气候条件下的导航和地形回避[8]。

法国“前方光电子防御”光导发光、可见与红外搜索和跟踪系统由法国国防部发起、汤姆逊无线电公司光电子分公司和通用机械电气公司从1991年开始合作研制,2000年左右投入生产,装备“阵风”战斗机。该系统是一个与MICA导弹火控系统配用的多功能系统,同时也可与其他火控系统协同工作。具备多频谱能力,可组合实施测距、跟踪和目标捕获。其传感器头含有两个光学头,将安装于“阵风”战斗机座舱罩的正前方。法国汤姆逊无线电公司研制的新型防区外侦察吊舱正在进行使用试验。由于尚未完成数字相机的研制,这个吊舱目前携带焦距610mm的胶片型DMS 610相机,不久的将来,即将增添以CCD为基础的光电传感器、数据记录器和近实时数据链路。法国空军首先将该防区外侦察吊舱装备两个“幻影”F1CR侦察机中队,以后还将装备“幻影”2000D飞机。

英国皇家空军已完成了提高战术侦察能力的一系列计划。研制的“旋风”飞机机载侦察吊舱,使“旋风”GR. 4/4A飞机具有防区外/中空侦察能力,以补充现有低空红外侦察系统。此外,还与雷声公司签订了一项9000万美元的合同,在4年内采购8个容纳DB-110双波段(电光/红外)相机的机载吊舱和两个地面站。

德国空军向Daimler Chrysler宇航公司采购37个侦察吊舱和两个地面站,用于更换”旋风“飞机的老侦察吊舱。新吊舱长4. 3m,重250kg,内部装载两台Zeiss-Eltro光电公司的中、低空用的普通昼用胶片相机和霍尼威尔公司的红外行扫描器,能在61~610m的高度使用,其中,前/斜视KS-153 Trilens 80相机视场为153°,直视型KS-153 Pentalens 57相机的视场为180°。

丹麦的TERMA电子公司与美国的侦察/光学公司组成联合体，为丹麦空军提供6个组件式侦察吊舱。吊舱中安装CA-260和CA-261电光相机以及CA-265红外分幅相机。荷兰空军仍在使用20世纪70年代的“俄耳甫斯”相机吊舱，但在波黑作战时为了提高中空侦察能力已购买了4个安装胶片相机的组件式侦察吊舱。目前还在考虑花费1亿美元购买18个新一代侦察吊舱和最多3个机动地面站。新一代吊舱装有中、低空光电侦察相机，红外行扫描器，侦察管理系统和数据链路。现有的组件式侦察吊舱将用于评估传感器和数据链路技术。比利时现使用的组件式侦察吊舱，安装胶片相机。

波音公司的联合攻击战斗机(JSF)将设计安装2个雷声公司红外传感器系统，该系统可使飞机具有搜索跟踪能力。该系统第一部分是分布红外传感器(DIRS)，能够侦察敌人导弹的发射情况、跟踪敌机、为飞行员提示预警目标；第二部分是目标前视红外系统(IR)，可以精选、验证、查明地面目标。

美国在2001年也大量采购用于战斗机的前视红外(FLIR)系统。包括雷声公司将为F/A-18C/D和E/F战斗机生产500多个的ATFLIR(先进瞄准前视红外)系统吊舱；诺思罗普·格鲁曼公司正在为总数超过200架的美国海军陆战队的AV-8B飞机和美国空军国民警卫队/空军预备队的F-16飞机生产LiteningⅡ吊舱。此外，为了增强破坏和压制敌方空防的能力，美国空军正加速在F-16CJ战斗机上装备“先进瞄准吊舱”(ATP)。除了原来的几百个双吊舱LANTIRN以外，洛克希德·马丁公司基于LANTIRN吊舱的第三代前视红外系统Sniper也很适用。虽然现在只打算装备100个ATP吊舱，但ATP可能会进一步演化成所有F-16和F-15E战斗机上的LANTIRN吊舱的三代FLIR的改进型。据在世界范围内提供竞争情报服务的Teal集团即将公布的“战斗机FLIR市场预测”称，洛克希德·马丁公司将在10年内生产350个Sniper(国际市场上称为PANTERA)前视红外系统，此项目至2009年的总价值已达10亿美元。其他国家也意识到需要认真考虑FLIR系统，这使FLIR具有非常光明的国际市场，国外机载光电成像跟踪测量设备如图1-2所示。

图1-2　国外机载光电成像跟踪测量设备示意图

我国在机载侦察及测量技术研究及设备制造方面起步较晚，空军空中侦察设备短缺，且多半为进口的老一代相机。机载测量设备尚属空白。所以，大力发展机载光电成像跟踪测量设备，具有十分重要的意义。中国科学院长春光学精密机械与物理研究所从20世纪80年代末开始机载吊舱和稳定平台的研制。设备研制的基本出发点是瞄准世界先进水平，并结合现有的技术基础，提出我国自己的机载光电跟踪系统。中国科学院长春精密机械与物理研究所研制的多种机载光电跟踪系统已在近年来研制的5种机载电视侦察平台上成功使用，其中T-6无人机电视摄像系统已于1994年设计定型并列装，直9直升机电视侦察系统于1996年完成设计定型，BZK-002型高原无人机侦察电视系统于1998年完成设计定型，这三种无人机载摄像系统均已累计飞行40架次以上，每次留空时间4h，都圆满完成任务。国内外多种机载光电成像跟踪测量设备主要技术指标如表1-1[9,10]所列。

表1-1 各国电视侦察平台性能对照表

型号	MOSP	H-lite	T6
生产厂家	以色列飞机工业公司	以色列 ELbit system Ltd	中航工业西安飞行 自动控制研究所
结构形式	双轴	四框架两轴稳定	双轴
稳定精度	25μrad	25μrad	100μrad
工作范围	高低-110°~ +10° 方位 n×360°	±120° ±135°	高低-110°~ +10° 方位-180°~ +180°
体积	ϕ380×500mm	ϕ260×570mm	ϕ260×430mm
质量	35kg	53kg	20kg左右
用途	无人机	直升机	无人机
电视焦距	20~770mm	12~600mm	10~150mm
红外FOV	24.5°×18.4°,7.2°×5.4° 2°×1.5°	18°×24°,3.5°×4.6° 1°×1.3°	
激光测距	30km,精度5m	激光测距20km,精度5m	

1.4 像移补偿技术国内外发展及应用情况

画幅相机可以每帧覆盖更大的区域，同时获得更好的几何精度，并且拍摄时更加灵活，不必像推扫和摆扫相机那样必须严格地按照既定航线和由速高比确定的帧率工作，甚至在载具做机动飞行时也可以进行拍摄。上述优点决定了越来越多的航空成像侦察装备，尤其是以无人机为载具的成像载荷都选择了画幅成像方式，所以本章讨论的也是画幅式相机的像移补偿。目前针对画幅相机的像移补偿有多种方式，比较成熟且已经实际应用的技术大多是针对民用消费级的产品，其中比较典型的有自然补偿、光学补偿和像面补偿等方法，这些方法对航空、航天相机的像移补偿具有借鉴意义。

自然补偿法的核心思想就是通过提高胶片或电子器件的感光度,进而得以提高快门速度,从而减小或消除像移的影响。例如,目前民用数码相机的感光度已经达到了 ISO 10000 的水平,可以显著缩短曝光时间来尽可能消除运动模糊。

光学补偿法是利用在镜头中加入的一组可移动的补偿透镜来移动光轴从而消除像移。例如在曝光过程中,当相机发生运动时,微处理器可以将安装在机身上的加速度传感器获得的运动参数代入补偿模型中,然后计算出补偿透镜需要做出的相应位移量并补偿达到减小甚至消除像移的效果。

像面补偿法的出发点直接放在了像面上,认为如果成像器件上的每个像元只要跟随像以相同的状态运动,就可以消除像移。对于采用胶片的相机,由于输片方式和机构的局限,其一般只适于在规划好的航线上做稳定飞行的状态。而电子成像器件的工作特点却具有满足载具随时做机动飞行要求的潜质,所以此处仅讨论采用电子成像方式的情况。像面补偿又可分为成像器件移动补偿、电子矫正补偿和像面电荷移动补偿等方法。

(1) 成像器件移动补偿法。成像器件移动法就是把电子成像器件安装在一个可移动的托架上,在曝光期间检测相机的运动,由处理器根据补偿模型计算出消除像移所需的补偿量,然后反向移动成像器件来消除像移。在实际应用中,启用这种像移补偿功能后,通常快门速度允许降低 3 挡,并且依然可保持相当好的拍摄质量。

(2) 电子矫正补偿法。电子矫正补偿方式就是利用像移导致图像退化的数学模型对由像移运动而产生的图像运动模糊进行事后处理,以获得一个相对清晰的图像。还有一种方式是以低速快门拍摄基础图像,以高速快门速度拍摄多幅图像,然后由图像处理芯片合成一幅去模糊图像。

(3) 像面电荷移动补偿法。应用这种方法的基础是必须配备一种专用的带电荷转移功能的成像器件,它的原理是利用像面像移模型根据相机运动状态采集系统提供的相机光轴运动参数来计算跟踪像点所需的电荷平面运动参数,从而消除像移。

1.5 研究意义和应用前景

军事装备要实现从机械化和半机械化向全面信息化的跨越式发展,必须首先实现装备的信息化,如果说信息是血液,信息链是血管,那么获取信息的装备就是造血细胞,它是整个信息化作战系统运转的动力源泉。信息化作战的巨大威力警示我们,对于信息化装备的研发,尤其是机载光电成像跟踪测量装备的研究方面需要不断深入,推陈出新。

第 2 章　机载光电成像跟踪测量设备的测量方程

机载光电成像跟踪测量设备的测量误差方程的建立需要基于空间坐标变换方法,因为从目标到像面涉及几十个环节,而每个环节都会产生误差,以往对误差的分析都是先进行单元分析,然后再进行合成,这样会出现关联误差的多次累加。机载光电成像采用空间坐标变换方法推导出从中心地平坐标系到目标坐标系的统一坐标系,并在此基础上建立机载光电成像跟踪测量设备的测量方程。

2.1　空间齐次坐标变换

在分析机载光电测量误差中,虽然应用球坐标系会更方便些,但在空间直角坐标系更加直观,因为一个矢量可以在任何坐标系内表示出来。一般通过指定原点、基准(x-y)平面、正 z 轴的方向和在基准面内的主方向(x)来定义一个直角坐标系。为此,定义 3 个单位矢量以指明相互垂直的 3 个轴的方向,任一矢量均可以用这 3 个单位矢量的线性组合来表示。3 个单位矢量的集合通常称为“坐标基”。坐标变换只不过是改变矢量的坐标基,经坐标变换后,矢量的大小和方向保持不变,仍表示同一物理量[11]。

(1) 三维齐次坐标的一般变换矩阵可以表达成下列形式:

$$\boldsymbol{T}=\begin{bmatrix} a & b & c & p \\ d & e & f & q \\ h & i & j & r \\ l & m & n & s \end{bmatrix} \Rightarrow \left[\begin{array}{c|c} & 3 \\ 3\times 3 & \times \\ & 1 \\ \hline 1\times 3 & 1 \end{array}\right] \tag{2-1}$$

将 4×4 变换矩阵分割为 4 个分块,其中,3×3 矩阵产生比例变换、错切和旋转;3×1 矩阵产生平移;1×3 矩阵产生透视变换;1×1 矩阵产生全部的比例变换。

(2) 用齐次坐标表示的三维图形的坐标变换。用一个 n+1 维的分向量来表示一个 n 维的分向量的方法称为“齐次坐标表示法”。例如,把三维空间一个

点 P 的直角坐标(x、y、z)表示成齐次坐标,则具体表示形式为(W_x、W_y、W_z、W)。它与普通直角坐标的关系,可用换算式 $x = w_x/w, y = w_y/w, z = w_z/w$。

① 图形以原点为中心的放大(缩小):

$$\begin{bmatrix} S_x & 0 & 0 & 0 \\ 0 & S_y & 0 & 0 \\ 0 & 0 & S_z & 0 \\ 0 & 0 & 0 & 1 \end{bmatrix} \begin{bmatrix} x \\ y \\ z \\ 1 \end{bmatrix} = \begin{bmatrix} S_x x \\ S_y y \\ S_z z \\ 1 \end{bmatrix} = \begin{bmatrix} x' \\ y' \\ z' \\ 1 \end{bmatrix} \tag{2-2}$$

图形以原点为中心,在 x、y、z 方向上分别放大(缩小) S_x 、S_y 、S_z 倍。

② 图形平移:

$$\begin{bmatrix} 1 & 0 & 0 & e \\ 0 & 1 & 0 & f \\ 0 & 0 & 1 & g \\ 0 & 0 & 0 & 1 \end{bmatrix} \begin{bmatrix} x \\ y \\ z \\ 1 \end{bmatrix} = \begin{bmatrix} x+e \\ y+f \\ z+g \\ 1 \end{bmatrix} = \begin{bmatrix} x' \\ y' \\ z' \\ 1 \end{bmatrix} \tag{2-3}$$

图形在 x、y、z 方向分别移动 e、f、g。或者说坐标系原点相对图形在 x、y、z 方向分别移动 $-e$、$-f$、$-g$。

③ 图形绕 x 轴旋转:

$$\begin{bmatrix} 1 & 0 & 0 & 0 \\ 0 & \cos\theta & -\sin\theta & 0 \\ 0 & \sin\theta & \cos\theta & 0 \\ 0 & 0 & 0 & 1 \end{bmatrix} \begin{bmatrix} x \\ y \\ z \\ 1 \end{bmatrix} = \begin{bmatrix} x \\ \cos\theta y - \sin\theta z \\ \sin\theta y + \cos\theta z \\ 1 \end{bmatrix} = \begin{bmatrix} x' \\ y' \\ z' \\ 1 \end{bmatrix} \tag{2-4}$$

即 $x' = x$; $y' = \cos\theta y - \sin\theta z$; $z' = \sin\theta y + \cos\theta z$ 。

此时也可视作坐标系相对图形绕 x 轴旋转“$-\theta$”角之后的结果。

④ 图形绕 y 轴旋转:

$$\begin{bmatrix} \cos\theta & 0 & \sin\theta & 0 \\ 0 & 1 & 0 & 0 \\ -\sin\theta & 0 & \cos\theta & 0 \\ 0 & 0 & 0 & 1 \end{bmatrix} \begin{bmatrix} x \\ y \\ z \\ 1 \end{bmatrix} = \begin{bmatrix} \cos\theta x + \sin\theta z \\ y \\ -\sin\theta x + \cos\theta z \\ 1 \end{bmatrix} = \begin{bmatrix} x' \\ y' \\ z' \\ 1 \end{bmatrix} \tag{2-5}$$

即 $x' = \cos\theta x + \sin\theta z$, $y' = y$, $z' = -\sin\theta x + \cos\theta z$ 。

此时也可视作坐标系相对图形绕 y 轴旋转“$-\theta$”角之后的结果。

⑤ 图形绕 z 轴旋转:

$$\begin{bmatrix} \cos\theta & -\sin\theta & 0 & 0 \\ \sin\theta & \cos\theta & 0 & 0 \\ 0 & 0 & 1 & 0 \\ 0 & 0 & 0 & 1 \end{bmatrix} \begin{bmatrix} x \\ y \\ z \\ 1 \end{bmatrix} = \begin{bmatrix} \cos\theta x - \sin\theta y \\ \sin\theta x + \cos\theta y \\ z \\ 1 \end{bmatrix} = \begin{bmatrix} x' \\ y' \\ z' \\ 1 \end{bmatrix} \tag{2-6}$$

即 $x' = \cos\theta x - \sin\theta y$，$y' = \sin\theta x + \cos\theta y$，$z' = z$。

此时也可视作坐标系相对图形绕 z 轴旋转“$-\theta$”角之后的结果。

一般而言,所有直角坐标系间的变换矩阵都是正交矩阵。因此,直角坐标系给坐标变换带来很大的方便,即任何正交矩阵的逆矩阵都等于它的转置矩阵。所以,根据上面的基本变换关系及矩阵的乘法规则,不管这种变换多么复杂,都可以进行任何所需要的变换。

2.2 机载光电成像跟踪测量设备的坐标系定义

为建立光电成像跟踪测量设备的误差方程,首先,应建立起不同的坐标系,并按照坐标转换关系式进行各种坐标变换[12,13]。根据实际分析的需要,从中心地平坐标系到目标坐标系建立 9 种坐标系[14],具体坐标系（符合右手坐标系法则)定义如下:

(1) $C(C_1, C_2, C_3)$——中心地平坐标系,如图 2-1 所示。C_1指向正北,C_3指向天顶,C_2与 C_1和 C_3形成右手坐标系。

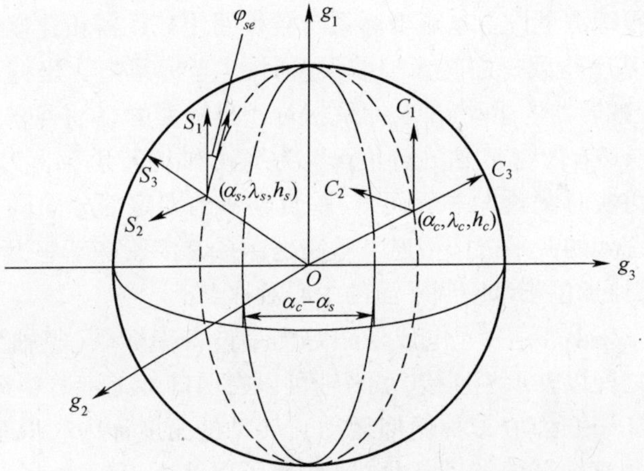

图 2-1 机载光电成像跟踪测量坐标变换相对关系

(2) $S(S_1, S_2, S_3)$——载机航迹地平坐标系,如图 2-2 所示。即在某一时刻载机在航迹上所处的位置(由 GPS 确定),S_1轴为航向,S_3轴指向天顶,S_2轴与 S_1轴和 S_3轴形成右手坐标系。

(3) $A(a_1, a_2, a_3)$——载机坐标系。当无三轴姿态角时,与载机航迹坐标系重合。$\theta_{AS}(t)$,$\varphi_{AS}(t)$,$\psi_{AS}(t)$为载机的三轴姿态角,即载机坐标系相对于载机航迹地平坐标系的三轴姿态角。θ_{AS}为绕 S_2轴的转角;φ_{AS}为绕 S_1轴的转角;

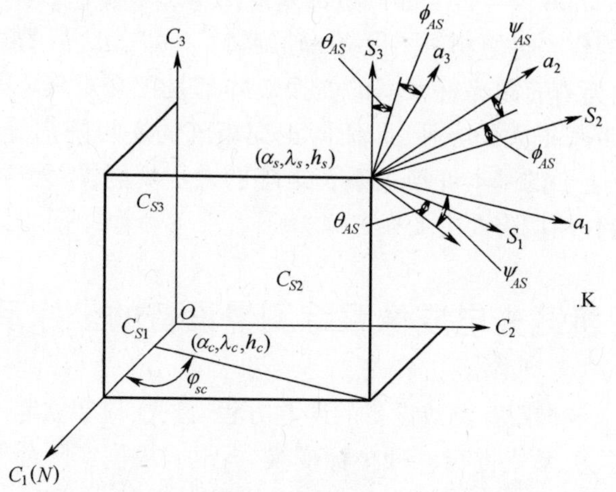

图 2-2　机载光电成像跟踪测量设备的航迹坐标系示意图

ψ_{AS}为绕 S_3轴的转角。Ψ_{sc}为航向角(载机航迹地平坐标系在中心坐标系内的航向角)。

(4) $B(b_1,b_2,b_3)$——光电成像跟踪测量设备基座坐标系,简称基座坐标系。光电成像跟踪测量设备基座坐标系与载机间用减震器相连接,当光电成像跟踪测量设备基座与载机之间无安装误差时,B 坐标系与 A 坐标系完全重合。在工作时,由于减震器的运动,B 坐标系相对 A 坐标系的三轴姿态角为 $\theta_{BA}(t)$,$\varphi_{BA}(t)$,$\psi_{BA}(t)$。θ_{BA}为绕 A_2轴的转角;φ_{BA}为绕 A_1轴的转角;ψ_{BA}为绕 A_3轴的转角。上述转角可实时测量。一般而言,垂直轴系的固定部分固联在基座上,基座的下部与跟踪架的调平机构相连。基座坐标系 B 固联在基座上,表征了基座的空间位置,其原点位于基座调平面的中心对称点上。

(5) $V(V_1,V_2,V_3)$——光电成像跟踪测量设备坐标系(竖轴坐标系)。照准部与水平轴之间以轴承相连接,水平轴可以在照准部上带着望远镜坐标系 T 绕 L_2轴回转,称高底运动(或称俯仰运动),转动的角度称为高低角 λ。照准部还包括跟踪架垂直轴系的转动部分,照准部可以绕垂直轴在水平面内做回转(称为方位运动,转动的角度称为方位角 α)。照准部坐标系 C 固联在照准部上,其原点在垂直轴系中心对称线的晃动中心(垂直轴晃动最小处称晃动中心)上。

(6) $E(e_1,e_2,e_3)$——光电成像跟踪测量设备横轴坐标系。横轴(也称水平轴)坐标系固联在水平轴上,水平轴坐标系表征了跟踪架水平轴的空间位置。其原点在横轴与望远镜光轴的交点上。e_1轴和 e_2轴位于水平面内,e_1轴指向前方,并相互正交;e_3轴指向地面,与 e_1轴和 e_2轴组成正交右手坐标系。

(7) $T(t_1, t_2, t_3)$——光电成像跟踪测量设备望远镜坐标系。望远镜坐标系表征了望远镜的空间位置，其原点在光学传感器望远镜光轴与跟踪架水平轴的交点上，T_1轴为望远镜头光轴，指向前方；T_3轴与T_2轴正交指向天顶（望远镜头光轴处于水平位置时）；T_2轴分别与T_3和T_1轴正交，并组成右手坐标系。

(8) $K(K_1, K_2, K_3)$——目标坐标系。目标坐标系的定义为，K_1轴与光电成像跟踪测量仪的光轴重合，K_2和K_3与望远镜坐标系方向相同，目标位置定义在坐标原点上。

2.3 机载光电成像跟踪测量设备的基本测量方程

2.3.1 从中心地平坐标系到被测目标坐标系的坐标变换过程

从中心地平坐标系到被测目标坐标系的坐标变换过程，如图 2-3 所示[15-17]。

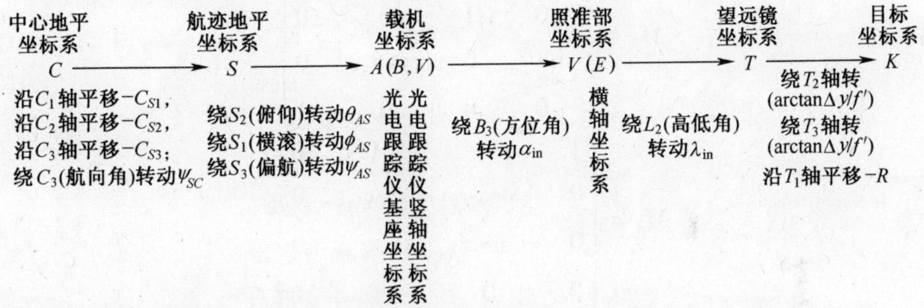

图 2-3 从中心地平坐标系到被测目标坐标系不含测量误差坐标变换过程示意图

2.3.2 从中心地平坐标系到目标坐标系坐标变换作用矩阵

(1) 被测目标在中心地平坐标系中的位置：

$$\boldsymbol{C}_K = \begin{bmatrix} C_{K1} \\ C_{K2} \\ C_{K3} \\ 1 \end{bmatrix} \tag{2-7}$$

式中：C_{K1}，C_{K2}，C_{K3}为目标在中心地平坐标系的位置。

(2) 目标位置从中心地平坐标系 C 到航迹坐标系 S 的坐标变换：

$$\boldsymbol{S}_K = \boldsymbol{M}_2 \times \boldsymbol{M}_1 \times \boldsymbol{C}_K$$

式中：$\boldsymbol{M}_1$为三轴平移变换矩阵，$\boldsymbol{M}_2$为航向角 ψ_{SC} 旋转变换矩阵，即

$$\boldsymbol{M}_1 = \begin{bmatrix} 1 & 0 & 0 & -C_{S1} \\ 0 & 1 & 0 & -C_{S2} \\ 0 & 0 & 1 & -C_{S3} \\ 0 & 0 & 0 & 1 \end{bmatrix} \tag{2-8}$$

$$\boldsymbol{M}_2 = \begin{bmatrix} \cos\psi_{SC} & \sin\psi_{SC} & 0 & 0 \\ -\sin\psi_{SC} & \cos\psi_{SC} & 0 & 0 \\ 0 & 0 & 1 & 0 \\ 0 & 0 & 0 & 1 \end{bmatrix} \tag{2-9}$$

（3）目标位置从航迹坐标系 S 到载机坐标系 A 的坐标变换：

$$\boldsymbol{A}_K = \boldsymbol{M}_5 \times \boldsymbol{M}_4 \times \boldsymbol{M}_3 \times \boldsymbol{S}_K$$

式中：$\boldsymbol{M}_3$ 为俯仰 θ_{AS} 旋转变换矩阵；$\boldsymbol{M}_4$ 为横滚；φ_{AS} 旋转变换矩阵；$\boldsymbol{M}_5$ 为载机偏航角 ψ_{AS} 旋转变换矩阵，有

$$\boldsymbol{M}_3 = \begin{bmatrix} \cos\theta_{AS} & 0 & -\sin\theta_{AS} & 0 \\ 0 & 1 & 0 & 0 \\ \sin\theta_{AS} & 0 & \cos\theta_{AS} & 0 \\ 0 & 0 & 0 & 1 \end{bmatrix} \tag{2-10}$$

$$\boldsymbol{M}_4 = \begin{bmatrix} 1 & 0 & 0 & 0 \\ 0 & \cos\varphi_{AS} & \sin\varphi_{AS} & 0 \\ 0 & -\sin\varphi_{AS} & \cos\varphi_{AS} & 0 \\ 0 & 0 & 0 & 1 \end{bmatrix} \tag{2-11}$$

$$\boldsymbol{M}_5 = \begin{bmatrix} \cos\psi_{AS} & \sin\psi_{AS} & 0 & 0 \\ -\sin\psi_{AS} & \cos\psi_{AS} & 0 & 0 \\ 0 & 0 & 1 & 0 \\ 0 & 0 & 0 & 1 \end{bmatrix} \tag{2-12}$$

在上述变换中，绕 S_2(俯仰)转动 θ_{AS}；绕 S_1(横滚)转动 φ_{AS}；绕 S_3(偏航)转动 ψ_{AS}。3 个角度是飞机的姿态角和光电跟踪仪与飞机之间减震器角位移之和。

(4)目标位置从光电跟踪仪基座坐标系到光电跟踪仪望远镜坐标系的变换：

$$\boldsymbol{B}_K = \boldsymbol{M}_7 \times \boldsymbol{M}_6 \times \boldsymbol{A}_K$$

式中：$\boldsymbol{M}_6$为方位旋转 α 角的变换矩阵；$\boldsymbol{M}_7$为高低旋转 λ 角的变换矩阵，其表达式如下：

$$
\boldsymbol{M}_6=\begin{bmatrix}1 & 0 & 0 & 0\\ 0 & \cos\alpha & \sin\alpha & 0\\ 0 & -\sin\alpha & \cos\alpha & 0\\ 0 & 0 & 0 & 1\end{bmatrix} \tag{2-13}
$$

$$
\boldsymbol{M}_7=\begin{bmatrix}\cos\lambda & 0 & -\sin\lambda & 0\\ 0 & 1 & 0 & 0\\ \sin\lambda & 0 & \cos\lambda & 0\\ 0 & 0 & 0 & 1\end{bmatrix} \tag{2-14}
$$

（5）目标位置从光电跟踪仪望远镜坐标系到被测目标坐标系的变换：

$$
\boldsymbol{T}_K=\boldsymbol{M}_{10}\times\boldsymbol{M}_9\times\boldsymbol{M}_8\times\boldsymbol{B}_K
$$

式中：$\boldsymbol{M}_8$为绕 T_2轴转动（$\arctan(\frac{\Delta y}{f'})$）的矩阵；$\boldsymbol{M}_9$为绕 T_3轴转动（$\arctan(\frac{\Delta x}{f'})$）的矩阵；$\boldsymbol{M}_{10}$为沿望远镜光轴平移 R 的坐标变换，其表达式如下：

$$
\boldsymbol{M}_8=\begin{bmatrix}\cos(\arctan(\frac{\Delta y}{f'})) & 0 & -\sin(\arctan(\frac{\Delta y}{f'})) & 0\\ 0 & 1 & 0 & 0\\ \sin(\arctan(\frac{\Delta y}{f'})) & 0 & \cos(\arctan(\frac{\Delta y}{f'})) & 0\\ 0 & 0 & 0 & 1\end{bmatrix} \tag{2-15}
$$

$$
\boldsymbol{M}_9=\begin{bmatrix}\cos(\arctan(\frac{\Delta x}{f'})) & 0 & \sin(\arctan(\frac{\Delta x}{f'})) & 0\\ -\sin(\arctan(\frac{\Delta x}{f'})) & 1 & \cos(\arctan(\frac{\Delta x}{f'})) & 0\\ 0 & 0 & 1 & 0\\ 0 & 0 & 0 & 1\end{bmatrix} \tag{2-16}
$$

$$
\boldsymbol{M}_{10}=\begin{bmatrix}1 & 0 & 0 & -R\\ 0 & 1 & 0 & 0\\ 0 & 0 & 1 & 0\\ 0 & 0 & 0 & 1\end{bmatrix} \tag{2-17}
$$

（6）目标被测点的矩阵变换位置方程：

$$\boldsymbol{K}_k = \boldsymbol{M}_{10} \times \boldsymbol{M}_9 \times \boldsymbol{M}_8 \times \boldsymbol{M}_7 \times \boldsymbol{M}_6 \times \boldsymbol{M}_5 \times \boldsymbol{M}_4 \times \boldsymbol{M}_3 \times \boldsymbol{M}_2 \times \boldsymbol{M}_1 \times \boldsymbol{C}_K。$$

$$\boldsymbol{K}_k = \begin{bmatrix} 1 & 0 & 0 & -R \\ 0 & 1 & 0 & 0 \\ 0 & 0 & 1 & 0 \\ 0 & 0 & 0 & 1 \end{bmatrix} \times \begin{bmatrix} \cos(\arctan(\frac{\Delta x}{f'})) & 0 & \sin(\arctan(\frac{\Delta x}{f'})) & 0 \\ -\sin(\arctan(\frac{\Delta x}{f'})) & 1 & \cos(\arctan(\frac{\Delta x}{f'})) & 0 \\ 0 & 0 & 1 & 0 \\ 0 & 0 & 0 & 1 \end{bmatrix}$$

$$\times \begin{bmatrix} \cos(\arctan(\frac{\Delta y}{f'})) & 0 & -\sin(\arctan(\frac{\Delta y}{f'})) & 0 \\ 0 & 1 & 0 & 0 \\ \sin(\arctan(\frac{\Delta y}{f'})) & 0 & \cos(\arctan(\frac{\Delta y}{f'})) & 0 \\ 0 & 0 & 0 & 1 \end{bmatrix} \times \begin{bmatrix} \cos\lambda & 0 & -\sin\lambda & 0 \\ 0 & 1 & 0 & 0 \\ \sin\lambda & 0 & \cos\lambda & 0 \\ 0 & 0 & 0 & 1 \end{bmatrix}$$

$$\times \begin{bmatrix} 1 & 0 & 0 & 0 \\ 0 & \cos\alpha & \sin\alpha & 0 \\ 0 & -\sin\alpha & \cos\alpha & 0 \\ 0 & 0 & 0 & 1 \end{bmatrix} \times \begin{bmatrix} \cos\psi_{AS} & \sin\psi_{AS} & 0 & 0 \\ -\sin\psi_{AS} & \cos\psi_{AS} & 0 & 0 \\ 0 & 0 & 1 & 0 \\ 0 & 0 & 0 & 1 \end{bmatrix} \times \begin{bmatrix} 1 & 0 & 0 & 0 \\ 0 & \cos\varphi_{AS} & \sin\varphi_{AS} & 0 \\ 0 & -\sin\varphi_{AS} & \cos\varphi_{AS} & 0 \\ 0 & 0 & 0 & 1 \end{bmatrix}$$

$$\times \begin{bmatrix} \cos\theta_{AS} & 0 & -\sin\theta_{AS} & 0 \\ 0 & 1 & 0 & 0 \\ \sin\theta_{AS} & 0 & \cos\theta_{AS} & 0 \\ 0 & 0 & 0 & 1 \end{bmatrix} \times \begin{bmatrix} \cos\psi_{SC} & \sin\psi_{SC} & 0 & 0 \\ -\sin\psi_{SC} & \cos\psi_{SC} & 0 & 0 \\ 0 & 0 & 1 & 0 \\ 0 & 0 & 0 & 1 \end{bmatrix} \times \begin{bmatrix} 1 & 0 & 0 & -C_{S1} \\ 0 & 1 & 0 & -C_{S2} \\ 0 & 0 & 1 & -C_{S3} \\ 0 & 0 & 0 & 1 \end{bmatrix} \times \begin{bmatrix} C_{K1} \\ C_{K2} \\ C_{K3} \\ 1 \end{bmatrix} \tag{2-18}$$

式中：R,α,λ 为机载光电成像跟踪测量仪测得的数据；R 为由激光测距仪获得；λ 为机载光电成像跟踪测量仪测得的目标高低角；α 为机载光电成像跟踪测量仪测得的目标方位角。

2.3.3 机载光电成像跟踪测量仪测量方程

设目标在中心地平坐标系坐标为 $[C_{K1}, C_{K2}, C_{K3}]$，通过坐标转换到目标坐

标系 $[K_1,K_2,K_3]$，转换没有考虑误差时，其变换矩阵为 $[M]$，则

$$\begin{bmatrix} K_1 \\ K_2 \\ K_3 \\ 1 \end{bmatrix} = \prod_{i=1(i\leqslant 10)}^{10-i} \boldsymbol{M}_l \times \begin{bmatrix} C_{K1} \\ C_{K2} \\ C_{K3} \\ 1 \end{bmatrix} \tag{2-19}$$

式中：K_1方向与视轴相同；K_2,K_3为目标平面坐标。

由于目标是位于目标坐标系的原点，则有

$$\begin{bmatrix} K_1 \\ K_2 \\ K_3 \\ 1 \end{bmatrix} = [M_K] \times \begin{bmatrix} C_{K1} \\ C_{K2} \\ C_{K3} \\ 1 \end{bmatrix} = \begin{bmatrix} 0 \\ 0 \\ 0 \\ 1 \end{bmatrix} \tag{2-20}$$

求解式(2-20)即可算出目标的位置。

2.4 综合各误差项后机载光电成像跟踪测量设备的测量方程

前面分析了机载光电成像跟踪测量仪不存在测量误差时的位置方程，下面将含有误差项的各个环节代入坐标转换关系式进行分析。根据位置方程推导过程，从中心地平坐标系到目标坐标系的变换存在二十几种误差，将各环节误差综合，建立误差方程是分析机载光电跟踪设备测量误差的有效手段，同时也为利用蒙特卡罗方法分析机载光电成像跟踪测量设备的测量误差创造前期基础[18,19]。

2.4.1 从中心地平坐标系到被测目标坐标系的坐标变换过程

当各个测量环节存在测量误差时，目标在中心坐标系 C 中的位置到目标坐标系的转换顺序如图 2-4 所示。利用图 2-4 所定义的坐标转换，可建立从中心坐标系到目标坐标系的矩阵变换关系。

2.4.2 从中心地平坐标系到目标坐标系坐标变换作用矩阵

为了分析机载光电成像跟踪测量设备的测量误差，有必要引入坐标变换的方法。该方法是从中心坐标系通过矩阵坐标变换到经纬仪像面坐标系，具体方法如下：

(1) 中心地平坐标系转换到地心质心坐标系。沿 C_3轴平移$-h_C$；绕 C_2轴旋转$-\lambda_c$；绕 C_1轴旋转$-(\alpha_c-\alpha_s)$后，与地心质心坐标系重合。

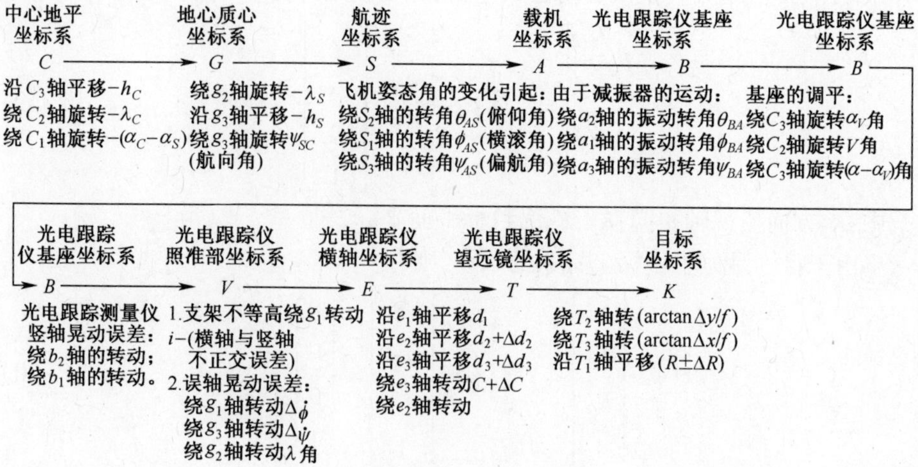

图 2-4　中心地平坐标系到被测目标坐标系的坐标变换过程示意图

沿 C_3 轴平移 $-h_C$：

$$\boldsymbol{M}_1 = \begin{bmatrix} 1 & 0 & 0 & 0 \\ 0 & 1 & 0 & 0 \\ 0 & 0 & 1 & -h_C \\ 0 & 0 & 0 & 1 \end{bmatrix} \tag{2-21}$$

沿 C_2 轴旋转 $-\lambda_C$：

$$\boldsymbol{M}_2 = \begin{bmatrix} \cos\lambda_C & 0 & \sin\lambda_C & 0 \\ 0 & 1 & 0 & 0 \\ -\sin\lambda_C & 0 & \cos\lambda_C & 0 \\ 0 & 0 & 0 & 1 \end{bmatrix} \tag{2-22}$$

沿 C_1 轴旋转 $-(\alpha_C - \alpha_S)$：

$$\boldsymbol{M}_3 = \begin{bmatrix} 1 & 0 & 0 & 0 \\ 0 & \cos(\alpha_C - \alpha_S) & \sin(\alpha_C - \alpha_S) & 0 \\ 0 & -\sin(\alpha_C - \alpha_S) & \cos(\alpha_C - \alpha_S) & 0 \\ 0 & 0 & 0 & 1 \end{bmatrix} \tag{2-23}$$

式中：h_C 为中心地平坐标系原点高程；λ_C 为中心地平坐标系原点大地纬度；$(\alpha_C - \alpha_S)$ 为中心地平坐标系原点与航迹坐标系原点的经度差。

（2）地心质心坐标系到航迹坐标系的转换：$\boldsymbol{M}_4$ 为绕 g_2 轴旋转 λ_S 的矩阵；$\boldsymbol{M}_5$ 为沿 g_2 轴平移 h_S 的矩阵；$\boldsymbol{M}_6$ 为绕 g_3 轴旋转 ψ_{SC}（航向角）的矩阵；

$$
\boldsymbol{M}_4 = \begin{bmatrix} \cos\boldsymbol{\lambda}_S & 0 & -\sin\boldsymbol{\lambda}_S & 0 \\ 0 & 1 & 0 & 0 \\ \sin\boldsymbol{\lambda}_S & 0 & \cos\boldsymbol{\lambda}_S & 0 \\ 0 & 0 & 0 & 1 \end{bmatrix} \tag{2-24}
$$

$$
\boldsymbol{M}_5 = \begin{bmatrix} 1 & 0 & 0 & 0 \\ 0 & 1 & 0 & 0 \\ 0 & 0 & 1 & h_s \\ 0 & 0 & 0 & 1 \end{bmatrix} \tag{2-25}
$$

$$
\boldsymbol{M}_6 = \begin{bmatrix} \cos\psi_{SC} & \sin\psi_{SC} & 0 & 0 \\ -\sin\psi_{SC} & \cos\psi_{SC} & 0 & 0 \\ 0 & 0 & 1 & 0 \\ 0 & 0 & 0 & 1 \end{bmatrix} \tag{2-26}
$$

(3) 航迹地平坐标系 $S(S_1,S_2,S_3)$ 到载机坐标系的变换 $A(a_1,a_2,a_3)$：当无三轴姿态角时，与航迹坐标系重合。$\theta_{AS}(t)$，$\varphi_{AS}(t)$，$\psi_{AS}(t)$ 为载机的三轴姿态角，即载机坐标系相对于载机航迹地平坐标系的三轴姿态角。$\boldsymbol{M}_7$为 θ_{AS} 绕 S_2 轴的转角（俯仰角）的矩阵；$\boldsymbol{M}_8$为 φ_{AS} 绕 S_1 轴的转角（横滚角）的矩阵；$\boldsymbol{M}_9$为 ψ_{AS} 绕 S_3 轴的转角（偏航角）的矩阵，其表达式如下：

$$
\boldsymbol{M}_7 = \begin{bmatrix} \cos\theta_{AS} & 0 & -\sin\theta_{AS} & 0 \\ 0 & 1 & 0 & 0 \\ \sin\theta_{AS} & 0 & \cos\theta_{AS} & 0 \\ 0 & 0 & 0 & 1 \end{bmatrix} \tag{2-27}
$$

$$
\boldsymbol{M}_8 = \begin{bmatrix} 1 & 0 & 0 & 0 \\ 0 & \cos\varphi_{AS} & \sin\varphi_{AS} & 0 \\ 0 & -\sin\varphi_{AS} & \cos\varphi_{AS} & 0 \\ 0 & 0 & 0 & 1 \end{bmatrix} \tag{2-28}
$$

$$
\boldsymbol{M}_9 = \begin{bmatrix} \cos\psi_{AS} & \sin\psi_{AS} & 0 & 0 \\ -\sin\psi_{AS} & \cos\psi_{AS} & 0 & 0 \\ 0 & 0 & 1 & 0 \\ 0 & 0 & 0 & 1 \end{bmatrix} \tag{2-29}
$$

(4) 载机坐标系 $A(a_1,a_2,a_3)$ 到光电成像跟踪测量仪基座坐标系 $B(b_1,b_2,b_3)$ 的变换：光电成像跟踪测量仪基座坐标系与载机间用减震器相连接，当基座与载机之间无安装误差时，B 坐标系与 A 坐标系完全重合。在工作时由于减震器的运动，B 坐标系相对 A 坐标系的三轴姿态角为 $\theta_{BA}(t)$、$\varphi_{BA}(t)$、$\psi_{BA}(t)$。θ_{BA} 为绕 A_2 轴的转角；φ_{BA} 为绕 A_1 轴的转角；ψ_{BA} 为绕 A_3 轴的转角。由于飞机的振动，有

$\theta_{BA}(t)=\theta_M\sin(\omega t+\alpha)$，$\varphi_{BA}(t)=\varphi_M\sin(\omega t+\alpha)$，$\psi_{BA}(t)=\psi_M\sin(\omega t+\alpha)$。

式中：θ_M，φ_M，ψ_M 为最大角振幅；$\omega t+\alpha$ 为位相，ω 与飞机的振动主频相关（如 Z-9 直升机 $\omega=150\text{rad/s}$）。

$\boldsymbol{M}_{10}$ 为绕 A_2 轴旋转 θ_{BA} 角的矩阵，$\boldsymbol{M}_{11}$ 为绕 A_1 轴旋转 φ_{BA} 角的矩阵，$\boldsymbol{M}_{12}$ 为绕 A_3 轴旋转 ψ_{BA} 角的矩阵，其表达式如下：

$$\boldsymbol{M}_{10}=\begin{bmatrix}\cos\theta_{BA} & 0 & -\sin\theta_{BA} & 0\\ 0 & 1 & 0 & 0\\ \sin\theta_{BA} & 0 & \cos\theta_{BA} & 0\\ 0 & 0 & 0 & 1\end{bmatrix} \tag{2-30}$$

$$\boldsymbol{M}_{11}=\begin{bmatrix}1 & 0 & 0 & 0\\ 0 & \cos\varphi_{BA} & \sin\varphi_{BA} & 0\\ 0 & -\sin\varphi_{BA} & \cos\varphi_{BA} & 0\\ 0 & 0 & 0 & 1\end{bmatrix} \tag{2-31}$$

$$\boldsymbol{M}_{12}=\begin{bmatrix}\cos\psi_{BA} & \sin\psi_{BA} & 0 & 0\\ -\sin\psi_{BA} & \cos\psi_{BA} & 0 & 0\\ 0 & 0 & 1 & 0\\ 0 & 0 & 0 & 1\end{bmatrix} \tag{2-32}$$

（5）光电成像跟踪测量仪基座坐标系 $B(b_1,b_2,b_3)$ 的调平误差：设竖轴倾斜方位角为 α_V，倾斜误差是 V，绕 C_3 轴的转动 $\alpha-\alpha_V$。在装机进行调平时进行测定（在中心坐标系 $C(C_1,C_2,C_3)$），其变换如下：

$\boldsymbol{M}_{13}$ 为绕 C_3 轴旋转 α_V 角的矩阵，$\boldsymbol{M}_{14}$ 为绕 C_2 轴旋转 V 角的矩阵，$\boldsymbol{M}_{15}$ 为绕 C_3 轴旋转 $\alpha-\alpha_V$ 角的矩阵，其表达式如下：

$$\boldsymbol{M}_{13}=\begin{bmatrix}\cos\alpha_V & \sin\alpha_V & 0 & 0\\ -\sin\alpha_V & \cos\alpha_V & 0 & 0\\ 0 & 0 & 1 & 0\\ 0 & 0 & 0 & 1\end{bmatrix} \tag{2-33}$$

$$\boldsymbol{M}_{14}=\begin{bmatrix}\cos V & 0 & -\sin V & 0\\ 0 & 1 & 0 & 0\\ \sin V & 0 & \cos V & 0\\ 0 & 0 & 0 & 1\end{bmatrix} \tag{2-34}$$

$$
\boldsymbol{M}_{15}=\begin{bmatrix} \cos(\alpha-\alpha_V) & \sin(\alpha-\alpha_V) & 0 & 0 \\ -\sin(\alpha-\alpha_V) & \cos(\alpha-\alpha_V) & 0 & 0 \\ 0 & 0 & 1 & 0 \\ 0 & 0 & 0 & 1 \end{bmatrix} \tag{2-35}
$$

式中：$\alpha=\alpha_V+\Delta\alpha_1+\Delta\alpha_2+\Delta\alpha_3$，$\alpha$ 为竖轴有误差转动的方位角；α_V 为竖轴倾斜方向的方位角；$\Delta\alpha_1$ 为竖轴光电编码器测量误差；$\Delta\alpha_2$ 为竖轴光电编码器零位误差；$\Delta\alpha_3$ 为竖轴光电编码器联轴节误差。

（6）光电成像跟踪测量仪基座坐标系 $B(b_1,b_2,b_3)$ 到光电成像跟踪测量仪照准部坐标系，即竖轴坐标系 $G(g_1,g_2,g_3)$ 的变换：光电成像跟踪测量仪竖轴晃动误差如下：

$\boldsymbol{M}_{16}$为绕 b_2轴转动的矩阵；$\boldsymbol{M}_{17}$为绕 b_1轴转动的矩阵，其表达式如下：

$$
\boldsymbol{M}_{16}=\begin{bmatrix} \cos\Delta\theta_V & 0 & -\sin\Delta\theta_V & 0 \\ 0 & 1 & 0 & 0 \\ \sin\Delta\theta_V & 0 & \cos\Delta\theta_V & 0 \\ 0 & 0 & 0 & 1 \end{bmatrix} \tag{2-36}
$$

$$
\boldsymbol{M}_{17}=\begin{bmatrix} 1 & 0 & 0 & 0 \\ 0 & \cos\Delta\varphi_V & \sin\Delta\varphi_V & 0 \\ 0 & -\sin\Delta\varphi_V & \cos\Delta\varphi_V & 0 \\ 0 & 0 & 0 & 1 \end{bmatrix} \tag{2-37}
$$

（7）经纬仪照准部坐标系，即竖轴坐标系 $G(g_1,g_2,g_3)$ 到经纬仪横轴坐标系 $E(e_1,e_2,e_3)$ 的变换：

① 绕 g_1 转动 i——支架不等高（横轴与竖轴不正交误差），有

$$
\boldsymbol{M}_{18}=\begin{bmatrix} 1 & 0 & 0 & 0 \\ 0 & \cos i & \sin i & 0 \\ 0 & -\sin i & \cos i & 0 \\ 0 & 0 & 0 & 1 \end{bmatrix} \tag{2-38}
$$

② 横轴晃动误差：$\boldsymbol{M}_{19}$为绕 g_1转动 $\Delta\varphi_i$ 的矩阵，$\boldsymbol{M}_{20}$为绕 g_3转动 $\Delta\psi_i$ 的矩阵，其表达式如下：

$$
\boldsymbol{M}_{19}=\begin{bmatrix} 1 & 0 & 0 & 0 \\ 0 & \cos\Delta\varphi_i & \sin\Delta\varphi_i & 0 \\ 0 & -\sin\Delta\varphi_i & \cos\Delta\varphi_i & 0 \\ 0 & 0 & 0 & 1 \end{bmatrix} \tag{2-39}
$$

$$\boldsymbol{M}_{20}=\begin{bmatrix}\cos\Delta\psi_i & \sin\Delta\psi_i & 0 & 0\\ -\sin\Delta\psi_i & \cos\Delta\psi_i & 0 & 0\\ 0 & 0 & 1 & 0\\ 0 & 0 & 0 & 1\end{bmatrix} \tag{2-40}$$

③ 绕 g_2轴的转动 λ：

$$\lambda=\lambda_E+\Delta\lambda_1+\Delta\lambda_2+\Delta\lambda_3$$

式中：λ 为横轴存在误差转动的角度；λ_E 为横轴光电编码器读出值；$\Delta\lambda_1$ 为横轴光电编码器测量误差；$\Delta\lambda_2$ 为横轴光电编码器零位误差；$\Delta\lambda_3$ 为横轴光电编码器联轴节误差。

$\boldsymbol{M}_{21}$为绕 g_2 轴旋转 λ 角的矩阵：

$$\boldsymbol{M}_{21}=\begin{bmatrix}\cos\lambda & 0 & -\sin\lambda & 0\\ 0 & 1 & 0 & 0\\ \sin\lambda & 0 & \cos\lambda & 0\\ 0 & 0 & 0 & 1\end{bmatrix} \tag{2-41}$$

（8）经纬仪横轴坐标系 $E(e_1,e_2,e_3)$ 到经纬仪望远镜坐标系 $T(t_1,t_2,t_3)$ 变换：沿 e_1 轴平移 d_1，有

$$\boldsymbol{M}_{22}=\begin{bmatrix}1 & 0 & 0 & -d_1\\ 0_i & 1 & 0 & 0\\ 0 & 0 & 1 & 0\\ 0 & 0 & 0 & 1\end{bmatrix} \tag{2-42}$$

该项变换含以下几项：

① 沿 e_1轴平移 d_1，d_1为望远镜主点前、后移的距离；

② 沿 e_2轴平移 $d_2+\Delta d_2$，d_2为视差；Δd_2为视差误差。

$$\boldsymbol{M}_{23}=\begin{bmatrix}1 & 0 & 0 & -(d_2+\Delta d_2)\\ 0_i & 1 & 0 & 0\\ 0 & 0 & 1 & 0\\ 0 & 0 & 0 & 1\end{bmatrix} \tag{2-43}$$

沿 e_3轴平移 $d_3+\Delta d_3$，d_3为望远镜视轴上、下安置距离；Δd_3为望远镜视轴上、下安置误差。

$$\boldsymbol{M}_{24}=\begin{bmatrix}1 & 0 & 0 & -(d_3+\Delta d_3)\\ 0_i & 1 & 0 & 0\\ 0 & 0 & 1 & 0\\ 0 & 0 & 0 & 1\end{bmatrix} \tag{2-44}$$

③绕 e_3 轴转动 $C+\Delta C$；C 为照准差（视轴与横轴的不正交）；ΔC 为照准差的误差（视轴方位角的晃动），有

$$\boldsymbol{M}_{25}=\begin{bmatrix}\cos(C+\Delta C) & \sin(C+\Delta C) & 0 & 0\\ -\sin(C+\Delta C) & \cos(C+\Delta C) & 0 & 0\\ 0 & 0 & 1 & 0\\ 0 & 0 & 0 & 1\end{bmatrix} \tag{2-45}$$

④绕 e_2 轴转动 $\Delta\theta_e$，$\Delta\theta_e$ 为视轴高低角晃动，有

$$\boldsymbol{M}_{26}=\begin{bmatrix}\cos\Delta\theta_e & 0 & -\sin\Delta\theta_e & 0\\ 0 & 1 & 0 & 0\\ \sin\Delta\theta_e & 0 & \cos\Delta\theta_e & 0\\ 0 & 0 & 0 & 1\end{bmatrix} \tag{2-46}$$

（9）望远镜坐标系 $T(t_1,t_2,t_3)$ 到像面像点位置（目标脱靶量 Δx，Δy）的变换；从光轴转到像面上目标点位置，即绕 t_2 轴的转动 $\arctan(\Delta y/f')$；绕 t_3 轴的转动 $\arctan(\Delta x/f')$，其表达式如下：

$$\boldsymbol{M}_{27}=\begin{bmatrix}\cos\left(\arctan\left(\frac{\Delta y}{f'}\right)\right) & 0 & -\sin\left(\arctan\left(\frac{\Delta y}{f'}\right)\right) & 0\\ 0 & 1 & 0 & 0\\ \sin\left(\arctan\left(\frac{\Delta y}{f'}\right)\right) & 0 & \cos\left(\arctan\left(\frac{\Delta y}{f'}\right)\right) & 0\\ 0 & 0 & 0 & 1\end{bmatrix} \tag{2-47}$$

$$\boldsymbol{M}_{28}=\begin{bmatrix}\cos\left(\arctan\left(\frac{\Delta x}{f'}\right)\right) & 0 & \sin\left(\arctan\left(\frac{\Delta x}{f'}\right)\right) & 0\\ -\sin\left(\arctan\left(\frac{\Delta x}{f'}\right)\right) & 1 & \cos\left(\arctan\left(\frac{\Delta x}{f'}\right)\right) & 0\\ 0 & 0 & 1 & 0\\ 0 & 0 & 0 & 1\end{bmatrix} \tag{2-48}$$

（10）望远镜坐标系 $T(t_1,t_2,t_3)$ 到目标坐标系 $K(K_1,K_2,K_3)$ 的变换；沿 K_1 轴平移 R，有

$$\boldsymbol{M}_{29}=\begin{bmatrix}1 & 0 & 0 & -(R\pm\Delta R)\\ 0_i & 1 & 0 & 0\\ 0 & 0 & 1 & 0\\ 0 & 0 & 0 & 1\end{bmatrix} \tag{2-49}$$

式中：R,α,λ 为机载光电成像跟踪测量仪测得的数据；R 为由激光测距仪获得，ΔR 为激光测距仪测距误差；λ 为机载光电成像跟踪测量仪测得的目标高低角；α 为机载光电成像跟踪测量仪测得的目标方位角。

2.4.3 机载光电成像跟踪测量仪测量方程

设目标考虑误差项时在中心地平坐标系坐标为 $[C'_{K1}, C'_{K2}, C'_{K3}]$，通过坐标转换到目标坐标系 $[K_1, K_2, K_3]$。其变换矩阵为 $[M]$，则

$$\begin{bmatrix} K_1 \\ K_2 \\ K_3 \\ 1 \end{bmatrix} = \prod_{i=1(i\leqslant 29)}^{29-i} [M_i] \times \begin{bmatrix} C'_{K1} \\ C'_{K2} \\ C'_{K3} \\ 1 \end{bmatrix} \tag{2-50}$$

式中：$K(K_1, K_2, K_3)$ 为目标坐标系；$C[C'_{K1}, C'_{K2}, C'_{K3}]$ 为被测目标在中心地平坐标系的位置。

M 转换矩阵为

$$\prod_{i=1(i\leqslant 29)}^{29-i} \boldsymbol{M}_i = \begin{bmatrix} 1 & 0 & 0 & -(R \pm \Delta R) \\ 0_i & 1 & 0 & 0 \\ 0 & 0 & 1 & 0 \\ 0 & 0 & 0 & 1 \end{bmatrix} \times \begin{bmatrix} \cos(\arctan(\frac{\Delta x}{f'})) & 0 & \sin(\arctan(\frac{\Delta x}{f'})) & 0 \\ -\sin(\arctan(\frac{\Delta x}{f'})) & 1 & \cos(\arctan(\frac{\Delta x}{f'})) & 0 \\ 0 & 0 & 1 & 0 \\ 0 & 0 & 0 & 1 \end{bmatrix}$$

$$\times \begin{bmatrix} \cos(\arctan(\frac{\Delta y}{f'})) & 0 & -\sin(\arctan(\frac{\Delta y}{f'})) & 0 \\ 0 & 1 & 0 & 0 \\ \sin(\arctan(\frac{\Delta y}{f'})) & 0 & \cos(\arctan(\frac{\Delta y}{f'})) & 0 \\ 0 & 0 & 0 & 1 \end{bmatrix} \times \begin{bmatrix} \cos\Delta\theta_e & 0 & -\sin\Delta\theta_e & 0 \\ 0 & 1 & 0 & 0 \\ \sin\Delta\theta_e & 0 & \cos\Delta\theta_e & 0 \\ 0 & 0 & 0 & 1 \end{bmatrix}$$

$$\times \begin{bmatrix} \cos(C+\Delta C) & \sin(C+\Delta C) & 0 & 0 \\ -\sin(C+\Delta C) & \cos(C+\Delta C) & 0 & 0 \\ 0 & 0 & 1 & 0 \\ 0 & 0 & 0 & 1 \end{bmatrix} \times \begin{bmatrix} 1 & 0 & 0 & -(d_3+\Delta d_3) \\ 0_i & 1 & 0 & 0 \\ 0 & 0 & 1 & 0 \\ 0 & 0 & 0 & 1 \end{bmatrix} \times \begin{bmatrix} 1 & 0 & 0 & -(d_2+\Delta d_2) \\ 0_i & 1 & 0 & 0 \\ 0 & 0 & 1 & 0 \\ 0 & 0 & 0 & 1 \end{bmatrix}$$

$$\times \begin{bmatrix} 1 & 0 & 0 & -d_1 \\ 0_i & 1 & 0 & 0 \\ 0 & 0 & 1 & 0 \\ 0 & 0 & 0 & 1 \end{bmatrix} \times \begin{bmatrix} \cos\lambda & 0 & -\sin\lambda & 0 \\ 0 & 1 & 0 & 0 \\ \sin\lambda & 0 & \cos\lambda & 0 \\ 0 & 0 & 0 & 1 \end{bmatrix} \times \begin{bmatrix} \cos\Delta\psi_i & \sin\Delta\psi_i & 0 & 0 \\ -\sin\Delta\psi_i & \cos\Delta\psi_i & 0 & 0 \\ 0 & 0 & 1 & 0 \\ 0 & 0 & 0 & 1 \end{bmatrix} \times \begin{bmatrix} 1 & 0 & 0 & 0 \\ 0 & \cos\Delta\varphi_i & \sin\Delta\varphi_i & 0 \\ 0 & -\sin\Delta\varphi_i & \cos\Delta\varphi_i & 0 \\ 0 & 0 & 0 & 1 \end{bmatrix}$$

$$\times \begin{bmatrix} 1 & 0 & 0 & 0 \\ 0 & \cos i & \sin i & 0 \\ 0 & -\sin i & \cos i & 0 \\ 0 & 0 & 0 & 1 \end{bmatrix} \times \begin{bmatrix} 1 & 0 & 0 & 0 \\ 0 & \cos\Delta\varphi_V & \sin\Delta\varphi_V & 0 \\ 0 & -\sin\Delta\varphi_V & \cos\Delta\varphi_V & 0 \\ 0 & 0 & 0 & 1 \end{bmatrix} \times \begin{bmatrix} \cos\Delta\theta_V & 0 & -\sin\Delta\theta_V & 0 \\ 0 & 1 & 0 & 0 \\ \sin\Delta\theta_V & 0 & \cos\Delta\theta_V & 0 \\ 0 & 0 & 0 & 1 \end{bmatrix}$$

$$\times \begin{bmatrix} \cos(\alpha-\alpha_V) & \sin(\alpha-\alpha_V) & 0 & 0 \\ -\sin(\alpha-\alpha_V) & \cos(\alpha-\alpha_V) & 0 & 0 \\ 0 & 0 & 1 & 0 \\ 0 & 0 & 0 & 1 \end{bmatrix} \times \begin{bmatrix} \cos V & 0 & -\sin V & 0 \\ 0 & 1 & 0 & 0 \\ \sin V & 0 & \cos V & 0 \\ 0 & 0 & 0 & 1 \end{bmatrix} \times \begin{bmatrix} \cos\alpha_V & \sin\alpha_V & 0 & 0 \\ -\sin\alpha_V & \cos\alpha_V & 0 & 0 \\ 0 & 0 & 1 & 0 \\ 0 & 0 & 0 & 1 \end{bmatrix}$$

$$
\times\begin{bmatrix}\cos\psi_{BA} & \sin\psi_{BA} & 0 & 0\\ -\sin\psi_{BA} & \cos\psi_{BA} & 0 & 0\\ 0 & 0 & 1 & 0\\ 0 & 0 & 0 & 1\end{bmatrix}\times\begin{bmatrix}1 & 0 & 0 & 0\\ 0 & \cos\varphi_{BA} & \sin\varphi_{BA} & 0\\ 0 & -\sin\varphi_{BA} & \cos\varphi_{BA} & 0\\ 0 & 0 & 0 & 1\end{bmatrix}\times\begin{bmatrix}\cos\theta_{BA} & 0 & -\sin\theta_{BA} & 0\\ 0 & 1 & 0 & 0\\ \sin\theta_{BA} & 0 & \cos\theta_{BA} & 0\\ 0 & 0 & 0 & 1\end{bmatrix}
$$

$$
\times\begin{bmatrix}\cos\psi_{AS} & \sin\psi_{AS} & 0 & 0\\ -\sin\psi_{AS} & \cos\psi_{AS} & 0 & 0\\ 0 & 0 & 1 & 0\\ 0 & 0 & 0 & 1\end{bmatrix}\times\begin{bmatrix}1 & 0 & 0 & 0\\ 0 & \cos\varphi_{AS} & \sin\varphi_{AS} & 0\\ 0 & -\sin\varphi_{AS} & \cos\varphi_{AS} & 0\\ 0 & 0 & 0 & 1\end{bmatrix}\times\begin{bmatrix}\cos\theta_{AS} & 0 & -\sin\theta_{AS} & 0\\ 0 & 1 & 0 & 0\\ \sin\theta_{AS} & 0 & \cos\theta_{AS} & 0\\ 0 & 0 & 0 & 1\end{bmatrix}
$$

$$
\times\begin{bmatrix}\cos\psi_{SC} & \sin\psi_{SC} & 0 & 0\\ -\sin\psi_{SC} & \cos\psi_{SC} & 0 & 0\\ 0 & 0 & 1 & 0\\ 0 & 0 & 0 & 1\end{bmatrix}\times\begin{bmatrix}1 & 0 & 0 & 0\\ 0 & 1 & 0 & 0\\ 0 & 0 & 1 & hs\\ 0 & 0 & 0 & 1\end{bmatrix}\times\begin{bmatrix}\cos\lambda_S & 0 & -\sin\lambda_S & 0\\ 0 & 1 & 0 & 0\\ \sin\lambda_S & 0 & \cos\lambda_S & 0\\ 0 & 0 & 0 & 1\end{bmatrix}
$$

$$
\times\begin{bmatrix}1 & 0 & 0 & 0\\ 0 & \cos(\alpha_C-\alpha_S) & \sin(\alpha_C-\alpha_S) & 0\\ 0 & -\sin(\alpha_C-\alpha_S) & \cos(\alpha_C-\alpha_S) & 0\\ 0 & 0 & 0 & 1\end{bmatrix}\times\begin{bmatrix}\cos\lambda_C & 0 & -\sin\lambda_C & 0\\ 0 & 1 & 0 & 0\\ \sin\lambda_C & 0 & \cos\lambda_C & 0\\ 0 & 0 & 0 & 1\end{bmatrix}\times\begin{bmatrix}1 & 0 & 0 & 0\\ 0 & 1 & 0 & 0\\ 0 & 0 & 1 & -h_C\\ 0 & 0 & 0 & 1\end{bmatrix} \tag{2-51}
$$

利用求解线性方程组可求出目标的位置测量误差,即

$$
\begin{bmatrix}\Delta C_{K1}\\ \Delta C_{K2}\\ \Delta C_{K3}\\ 1\end{bmatrix}=\begin{bmatrix}C_{K1}^{r}-C_{K1}\\ C_{K2}^{r}-C_{K2}\\ C_{K3}^{r}-C_{K3}\\ 1\end{bmatrix} \tag{2-52}
$$

通过上述变换,即可把中心地平坐标系变换到目标坐标系并建立函数关系,推导出机载光电测量设备的测量方程,为下一步利用蒙特卡罗法计算各环节误差的综合奠定了理论基础。

2.5 本章小结

本章根据空间坐标变换的基本原理建立了机载光电跟踪测量设备的测量误差方程。首先定义了从中心地平坐标系到目标坐标系的 9 种坐标系,详细阐述了机载光电跟踪测量设备的测量原理,叙述了空间坐标变换应用在机载光电跟踪测量设备的测量误差方程的基本方法,并利用空间坐标变换方法推导出从中心地平坐标系到目标坐标系的机载光电跟踪测量设备无测量误差的位置方程;然后,在此基础上建立了含各种测量误差环节的机载光电跟踪测量设备的误差位置方程,为利用蒙特卡罗法分析机载光电跟踪测量设备的测量误差奠定了理论基础。

第3章　机载光电成像跟踪测量设备误差分析与综合

机载光电成像跟踪测量设备是一种精密测角仪器，它可对空中目标或地面目标进行跟踪和测量，具体表现在测出目标的水平角和高低角，同一般光学经纬仪测量原理相似，但其功能和自动化程度都相当高。一般而言，机载光电测量设备工作时应满足的几何条件为：视轴、横轴、竖轴3个轴应相互垂直（简称三轴误差）；设备的测量基准与飞机的惯导基准相重合；飞机的定位准确度高；飞机的姿态角测量精度高。

由于机载光电成像跟踪测量设备是安放在飞机上，可对地面固定目标或飞行目标进行精密测量。从前面的讨论可以看出，从中心地坪坐标系到目标坐标系的坐标转换所涉及的环节有几十项。为了对总测量精度进行有效的分析，应对各个环节所产生的误差给出合理的分配指标。下面将分别讨论和分析有关误差环节对测量精度所带来的影响，然后，介绍一种新的误差分析方法蒙特卡罗法，本章在前面推导出机载光电成像跟踪测量设备的误差方程基础上建立适合蒙特卡罗法的误差方程，实现了机载光电跟踪设备多环节测量误差的综合。

3.1　机载光电成像跟踪测量设备误差分析

3.1.1　飞机的定位误差和高程误差

飞机的定位误差和高程一般用机下大地经纬度（α_s，λ_s）和大地高程 h_s 表示。测量通常采用GPS、GPS/INS组合导航等方法进行，每种方法的测量原理都不相同，测量误差也不一样，下面分别进行讨论[20,21]。

1. GPS的基本原理和定位误差

1）GPS的基本原理

全球卫星定位系统（GPS）是美军20世纪70年代初在"子午仪卫星导航定位"技术上发展而起的具有全球性、全能性（陆地、海洋、航空与航天）、全天候性优势的导航定位、定时、测速系统。GPS由三大子系统构成，即空间卫星系统、地面监控系统、用户接收系统。

空间卫星系统由均匀分布在6个轨道平面上的24颗高轨道工作卫星构成,各轨道平面相对于赤道平面的倾角为55°,轨道平面间距60°。在每一轨道平面内,各卫星升交角距差90°,任一轨道上的卫星比两边相邻轨道上的相应卫星超前30°。事实上,空间卫星系统的卫星数量要超过24颗,以便及时更换老化或损坏的卫星,保障系统正常工作。该卫星系统能够保证在地球的任一地点向使用者提供4颗以上可视卫星。

空间系统的每颗卫星每12h(恒星时)沿近圆形轨道绕地球一周,由星载高精度原子钟(基频$f=10.23$MHz)控制无线电发射机在"低噪声窗口"(无线电窗口中,2至8区间的频区天线噪声最低的一段是空间遥测及射电干涉测量优先选用频段)附近发射L_1、L_2两种载波,向全球的用户接收系统连续地播发GPS导航信号。GPS卫星组网工作保障全球任一时刻、任意地点都可对4颗以上的卫星进行观测(最多可达11颗),实现连续、实时地导航和定位。

GPS卫星向广大用户发送的导航电文是一种不归零的二进制数据码$D(t)$,码率$f_d=50$Hz。为了节省卫星的电能、增强GPS信号的抗干扰性、保密性,实现遥远的卫星通信,GPS卫星采用伪噪声码对D码做二级调制,即先将D码调制成伪噪声码(P码和C/A码),再将上述两噪声码调制在L_1、L_2两载波上,形成向用户发射的GPS射电信号。因此,GPS信号包括两种载波(L_1、L_2)和两种伪噪声码(P码、C/A码)。这4种GPS信号的频率皆源于10.23MHz(星载原子钟的基频)的基准频率。基准频率与各信号频率之间存在一定的比例。其中,P码为精确码,只供美国军方、政府机关以及得到美国政府批准的民用用户使用,C/A码为粗码,其定位和时间精度均低于P码,目前,全世界的民用客户均可不受限制地免费使用。

2) GPS的定位精度

目前,GPS已广泛应用于军事和民用等众多领域中。GPS技术按待定点的状态分为静态定位和动态定位两大类。静态定位是指待定点的位置在观测过程中固定不变的,如GPS在大地测量中的应用。动态定位是指待定点在运动载体上,在观测过程中是变化的,如GPS在船舶导航中的应用。静态相对定位的精度一般在几毫米到几厘米范围内,动态相对定位的精度一般在几厘米到几米范围内。对GPS信号的处理从时间上划分为实时处理及后处理。实时处理就是一边接收卫星信号一边进行计算,获得目前所处的位置、速度及时间等信息;后处理是指把卫星信号记录在一定的介质上,回到室内统一进行数据处理。一般来说,静态定位用户多采用后处理,动态定位用户采用实时处理或后处理。GPS接收机所达到的精度如表3-1所列。

表 3-1 GPS 定位误差

误差源	导航定位/m		差分定位/m	
	P 码	C/A 码	P 码	C/A 码
卫星钟钟差	3.0	3.0	—	—
卫星星历误差	4.3	4.3	0.1	0.1
电离程误差	2.3	5.0~10.0	0.4	1.0~2.0
对流层误差	2.0	2.0	2.8	2.8
多路经效应	1.2	1.2	1.7	1.7
接收机噪声	1.0	7.5	2.3	10.8
合计	6.4	10.7~13.8	4.0	11.1~11.3
定位误差（PDOP=3）	19.2	32.1~41.4	12.0	33.3~33.9
注：PDOP 为三维位置几何精度衰减因子				

表 3-1 是利用伪距观测量进行的导航定位精度分析，从已进行的试验来看，使用 P 码的 GPS 接收机实时三维定位精度好于 10m；使用 C/A 码的 GPS 接受机定位精度约为 100m。

2. GPS/INS 组合导航的定位精度

GPS/INS 组合导航是由 GPS 与惯性导航相结合发展起来的新兴技术，组合系统可以充分利用 GPS/INS 互补特点，其优点如下：

（1）GPS/INS 组合对改善系统有利；

（2）GPS/INS 组合加强系统的抗干扰能力；

（3）INS 辅助 GPS 对信号的捕获；

（4）INS 提高 GPS 接收机的跟踪能力；

（5）解决周跳问题；

（6）解决 GPS 动态应用采样频率低的问题；

（7）组合系统将降低对惯导系统的要求。

正因为上述原因，使得 GPS/INS 组合系统在飞机导航系统得到了广泛的应用。其中美国的克萨斯仪器公司（TI）研制的 GPS/INS 组合系统在飞机上试飞结果证实：其定位精度可达到 1.5m，速度精度达到 0.04m/s。法国克鲁泽（Crouzet）公司研制的机载精密测绘系统其精度高达 15cm（高程）和 60cm（水平）。美国霍尼韦尔公司研制的 GEO-SPIN 精密定位系统，其中水平和高程定位精度优于 0.5m。

3.1.2 飞机的姿态角测量误差

飞机的姿态角 θ_{AS}（俯仰角）、φ_{AS}（横滚角）、ψ_{AS}（偏航角）的变化会对机载

光电成像跟踪测量设备的测量精度产生影响，航偏角的变化引起方位误差；横滚角、俯仰角的变化引起机载光电成像跟踪测量设备垂直轴的倾斜。飞机的姿态角测量主要是依靠机上惯导系统来进行[22-24]。目前，惯性导航系统对飞机姿态角的测量精度如表3-2所列。

表3-2　姿态角测量精度表

姿态角 / 惯导类型	θ_{AS}（俯仰角）、φ_{AS}（横滚角）、ψ_{AS}（偏航角）3个姿态角测量精度
GPS/INS 组合导航姿态角测定精度	水平精度：优于0.02° 方位定向精度：优于0.1°
惯性导航姿态角测定精度	水平精度：优于0.1° 方位定向精度：优于0.2°

3.1.3　光电成像跟踪测量设备与惯导系统之间的误差

机载光电成像跟踪测量设备一般是安放在飞机上进行测量，从测量方式上可定义为动基座。它与地基式测量设备相比，测量基准的传递有很大的不同。地基式测量设备是安放在地基环上并利用光电编码器标定出仪器的方位和俯仰基准(A_0, E_0)；而动基座测量设备是固定在飞机机体上与飞机（载体）的惯导系统进行对准。机载光电跟踪设备的安装分为调平误差和方位对准误差，见表3-3。调平误差是机载光电跟踪设备的竖轴倾斜误差，在装机进行调平时利用水平仪进行测定，同时，在安装时与惯导系统的水平进行比对。方位对准是光电成像跟踪测量设备的方位基准与机上的惯导方位基准镜进行比对。惯导由于自身随时间变化存在漂移，将会对机载动基座的测量产生误差。另外，选用的惯导不同，所产生的误差大小也不一样。

表3-3　装调误差

调平误差	2″
方位对准误差	2″

3.1.4　减震器角振动误差

由于飞机的振动对机载光电成像测量系统的成像质量造成影响，为消除该影响，在机载光电成像跟踪测量系统的基座坐标系与载机间用减震器相连接，当机载光电成像测量系统基座与载机之间无安装误差时，两个坐标系完全重合。在工作时由于减震器的运动，两个坐标系不重合，存在三轴角振动误差，见表3-4。其表达式为

$$\theta_{BA}(t)=\theta_M\sin(\omega t+\alpha),\phi_{BA}(t)=\varphi_M\sin(\omega t+\alpha),\psi_{BA}(t)=\psi_M\sin(\omega t+\alpha)$$

式中：$\theta_M,\varphi_M,\psi_M$ 为最大角振幅，$\omega t+\alpha$ 为位相，ω 与飞机的振动主频有关。

表 3-4　减震器角振动误差

参　数	最大角振幅/(°)	位相
θ_M	0.1	0~2π
φ_M	0.1	0~2π
ψ_M	0.05	0~2π

3.1.5　机载光电跟踪设备的三轴误差

机载光电成像跟踪测量设备同经纬仪一样，是一种精密测角仪器，可用于测量目标的水平角和垂直角。机载光电成像跟踪测量设备的三轴误差一般指调平误差、水平轴误差及视准轴误差。定义垂直轴线对理想轴线的倾斜为调平误差；水平轴线与垂直轴线的不垂直量为水平轴误差；视轴与水平轴线的不垂直量为视轴误差，由于上述 3 项误差的存在，则使其产生指向误差[25-27]。过去一般都采用球面三角学的方法推导上述 3 项误差，其基本思想如下：

1. 基本思想

设空间某一点 $K(K_1,K_2,K_3)$ 在地平坐标系中的坐标如图 3-1 所示。

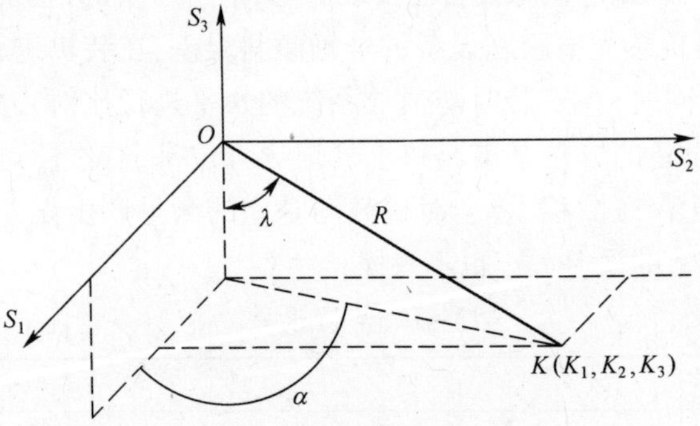

图 3-1　空间目标指示示意图

S_1—指向正北；S_3—指向天顶；S_2—垂直于 S_1，S_3 构成的平面，组成右手坐标系；

O—测量点；R—目标斜距；α—目标方位角；λ—目标高低角。

$$\boldsymbol{K}=\begin{bmatrix}S_1\\S_2\\S_3\\1\end{bmatrix}=\begin{bmatrix}R\cos\lambda\cos\alpha\\R\cos\lambda\sin\alpha\\R\sin\lambda\\1\end{bmatrix}\tag{3-1}$$

设机载光电成像跟踪测量设备的像面坐标为$[P_1,P_2,P_3]$，通过坐标转换将地平坐标转换成像面坐标，其变换矩阵为$[M]$，则

$$\begin{bmatrix} P_1 \\ P_2 \\ P_3 \\ 1 \end{bmatrix} = [M] \times \begin{bmatrix} S_1 \\ S_2 \\ S_3 \\ 1 \end{bmatrix} \tag{3-2}$$

式中：P_1为光轴；P_2，P_3为仪器像平面坐标；$\boldsymbol{M}$ 为转换矩阵，即

$$[M] = \begin{bmatrix} M_{11} & M_{12} & M_{13} & M_{14} \\ M_{21} & M_{22} & M_{23} & M_{24} \\ M_{31} & M_{32} & M_{33} & M_{34} \\ M_{41} & M_{42} & M_{43} & M_{44} \end{bmatrix} \tag{3-3}$$

根据前面的讨论，假设目标在像平面坐标系上脱靶量为零，P_1代表仪器光轴，则 $P_2=P_3=0$，有

$$\begin{cases} R\cos\lambda\cos\alpha = M_{11}S_1 \\ R\cos\lambda\sin\alpha = M_{12}S_2 \\ R\sin\lambda = M_{13}S_3 \\ 1 = M_{14}S_4 \end{cases} \tag{3-4}$$

式(3-4)就是利用坐标变换推导机载光电设备三轴误差的方程组。由于(S_1,S_2,S_3)是指向空间某一点坐标，当 P 轴指向该点时，则有 $L = P_1$，式中$\boldsymbol{M}_{1i}(\mathrm{i} = 1,2,3,4)$ 是机载光电设备含有三轴误差的变换矩阵。

2. 推导步骤及结果

根据前面的讨论，机载光电跟踪设备的三轴误差分别为调平误差、水平轴误差及视轴误差。由于本章基本出发点是基于坐标变换[28-35]。因此，利用坐标系分别绕 x 轴、y 轴及 z 轴旋转所形成的变换矩阵构成上述 3 种误差所需的矩阵。

1）调平误差 V

调平误差会引起经纬仪垂直轴的倾斜。其变换步骤如下：

（1）绕 S_3轴转 α_V；

（2）绕 S_2轴转 V；

（3）绕 S_3轴转 $\alpha_V - \alpha$；

（4）绕 S_3轴转 λ。

变换矩阵为

$$M=\begin{bmatrix}\cos\lambda & 0 & -\sin\lambda & 0\\ 0 & 1 & 0 & 0\\ \sin\lambda & 0 & \cos\lambda & 0\\ 0 & 0 & 0 & 1\end{bmatrix}\begin{bmatrix}\cos(\alpha_V-\alpha) & \sin(\alpha_V-\alpha) & 0 & 0\\ -\sin(\alpha_V-\alpha) & \cos(\alpha_V-\alpha) & 0 & 0\\ 0 & 0 & 1 & 0\\ 0 & 0 & 0 & 1\end{bmatrix}$$
$$\times\begin{bmatrix}\cos V & 0 & -\sin V & 0\\ 0 & 1 & 0 & 0\\ \sin V & 0 & \cos V & 0\\ 0 & 0 & 0 & 1\end{bmatrix}\times\begin{bmatrix}\cos\alpha_V & \sin\alpha_V & 0 & 0\\ -\sin\alpha_V & \cos\alpha_V & 0 & 0\\ 0 & 0 & 1 & 0\\ 0 & 0 & 0 & 1\end{bmatrix} \tag{3-5}$$

把式(3-4)和式(3-5)联立,得

$$\begin{cases}\cos\lambda_0\cos\alpha_0=\cos\lambda\cos\alpha\cos V\cos\alpha_V-\cos\lambda\sin\alpha\sin\alpha_V-\sin\lambda\sin V\cos\alpha_V\\ \cos\lambda_0\sin\alpha_0=\cos\lambda\cos\alpha\cos V\sin\alpha_V-\cos\lambda\sin\alpha\cos\alpha_V-\sin\lambda\sin V\sin\alpha_V\\ -\sin\lambda_0=-\cos\lambda\cos\alpha\sin V-\sin\lambda\cos V\end{cases}$$

解上式,得

$$\begin{cases}\Delta\alpha=\dfrac{\tan\lambda\sin V\sin(\alpha_V-\alpha)}{1+\tan\lambda\sin V\cos(\alpha_V-\alpha)}\\ \Delta\lambda=\cos(\alpha_V-\alpha)\sin V\end{cases} \tag{3-6}$$

式中:$\Delta\alpha$,$\Delta\lambda$ 分别为机载光电成像跟踪测量设备投影到水平面和垂直面的角误差; α,λ 分别为机载光电成像跟踪测量设备的方位角和高低角; α_V 为机载光电成像跟踪测量设备垂直轴倾斜方向;V 为机载光电成像跟踪测量设备垂直轴倾斜角。

2) 水平轴误差 γ

水平轴误差是指机载光电成像跟踪测量设备水平轴回转中心与垂直轴回转中心的不垂直度,则

$$M=\begin{bmatrix}\cos\lambda & 0 & -\sin\lambda & 0\\ 0 & 1 & 0 & 0\\ \sin\lambda & 0 & \cos\lambda & 0\\ 0 & 0 & 0 & 1\end{bmatrix}\begin{bmatrix}1 & 0 & 0 & 0\\ 0 & \cos\gamma & \sin\gamma & 0\\ 0 & -\sin\gamma & \cos\gamma & 0\\ 0 & 0 & 0 & 1\end{bmatrix}\begin{bmatrix}\cos\alpha & \sin\alpha & 0 & 0\\ -\sin\alpha & \cos\alpha & 0 & 0\\ 0 & 0 & 1 & 0\\ 0 & 0 & 0 & 1\end{bmatrix} \tag{3-7}$$

机载光电成像跟踪测量设备存在水平轴误差对机载光电成像跟踪测量设备的测量带来影响。水平轴误差变换步骤如下:

(1)绕 S_3 轴转 α

(2)绕 S_1 轴转 γ;

(3)绕 S_2轴转 λ。

联立式(3-4)和式(3-7),得

$$\begin{cases}\cos\lambda_0\cos\alpha_0 = \cos\lambda\cos\alpha - \sin\lambda\sin\gamma\sin\alpha \\ \cos\lambda_0\sin\alpha_0 = \cos\lambda\sin\alpha + \sin\lambda\sin\gamma\cos\alpha \\ -\sin\lambda_0 = \sin\lambda\cos\gamma\end{cases} \tag{3-8}$$

式(3-8),得

$$\begin{cases}\Delta\alpha = \sin\gamma\tan\lambda \\ \Delta\lambda \approx 0\end{cases} \tag{3-9}$$

3) 视轴误差 C

视准轴误差是指机载光电成像跟踪测量设备光轴与水平轴不垂直度。视轴误差的变换步骤如下:

(1) 绕 S_3轴转 α;

(2) 绕 S_2轴转 λ;

(3) 绕 S_3轴转 C,则

$$\boldsymbol{M} = \begin{bmatrix}\cos C & -\sin C & 0 & 0 \\ \sin C & \cos C & 0 & 0 \\ 0 & 0 & 1 & 0 \\ 0 & 0 & 0 & 1\end{bmatrix}\begin{bmatrix}\cos\lambda & 0 & -\sin\lambda & 0 \\ 0 & 1 & 0 & 0 \\ \sin\lambda & 0 & \cos\lambda & 0 \\ 0 & 0 & 0 & 1\end{bmatrix}\begin{bmatrix}\cos\alpha & \sin\alpha & 0 & 0 \\ -\sin\alpha & \cos\alpha & 0 & 0 \\ 0 & 0 & 1 & 0 \\ 0 & 0 & 0 & 1\end{bmatrix} \tag{3-10}$$

把联立式(3-4)和式(3-10),得

$$\begin{cases}\cos\lambda_0\cos\alpha_0 = \cos C\cos\lambda\cos\alpha + \sin C\sin\alpha \\ \cos\lambda_0\sin\alpha_0 = \cos C\cos\lambda\sin\alpha - \sin C\cos\alpha \\ -\sin\lambda_0 = -\sin\lambda\cos C\end{cases} \tag{3-11}$$

解式(3-11),有

$$\begin{cases}\Delta\alpha \approx \dfrac{C}{\cos\lambda} \\ \Delta\lambda \approx 0\end{cases} \tag{3-12}$$

通过上述理论分析可以看出,利用坐标变换法推导机载光电成像跟踪测量设备的三轴误差较以往球面三角学方法更直观简便。三轴误差影响测量精度,但属于系统误差,可通过修正来消除。

3. 轴系的晃动误差

轴系误差可定义为轴系的主轴回转误差。主轴的回转误差可以看作由 3 个误差分量,即轴向窜动误差、径向晃动误差和角运动误差所组成。

1）垂直轴系角晃动误差

由于垂直轴在加工、装调过程中严格控制前面二项误差，因此，实际轴系检测中只需检测角运动误差，一般采用高精度水平仪及谐波分析法进行。如果利用蒙特卡罗法进行误差分析，则需要知道轴系误差分布的规律。根据数种机载光电成像跟踪测量设备轴系误差检测结果，并对其结果进行误差分布的数理统计，从而证明角运动误差的分布呈均匀分布形式，如图 3-2 所示。

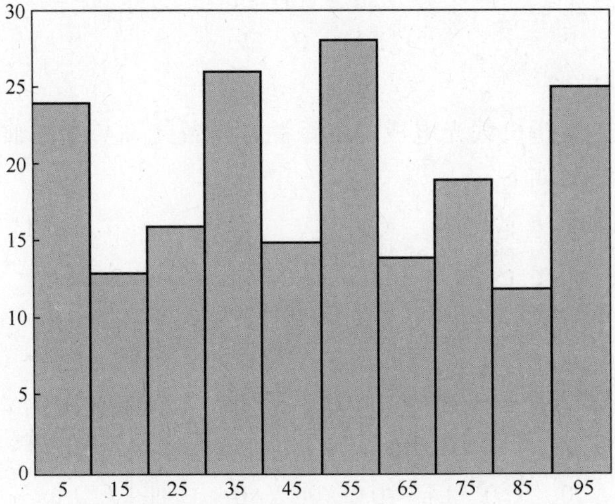

图 3-2　轴系误差统计直方图

2）水平轴系角晃动误差

水平轴在加工、装调产生的角晃动误差同垂直轴一样，其分布也呈现出均匀分布。结果同垂直轴一样。

3.1.6　机载光电成像跟踪测量设备传感器误差

1. 机载光电跟踪设备的垂直轴光电编码器测量误差

由于编码器存在码盘刻画误差、细分误差、安装等误差，使其在角度输出时产生误差。对光电编码器误差检测结果进行误差分布的数理统计，证明其误差的分布呈均匀分布，其误差分布与图 3-2 相同。

2. 机载光电跟踪设备的水平轴光电编码器测量误差

水平轴的光电编码器同垂直轴一样存在码盘刻画误差、细分误差、安装等误差，使其在角度输出时产生误差，其误差分布的结果也呈均匀分布。

3. 电视脱靶量测量误差

电视脱靶量的测量误差主要包括目标在 CCD 传感器的细分误差、量化误差、光学系统的焦距误差等,其误差大小如表 3-5 所列。

表 3-5　传感器误差

误差种类	高低(ΔY)	方位(ΔX)
CCD 传感器细分误差	0.8″	0.8″
CCD 传感器量化误差	1.6″	1.6″
光学系统焦距误差	$\Delta f/f=0.05\%$ (光学系统焦距 $f=1000$m 时)	$\Delta f/f=0.05\%$ (光学系统焦距 $f=1000$m 时)

机载光电成像跟踪测量设备误差分析通过详细梳理各环路误差项产生的原因,并结合成像测量要求给出了合理的分配指标,但由于各环路误差项之间相互关联,耦合因素较多,不是简单地各因素之间累加关系,因此,下面介绍一种新的误差分析方法,即蒙特卡罗法,进行各环路误差项综合。

3.2　机载光电成像跟踪测量设备误差综合

3.2.1　蒙特卡罗法的基本原理

1. 蒙特卡罗法的基本原理

蒙特卡罗法是通过随机变量的统计试验或随机模拟,求解数学、物理和工程技术问题近似解的数值方法,因此也称为统计试验法或随机模拟法。

蒙特卡罗法是用法国和意大利接壤的一个著名赌城蒙特卡洛(Montc Carlo)命名的。该方法开始应用于 20 世纪 40 年代,集中研究是在 50 年代。由于科学技术的发展,出现了许多复杂的问题,用传统的数学方法或物理试验进行处理有时难以解决,用蒙特卡罗法则可以有效地解决问题。

蒙特卡罗法的理论基础来自概率论的两个基本定理:

(1) 大数定理:设 $x_1,x_2,\cdots,x_n$ 是 n 个独立的随机变量,若它们来自统一母体,有相同的分布,且具有相同的有限的均值和方差,分别用 μ 和 σ^2 表示,则对于

任意 $\varepsilon>0$,有

$$\lim_{n\to\infty}P\left(\left|\frac{1}{n}\sum_{i=1}^{n}x_i-\mu\right|\geqslant\varepsilon\right)=0 \tag{3-13}$$

(2) 伯努利定理:若随机事件 A 发生的概率为 $P(A)$,在 n 次独立试验中,事件 A 发生的频数为 m,频率为 $W(A)=m/n$,则对于任意 $\varepsilon>0$,有

$$\lim_{n\to\infty}P\left(\left|\frac{m}{n}-P(A)\right|<\varepsilon\right)=1 \tag{3-14}$$

蒙特卡罗法从同一母体中抽出简单子样来做抽样试验，由上述两个定理可知，当 n 足够大时，式(3-13)以概率 1 收敛于 μ；频率 m/n 以概率 1 收敛于 $P(A)$。因此从理论上讲，这种方法的应用几乎没有什么限制。

2. 建立误差模型

一般而言，当用蒙特卡罗法求解某一事件发生的概率时，可以通过抽样试验的方法，得到该事件出现的频率，将其作为问题的解。在应用蒙特卡罗法时，需要进行大量的统计试验，如说 10000 次，由人工进行如此之多的试验会有很大困难，但高速电子计算机的发展，为蒙特卡罗模拟提供了强有力的工具，使该方法得以用于工程实践。即便是应用计算机，如何在不影响结果精度的前提下，减少计算时间，仍是应用蒙特卡罗法中的重要研究课题。

应用蒙特卡罗法必须解决从母体中抽出简单子样的问题。通常，把从有已知分布的母体中产生的简单子样，称为已知分布的随机抽样，简称为随机抽样。从(0,1)区间上有均匀分布的母体中产生的简单子样称为随机数序列($r_1,r_2,\cdots,r_n$)，其中的每一个个体称为随机数。产生随机数的方法很多，例如随机数表法、物理方法和数学方法等。在计算机上用数学方法产生随机数，是目前使用较广、发展较快的一种方法。它是利用数学递推公式来产生随机数，通常把这种随机数称为伪随机数，因为它只是近似地具备随机性质。

应用蒙特卡罗法解决工程技术问题可以分为两类：一类是确定性问题；一类是随机性问题。解题的步骤如下：

(1) 根据提出的问题构造一个简单、适用的概率模型或随机模型，使问题的解对应于该模型中随机变量的某些特征(如概率、均值和方差等)，也就是说，所构造的模型在主要特征参量方面要与实际问题或系统相一致，这是关键的一步。

(2) 根据模型中各个随机变量的分布，在计算机上产生随机数，实现一次模拟过程所需的足够数量的随机数。通常先产生均匀分布的随机数，然后生成服从某一分布的随机数，方可进行随机模拟试验。

(3) 根据概率模型的特点和随机变量的分布特性，设计和选取合适的抽样方法，并对每个随机变量进行随机抽样。这里的抽样方法有直接抽样、分层抽样、相关抽样、重要抽样等，合适的抽样方法的目的是降低模拟结果的估计量方差，提高模拟精度，或者在保证精度的前提下提高计算效率。

(4) 按所建立的模型进行仿真试验运算，求出问题的一个随机解。

(5) 统计分析模拟试验结果，给出问题的概率解以及解的精度估计。

(6) 在误差分析和计算中，用蒙特卡罗法可以确定复杂随机变量的概率分布和数字特征，可以通过随机模拟估算系统精度，也可以模拟随机过程，寻求系统最优参数等。

3.2.2 机载光电成像跟踪测量设备各项误差穷举

采用蒙特卡罗法进行误差合成是比较简单的方法[36,37]，作为蒙特卡罗模拟法的一种应用，其步骤如下：

(1) 先确定机载光电跟踪设备的测量误差与其影响因素(变量)之间的函数关系，即 $y=f(x_1,x_2,\cdots,x_n)$；

(2) 确定机载光电跟踪设备的测量误差函数中每个变量的 x_n 概率密度函数和累积概率分布函数；

(3) 对机载光电跟踪设备的测量误差每个变量 x，在[0,1]之间生成许多均匀分布的随机数 $F(x)$；

(4) 利用计算机统计计算定位误差函数的统计特征量。

1. 误差种类和特性

(1) 载机坐标系相对于地平坐标系 $S(S_1,S_2,S_3)$ 的位置偏差，即飞机的定位误差 $\Delta S(\Delta S_1,\Delta S_2,\Delta S_3)$：当无定位误差时，载机坐标系与地平坐标系重合。从误差性质上讲该误差为均匀分布。

(2) 载机航迹地平坐标系 $S(S_1,S_2,S_3)$ 到载机坐标系的变换为 $A(a_1,a_2,a_3)$：当无三轴姿态角时，载机航迹地平坐标系与载机航迹坐标系重合。其中 $\theta_{AS}(t)$、$\phi_{AS}(t)$、$\psi_{AS}(t)$ 为载机的三轴姿态角，即飞机的三轴姿态角。θ_{AS} (俯仰角)、ϕ_{AS} (横滚角)、ψ_{AS} (偏航角)误差分布为正态分布。

(3) 载机坐标系 $A(a_1,a_2,a_3)$ 到机载光电成像跟踪测量设备基座坐标系 $B(b_1,b_2,b_3)$ 的振动误差：机载光电成像跟踪测量设备基座坐标系与载机间用减震器相连接，当机载光电成像跟踪测量设备基座与载机之间无安装误差时，B 坐标系与 A 坐标系完全重合。在工作时由于减震器的运动，两个坐标系之间有三轴姿态角 $\theta_{BA}(t)$、$\varphi_{BA}(t)$、$\psi_{BA}(t)$。上述转角可通过位移测量实时测量。由于飞机的振动则有：$\theta_{BA}(t)=\Phi\sin(\omega t+\alpha)$，$\phi_{BA}(t)=\Phi\sin(\omega t+\alpha)$，$\psi_{BA}(t)=\Phi\sin(\omega t+\alpha)$，其中：$\Phi$ 为最大角振幅，按均匀分布考虑，$(\omega t+\alpha)$ 为位相，t 按视频积分时间 20ms 考虑，α 初位相等于 0，ω 与飞机的振动主频有关(直9直升机 $\omega=150\text{rad/s}$)。

(4) 机载经纬仪基座坐标系 $B(b_1,b_2,b_3)$ 的调平误差：设竖轴倾斜方位角为 α_V，倾斜误差为 V，在装机进行调平时进行测定，其误差分布为正态分布。

(5) 机载经纬仪竖轴晃动误差：$\Delta\alpha_V$。

(6) 竖轴光电编码器测量误差：$\Delta\alpha_1$。

(7) 竖轴光电编码器零位误差：$\Delta\alpha_2$。

（8）竖轴光电编码器联轴节误差：$\Delta\alpha_3$。

（9）支架不等高（横轴与竖轴不正交误差）：i。

（10）横轴晃动误差：$\Delta\lambda_E$。

（11）横轴光电编码器测量误差：$\Delta\lambda_1$。

（12）横轴光电编码器零位误差：$\Delta\lambda_2$。

（13）横轴光电编码器联轴节误差：$\Delta\lambda_3$。

（14）望远镜主点前、后的平移偏差：Δd_1。

（15）望远镜视差误差：Δd_2。

（16）望远镜视轴上、下安置误差：Δd_3。

（17）望远镜视轴照准差（视轴与横轴的不正交）：C；

（18）照准差的误差（视轴方位角的晃动）：ΔC。

（19）视轴高低角晃动误差：$\Delta\theta_e$。

（20）望远镜焦距偏差：Δf。

通过上述变换，即可把载机坐标系到机械光电成像像面坐标系建立联系，为下面推导机载光电成像跟踪测量设备的误差方程奠定基础。

2. 误差项的误差分布

根据前面的论述，机载光电成像跟踪测量设备的误差有几十种。从误差性质上讲，基本可以分为两大类，即系统误差和随机误差，因此，计算机载光电成像跟踪测量系统的测量误差就必须将这些误差统筹考虑，具体如表 3-6 所列。

表 3-6　参数误差的随机数计算表

序号	变量	符号	分布	仿真计算公式	单位
1	飞机的定位误差，其变换为 ΔS	$(\Delta S_1, \Delta S_2, \Delta S_3)$	正态分布	ΔS Randn( )	m
2	飞机的三轴姿态角	θ_{AS}（俯仰角）；ϕ_{AS}（横滚角）；ψ_{AS}（偏航角）	正态分布	σ_{AS} Randn( )	rad
3	飞机的减振器振动误差	θ_{BA}，ϕ_{BA}，ψ_{BA}	均匀分布	σ_{BA} Randn( )	rad
4	基座的调平误差	α_V	均匀分布	2πRand( )	rad
5	竖轴晃动误差	$\Delta\alpha_V$	均匀分布	$\Delta\alpha_V$ Rand( )	rad
6	竖轴光电编码器测量误差	$\Delta\alpha_1$	均匀分布	$\Delta\alpha_1$ Rand( )+ $\sigma\alpha_1$ Randn( )	rad
7	竖轴光电编码器零位误差	$\Delta\alpha_2$	正态分布	$\sigma\alpha_2$ Randn( )	rad
8	竖轴光电编码器联轴节误差	$\Delta\alpha_3$	正态分布	$\sigma\alpha_3$ Randn( )	rad

（续）

序号	变量	符号	分布	仿真计算公式	单位
9	支架不等高（横轴与竖轴不正交误差）	i φ_i ψ_i	正态分布	σi Randn( )	rad
10	横轴晃动误差	$\Delta\lambda_E$	均匀分布	$\Delta\lambda_e$ Rand( )+ $\sigma\lambda_e$ Randn( )	rad
11	横轴光电编码器测量误差	$\Delta\lambda_1$	均匀分布	$\Delta\lambda_1$ Rand( )+ $\sigma\lambda_1$ Randn( )	rad
12	横轴光电编码器零位误差	$\Delta\lambda_2$	正态分布	$\sigma\lambda_2$ Randn( )	rad
13	横轴光电编码器联轴节误差	$\Delta\lambda_3$	正态分布	$\sigma\lambda_3$ Randn( )	rad
14	望远镜主点前、后移的平移偏差	Δd_1	正态分布	σD_1 Randn( )	rad
15	望远镜视差误差	Δd_2	正态分布	σD_2 Randn( )	rad
16	望远镜视轴上、下安置误差	Δd_3	正态分布	σD_3 Randn( )	rad
17	望远镜视轴照准差（视轴与横轴的不正交）	C	均匀分布	2πRandn( )	rad
18	照准差的误差（视轴方位角的晃动）	ΔC	正态分布	σDC Randn( )	rad
19	视轴高低角晃动误差	$\Delta\theta_e$	正态分布	σE Randn( )	rad
20	望远镜焦距偏差	Δf	正态分布	σf Randn( )	rad

3. 测量误差分析计算程序的建立

建立机载光电成像跟踪测量方程的前提条件如下：

（1）影响测量误差的因素；

（2）建立统一方程；

（3）各项误差的分布；

（4）坐标系的转换。

围绕上述几方面的因素，利用 MATALAB 程序进行编程，即可建立机载光电成像跟踪测量方程：

M1 = array([[cos(dt_e),0,-sin(dt_e),0],[0,1,0,0],[sin(dt_e),0,cos(dt_e),0],[0,0,0,1]]);

M2=array([[cos(c),sin(c),0,0],[-sin(c),cos(c),0,0],[0,0,1,0],[0,0,0,1]]);

M3=array([[cos(l),0,-sin(l),0],[0,1,0,0],[sin(l),0,cos(l),0],[0,0,0,1]]);

M4=array([[cos(dp_i),sin(dp_i),0,0],[-sin(dp_i),cos(dp_i),0,0],[0,0,1,0],[0,0,0,1]]);

M5=array([[1,0,0,0],[0,cos(f_i),sin(f_i),0],[0,-sin(f_i),cos(f_i),0],[0,0,0,1]]);

M6=array([[cos(-a+a_v),-sin(-a+a_v),0,0],[sin(-a+a_v),cos(-a+a_v),0,0],[0,0,1,0],[0,0,0,1]]);

M7=array([[cos(dt_v),0,-sin(dt_v),0],[0,1,0,0],[sin(dt_v),0,cos(dt_v),0],[0,0,0,1]]);

M8=array([[1,0,0,0],[0,cos(df_v),sin(df_v),0],[0,-sin(df_v),cos(df_v),0],[0,0,0,1]]);

M9=array([[cos(v),0,-sin(v),0],[0,1,0,0],[sin(v),0,cos(v),0],[0,0,0,1]]);

M10=array([[cos(a_v),sin(a_v),0,0],[-sin(a_v),cos(a_v),0,0],[0,0,1,0],[0,0,0,1]]);

M11=array([[cos(t_ba),0,-sin(t_ba),0],[0,1,0,0],[sin(t_ba),0,cos(t_ba),0],[0,0,0,1]]);

M12=array([[1,0,0,0],[0,cos(f_ba),sin(f_ba),0],[0,-sin(f_ba),cos(f_ba),0],[0,0,0,1]]);

M13=array([[cos(p_ba),sin(p_ba),0,0],[-sin(p_ba),cos(p_ba),0,0],[0,0,1,0],[0,0,0,1]]);

M14=array([[cos(t_as),0,-sin(t_as),0],[0,1,0,0],[sin(t_as),0,cos(t_as),0],[0,0,0,1]]);

M15=array([[1,0,0,0],[0,cos(f_as),sin(f_as),0],[0,-sin(f_as),cos(f_as),0],[0,0,0,1]]);

M16=array([[cos(p_as),sin(p_as),0,0],[-sin(p_as),cos(p_as),0,0],[0,0,1,0],[0,0,0,1]]);

P=M16 * M15 * M14 * M13 * M12 * M11 * M10 * M9 * M8 * M7 * M6 * M5 * M4 * M3 * M2 * M1 * [1 0 0 1]';

把上述乘积结果做小角度近似得到下面的计算公式：

$P1=[\cos\lambda(\cos\alpha(\cos\theta_{AS}\cos\psi_{AS}+\sin\theta_{AS}\sin\varphi_{AS}\sin\psi_{AS}-\psi_{BA}\cos\varphi_{AS}\sin\psi_{AS}+(\theta_{BA}+$

$\Delta\theta_V+\cos\alpha_{VV})(-\sin\theta_{AS}\cos\psi_{AS}+\cos\theta_{AS}\sin\varphi_{AS}\sin\psi_{AS}))-\sin\alpha(\psi_{BA}(\cos\theta_{AS}\cos\psi_{AS}+$
$\sin\theta_{AS}\sin\varphi_{AS}\sin\psi_{AS})+\cos\varphi_{AS}\sin\psi_{AS}+(-\varphi_{BA}+\sin\alpha_{VV})(-\sin\theta_{AS}\cos\psi_{AS}+\cos\theta_{AS}\sin\varphi_{AS}$
$\sin\psi_{AS}))-\Delta\psi\mathrm{i}(\sin\alpha(\cos\theta_{AS}\cos\psi_{AS}+\sin\theta_{AS}\sin\varphi_{AS}\sin\psi_{AS}-\psi_{BA}\cos\varphi_{AS}\sin\psi_{AS}+(\theta_{BA}+$
$\Delta\theta_V+\cos\alpha_{VV})(-\sin\theta_{AS}\cos\psi_{AS}+\cos\theta_{AS}\sin\varphi_{AS}\sin\psi_{AS}))+\cos\alpha(\psi_{BA}(\cos\theta_{AS}\cos\psi_{AS}+$
$\sin\theta_{AS}\sin\varphi_{AS}\sin\psi_{AS})+\cos\varphi_{AS}\sin\psi_{AS}+(-\varphi_{BA}+\sin\alpha_{VV})(-\sin\theta_{AS}\cos\psi_{AS}+\cos\theta_{AS}\sin\varphi_{AS}$
$\sin\psi_{AS}))))+\sin\lambda((i_0+\varphi_i)(\sin\alpha(\cos\theta_{AS}\cos\psi_{AS}+\sin\theta_{AS}\sin\varphi_{AS}\sin\psi_{AS}-\psi_{BA}\cos\varphi_{AS}$
$\sin\psi_{AS}+(\theta_{BA}+\Delta\theta_V+\cos\alpha_{VV})(-\sin\theta_{AS}\cos\psi_{AS}+\cos\theta_{AS}\sin\varphi_{AS}\sin\psi_{AS}))+\cos\alpha(\psi_{BA}$
$(\cos\theta_{AS}\cos\psi_{AS}+\sin\theta_{AS}\sin\varphi_{AS}\sin\psi_{AS})+\cos\varphi_{AS}\sin\psi_{AS}+(-\varphi_{BA}+\sin\alpha_{VV})(-\sin\theta_{AS}$
$\cos\psi_{AS}+\cos\theta_{AS}\sin\varphi_{AS}\sin\psi_{AS})))+(-\theta_{BA}-\Delta\theta_V-\cos\alpha_{VV})(\cos\theta_{AS}\cos\psi_{AS}+\sin\theta_{AS}\sin\varphi_{AS}$
$\sin\psi_{AS})+(\varphi_{BA}-\sin\alpha_{VV})\cos\varphi_{AS}\sin\psi_{AS}-\sin\theta_{AS}\cos\psi_{AS}+\cos\theta_{AS}\sin\varphi_{AS}\sin\psi_{AS})-c(\Delta\psi_i$
$(\cos\alpha(\cos\theta_{AS}\cos\psi_{AS}+\sin\theta_{AS}\sin\varphi_{AS}\sin\psi_{AS}-\psi_{BA}\cos\varphi_{AS}\sin\psi_{AS}+(\theta_{BA}+\Delta\theta_V+\cos\alpha_{VV})$
$(-\sin\theta_{AS}\cos\psi_{AS}+\cos\theta_{AS}\sin\varphi_{AS}\sin\psi_{AS}))-\sin\alpha(\psi_{BA}(\cos\theta_{AS}\cos\psi_{AS}+\sin\theta_{AS}\sin\varphi_{AS}$
$\sin\psi_{AS})+\cos\varphi_{AS}\sin\psi_{AS}+(-\varphi_{BA}+\sin\alpha_{VV})(-\sin\theta_{AS}\cos\psi_{AS}+\cos\theta_{AS}\sin\varphi_{AS}\sin\psi_{AS})))+$
$\sin\alpha(\cos\theta_{AS}\cos\psi_{AS}+\sin\theta_{AS}\sin\varphi_{AS}\sin\psi_{AS}-\psi_{BA}\cos\varphi_{AS}\sin\psi_{AS}+(\theta_{BA}+\Delta\theta_V+\cos\alpha_{VV})$
$(-\sin\theta_{AS}\cos\psi_{AS}+\cos\theta_{AS}\sin\varphi_{AS}\sin\psi_{AS}))+\cos\alpha(\psi_{BA}(\cos\theta_{AS}\cos\psi_{AS}+\sin\theta_{AS}\sin\varphi_{AS}$
$\sin\psi_{AS})+\cos\varphi_{AS}\sin\psi_{AS}+(-\varphi_{BA}+\sin\alpha_{VV})(-\sin\theta_{AS}\cos\psi_{AS}+\cos\theta_{AS}\sin\varphi_{AS}\sin\psi_{AS}))+$
$(-i_0-\varphi_i)((-\theta_{BA}-\Delta\theta_V-\cos\alpha_{VV})(\cos\theta_{AS}\cos\psi_{AS}+\sin\theta_{AS}\sin\varphi_{AS}\sin\psi_{AS})+(\varphi_{BA}-$
$\sin\alpha_{VV})\cos\varphi_{AS}\sin\psi_{AS}-\sin\theta_{AS}\cos\psi_{AS}+\cos\theta_{AS}\sin\varphi_{AS}\sin\psi_{AS}))+dt\_e(-\sin\lambda(\cos\alpha$
$(\cos\theta_{AS}\cos\psi_{AS}+\sin\theta_{AS}\sin\varphi_{AS}\sin\psi_{AS}-\psi_{BA}\cos\varphi_{AS}\sin\psi_{AS}+(\theta_{BA}+\Delta\theta_V+\cos\alpha_{VV})(-\sin\theta_{AS}$
$\cos\psi_{AS}+\cos\theta_{AS}\sin\varphi_{AS}\sin\psi_{AS}))-\sin\alpha(\psi_{BA}(\cos\theta_{AS}\cos\psi_{AS}+\sin\theta_{AS}\sin\varphi_{AS}\sin\psi_{AS})+$
$\cos\varphi_{AS}\sin\psi_{AS}+(-\varphi_{BA}+\sin\alpha_{VV})(-\sin\theta_{AS}\cos\psi_{AS}+\cos\theta_{AS}\sin\varphi_{AS}\sin\psi_{AS}))-\Delta\psi_i(\sin\alpha$
$(\cos\theta_{AS}\cos\psi_{AS}+\sin\theta_{AS}\sin\varphi_{AS}\sin\psi_{AS}-\psi_{BA}\cos\varphi_{AS}\sin\psi_{AS}+(\theta_{BA}+\Delta\theta_V+\cos\alpha_{VV})(-\sin$
$\theta_{AS}\cos\psi_{AS}+\cos\theta_{AS}\sin\varphi_{AS}\sin\psi_{AS}))+\cos\alpha(\psi_{BA}(\cos\theta_{AS}\cos\psi_{AS}+\sin\theta_{AS}\sin\varphi_{AS}\sin\psi_{AS})+$
$\cos\varphi_{AS}\sin\psi_{AS}+(-\varphi_{BA}+\sin\alpha_{VV})(-\sin\theta_{AS}\cos\psi_{AS}+\cos\theta_{AS}\sin\varphi_{AS}\sin\psi_{AS}))))+\cos\lambda$
$((i_0+\varphi_i)(\sin\alpha(\cos\theta_{AS}\cos\psi_{AS}+\sin\theta_{AS}\sin\varphi_{AS}\sin\psi_{AS}-\psi_{BA}\cos\varphi_{AS}\sin\psi_{AS}+(\theta_{BA}+\Delta\theta_V+$
$\cos\alpha_{VV})(-\sin\theta_{AS}\cos\psi_{AS}+\cos\theta_{AS}\sin\varphi_{AS}\sin\psi_{AS}))+\cos\alpha(\psi_{BA}(\cos\theta_{AS}\cos\psi_{AS}+\sin\theta_{AS}$
$\sin\varphi_{AS}\sin\psi_{AS})+\cos\varphi_{AS}\sin\psi_{AS}+(-\varphi_{BA}+\sin\alpha_{VV})(-\sin\theta_{AS}\cos\psi_{AS}+\cos\theta_{AS}\sin\varphi_{AS}$
$\sin\psi_{AS})))+(-\theta_{BA}-\Delta\theta_V-\cos\alpha_{VV})(\cos\theta_{AS}\cos\psi_{AS}+\sin\theta_{AS}\sin\varphi_{AS}\sin\psi_{AS})+(\varphi_{BA}-$
$\sin\alpha_{VV})\cos\varphi_{AS}\sin\psi_{AS}-\sin\theta_{AS}\cos\psi_{AS}+\cos\theta_{AS}\sin\varphi_{AS}\sin\psi_{AS}))]$

$P2=[c(\cos\lambda(\cos\alpha(\cos\theta_{AS}\cos\psi_{AS}+\sin\theta_{AS}\sin\varphi_{AS}\sin\psi_{AS}-\psi_{BA}\cos\varphi_{AS}\sin\psi_{AS}+$
$(\theta_{BA}+\Delta\theta_V+\cos\alpha_{VV})(-\sin\theta_{AS}\cos\psi_{AS}+\cos\theta_{AS}\sin\varphi_{AS}\sin\psi_{AS}))-\sin\alpha(\psi_{BA}(\cos\theta_{AS}$
$\cos\psi_{AS}+\sin\theta_{AS}\sin\varphi_{AS}\sin\psi_{AS})+\cos\varphi_{AS}\sin\psi_{AS}+(-\varphi_{BA}+\sin\alpha_{VV})(-\sin\theta_{AS}\cos\psi_{AS}+$
$\cos\theta_{AS}\sin\varphi_{AS}\sin\psi_{AS}))-\Delta\psi_i(\sin\alpha(\cos\theta_{AS}\cos\psi_{AS}+\sin\theta_{AS}\sin\varphi_{AS}\sin\psi_{AS}-\psi_{BA}\cos\varphi_{AS}$
$\sin\psi_{AS}+(\theta_{BA}+\Delta\theta_V+\cos\alpha_{VV})(-\sin\theta_{AS}\cos\psi_{AS}+\cos\theta_{AS}\sin\varphi_{AS}\sin\psi_{AS}))+\cos\alpha(\psi_{BA}$

$(\cos\theta_{AS}\cos\psi_{AS}+\sin\theta_{AS}\sin\varphi_{AS}\sin\psi_{AS})+\cos\varphi_{AS}\sin\psi_{AS}+(-\varphi_{BA}+\sin\alpha_{VV})(-\sin\theta_{AS}$ $\cos\psi_{AS}+\cos\theta_{AS}\sin\varphi_{AS}\sin\psi_{AS})))) \div \sin\lambda((i_0+\varphi_i)(\sin\alpha(\cos\theta_{AS}\cos\psi_{AS}+\sin\theta_{AS}\sin\varphi_{AS}$ $\sin\psi_{AS}-\psi_{BA}\cos\varphi_{AS}\sin\psi_{AS}+(\theta_{BA}+\Delta\theta_V+\cos\alpha_{VV})(-\sin\theta_{AS}\cos\psi_{AS}+\cos\theta_{AS}\sin\varphi_{AS}$ $\sin\psi_{AS}))+\cos\alpha(\psi_{BA}(\cos\theta_{AS}\cos\psi_{AS}+\sin\theta_{AS}\sin\varphi_{AS}\sin\psi_{AS})+\cos\varphi_{AS}\sin\psi_{AS}+(-\varphi_{BA}+$ $\sin\alpha_{VV})(-\sin\theta_{AS}\cos\psi_{AS}+\cos\theta_{AS}\sin\varphi_{AS}\sin\psi_{AS})))+(-\theta_{BA}-\Delta\theta_V-\cos\alpha_{VV})(\cos\theta_{AS}$ $\cos\psi_{AS}+\sin\theta_{AS}\sin\varphi_{AS}\sin\psi_{AS})+(\varphi_{BA}-\sin\alpha_{VV})\cos\varphi_{AS}\sin\psi_{AS}-\sin\theta_{AS}\cos\psi_{AS}+\cos\theta_{AS}$ $\sin\varphi_{AS}\sin\psi_{AS}))+\Delta\psi_i(\cos\alpha(\cos\theta_{AS}\cos\psi_{AS}+\sin\theta_{AS}\sin\varphi_{AS}\sin\psi_{AS}-\psi_{BA}\cos\varphi_{AS}\sin\psi_{AS}+$ $(\theta_{BA}+\Delta\theta_V+\cos\alpha_{VV})(-\sin\theta_{AS}\cos\psi_{AS}+\cos\theta_{AS}\sin\varphi_{AS}\sin\psi_{AS}))-\sin\alpha(\psi_{BA}(\cos\theta_{AS}$ $\cos\psi_{AS}+\sin\theta_{AS}\sin\varphi_{AS}\sin\psi_{AS})+\cos\varphi_{AS}\sin\psi_{AS}+(-\varphi_{BA}+\sin\alpha_{VV})(-\sin\theta_{AS}\cos\psi_{AS}+$ $\cos\theta_{AS}\sin\varphi_{AS}\sin\psi_{AS})))+\sin\alpha(\cos\theta_{AS}\cos\psi_{AS}+\sin\theta_{AS}\sin\varphi_{AS}\sin\psi_{AS}-\psi_{BA}\cos\varphi_{AS}\sin\psi_{AS}$ $+(\theta_{BA}+\Delta\theta_V+\cos\alpha_{VV})(-\sin\theta_{AS}\cos\psi_{AS}+\cos\theta_{AS}\sin\varphi_{AS}\sin\psi_{AS}))+\cos\alpha(\psi_{BA}(\cos\theta_{AS}$ $\cos\psi_{AS}+\sin\theta_{AS}\sin\varphi_{AS}\sin\psi_{AS})+\cos\varphi_{AS}\sin\psi_{AS}+(-\varphi_{BA}+\sin\alpha_{VV})(-\sin\theta_{AS}\cos\psi_{AS}+$ $\cos\theta_{AS}\sin\varphi_{AS}\sin\psi_{AS}))+(-i_0-\varphi_i)((-\theta_{BA}-\Delta\theta_V-\cos\alpha_{VV})(\cos\theta_{AS}\cos\psi_{AS}+\sin\theta_{AS}$ $\sin\varphi_{AS}\sin\psi_{AS})+(\varphi_{BA}-\sin\alpha_{VV})\cos\varphi_{AS}\sin\psi_{AS}-\sin\theta_{AS}\cos\psi_{AS}+\cos\theta_{AS}\sin\varphi_{AS}\sin\psi_{AS})]$;

$P3=[-dt\_e(\cos\lambda(\cos\alpha(\cos\theta_{AS}\cos\psi_{AS}+\sin\theta_{AS}\sin\varphi_{AS}\sin\psi_{AS}-\psi_{BA}\cos\varphi_{AS}\sin\psi_{AS}$ $+(\theta_{BA}+\Delta\theta_V+\cos\alpha_{VV})(-\sin\theta_{AS}\cos\psi_{AS}+\cos\theta_{AS}\sin\varphi_{AS}\sin\psi_{AS}))-\sin\alpha(\psi_{BA}(\cos\theta_{AS}$ $\cos\psi_{AS}+\sin\theta_{AS}\sin\varphi_{AS}\sin\psi_{AS})+\cos\varphi_{AS}\sin\psi_{AS}+(-\varphi_{BA}+\sin\alpha_{VV})(-\sin\theta_{AS}\cos\psi_{AS}+$ $\cos\theta_{AS}\sin\varphi_{AS}\sin\psi_{AS}))-\Delta\psi_i(\sin\alpha(\cos\theta_{AS}\cos\psi_{AS}+\sin\theta_{AS}\sin\varphi_{AS}\sin\psi_{AS}-\psi_{BA}\cos\varphi_{AS}$ $\sin\psi_{AS}+(\theta_{BA}+\Delta\theta_V+\cos\alpha_{VV})(-\sin\theta_{AS}\cos\psi_{AS}+\cos\theta_{AS}\sin\varphi_{AS}\sin\psi_{AS}))+\cos\alpha(\psi_{BA}$ $(\cos\theta_{AS}\cos\psi_{AS}+\sin\theta_{AS}\sin\varphi_{AS}\sin\psi_{AS})+\cos\varphi_{AS}\sin\psi_{AS}+(-\varphi_{BA}+\sin\alpha_{VV})(-\sin\theta_{AS}$ $\cos\psi_{AS}+\cos\theta_{AS}\sin\varphi_{AS}\sin\psi_{AS}))))+\sin\lambda((i_0+\varphi_i)(\sin\alpha(\cos\theta_{AS}\cos\psi_{AS}+\sin\theta_{AS}\sin\varphi_{AS}$ $\sin\psi_{AS}-\psi_{BA}\cos\varphi_{AS}\sin\psi_{AS}+(\theta_{BA}+\Delta\theta_V+\cos\alpha_{VV})(-\sin\theta_{AS}\cos\psi_{AS}+\cos\theta_{AS}\sin\varphi_{AS}$ $\sin\psi_{AS}))+\cos\alpha(\psi_{BA}(\cos\theta_{AS}\cos\psi_{AS}+\sin\theta_{AS}\sin\varphi_{AS}\sin\psi_{AS})+\cos\varphi_{AS}\sin\psi_{AS}+(-\varphi_{BA}+$ $\sin\alpha_{VV})(-\sin\theta_{AS}\cos\psi_{AS}+\cos\theta_{AS}\sin\varphi_{AS}\sin\psi_{AS})))+(-\theta_{BA}-\Delta\theta_V-\cos\alpha_{VV})(\cos\theta_{AS}$ $\cos\psi_{AS}+\sin\theta_{AS}\sin\varphi_{AS}\sin\psi_{AS})+(\varphi_{BA}-\sin\alpha_{VV})\cos\varphi_{AS}\sin\psi_{AS}-\sin\theta_{AS}\cos\psi_{AS}+\cos\theta_{AS}$ $\sin\varphi_{AS}\sin\psi_{AS}))-\sin\lambda(\cos\alpha(\cos\theta_{AS}\cos\psi_{AS}+\sin\theta_{AS}\sin\varphi_{AS}\sin\psi_{AS}-\psi_{BA}\cos\varphi_{AS}\sin\psi_{AS}+$ $(\theta_{BA}+\Delta\theta_V+\cos\alpha_{VV})(-\sin\theta_{AS}\cos\psi_{AS}+\cos\theta_{AS}\sin\varphi_{AS}\sin\psi_{AS}))-\sin\alpha(\psi_{BA}(\cos\theta_{AS}$ $\cos\psi_{AS}+\sin\theta_{AS}\sin\varphi_{AS}\sin\psi_{AS})+\cos\varphi_{AS}\sin\psi_{AS}+(-\varphi_{BA}+\sin\alpha_{VV})(-\sin\theta_{AS}\cos\psi_{AS}+$ $\cos\theta_{AS}\sin\varphi_{AS}\sin\psi_{AS}))-\Delta\psi_i(\sin\alpha(\cos\theta_{AS}\cos\psi_{AS}+\sin\theta_{AS}\sin\varphi_{AS}\sin\psi_{AS}-\psi_{BA}\cos\varphi_{AS}$ $\sin\psi_{AS}+(\theta_{BA}+\Delta\theta_V+\cos\alpha_{VV})(-\sin\theta_{AS}\cos\psi_{AS}+\cos\theta_{AS}\sin\varphi_{AS}\sin\psi_{AS}))+\cos\alpha(\psi_{BA}$ $(\cos\theta_{AS}\cos\psi_{AS}+\sin\theta_{AS}\sin\varphi_{AS}\sin\psi_{AS})+\cos\varphi_{AS}\sin\psi_{AS}+(-\varphi_{BA}+\sin\alpha_{VV})(-\sin\theta_{AS}$ $\cos\psi_{AS}+\cos\theta_{AS}\sin\varphi_{AS}\sin\psi_{AS}))))+\cos\lambda((i_0+\varphi_i)(\sin\alpha(\cos\theta_{AS}\cos\psi_{AS}+\sin\theta_{AS}\sin\varphi_{AS}$ $\sin\psi_{AS}-\psi_{BA}\cos\varphi_{AS}\sin\psi_{AS}+(\theta_{BA}+\Delta\theta_V+\cos\alpha_{VV})(-\sin\theta_{AS}\cos\psi_{AS}+\cos\theta_{AS}\sin\varphi_{AS}$ $\sin\psi_{AS}))+\cos\alpha(\psi_{BA}(\cos\theta_{AS}\cos\psi_{AS}+\sin\theta_{AS}\sin\varphi_{AS}\sin\psi_{AS})+\cos\varphi_{AS}\sin\psi_{AS}+(-\varphi_{BA}+$

$\sin\alpha_{VV})(-\sin\theta_{AS}\cos\psi_{AS}+\cos\theta_{AS}\sin\varphi_{AS}\sin\psi_{AS})))+(-\theta_{BA}-\Delta\theta_V-\cos\alpha_{VV})(\cos\theta_{AS}\cos\psi_{AS}+\sin\theta_{AS}\sin\varphi_{AS}\sin\psi_{AS})+(\varphi_{BA}-\sin\alpha_{VV})\cos\varphi_{AS}\sin\psi_{AS}-\sin\theta_{AS}\cos\psi_{AS}+\cos\theta_{AS}\sin\varphi_{AS}\sin\psi_{AS})]\ \Delta\theta_V$

本部分详细地介绍了蒙特卡罗法的基本原理,及其在机载光电成像跟踪测量系统误差分析上的应用,并根据机载光电成像跟踪测量系统的误差分布和规律建立了误差方程,为下一步利用 MATLAB 程序计算误差综合提供了良好的理论基础。

3.3 机载光电成像跟踪测量设备误差的仿真计算

通过前面的讨论,机载光电成像跟踪测量系统的测量方程是计算其误差的前提条件,同时也是利用计算机进行仿真的基础。由于构造的计算方程是建立在坐标转换的基础上,而每个坐标的转换都需要矩阵相乘,几十个矩阵相乘对应的运算和结果非常烦琐复杂,极易出错,但利用 MATLAB 程序进行上述计算和仿真实现起来就比较容易。因此,本章着重讨论如何利用 MATLAB 程序进行仿真计算[38,39]。

目前,MATLAB 已经成为国际上最为流行的软件之一,它除了传统的交互式编程外,还提供了丰富可靠的矩阵运算、图形绘制、数据处理、图像处理、Windows 编程等便利工具,出现了各种以 MATLAB 为基础的实用工具箱,广泛地应用于自动控制、图像信号处理、生物医学工程、语音处理、雷达工程、信号分析、振动理论、时序分析与建模、化学统计学、优化设计等领域,并表现出一般高级语言难以比拟的优势。较为常见的 MATLAB 工具箱主要包括:

(1) 控制系统工具箱(control systems toolbox);

(2) 系统辨识工具箱(system identification toolbox);

(3) 鲁棒控制工具箱(robust control toolbox);

(4) 多变量频率设计工具箱(multivariable frequency design toolbox);

(5) 卜分析与综合工具箱(analysis and synthesis toolbox);

(6) 神经网络工具箱(neural network toolbox);

(7) 最优化工具箱(optimization toolbox);

(8) 信号处理工具箱(signal processing toolbox);

(9) 模糊推理系统工具箱(fuzzy inference system toolbox);

(10) 小波分析工具箱(wavelet toolbox)。

因此,利用 MATLAB 进行空间坐标的转换,用一连串的矩阵相乘进行表达,MATLAB 能很好地处理矩阵的运算,故完全可以用来做本章的仿真计算[40,41]。

仿真计算根据程序实施的语言选用不同,可以采取如下两种方法:

方法一:

(1) 利用 MATLAB 软件进行变换关系式的列写,此亦即函数的计算程序;

(2) 根据各个输入参数的误差模型进行随机抽样和大量样本计算;

(3) 根据计算结果进行统计计算总误差的特征参数,变更参数重复(2)的计算,直到得出误差的特点。

方法二:

(1) 利用 MATLAB 的符号运算功能,首先推导出函数的符号表达式;

(2) 利用计算式进行编程,得到 C 语言函数计算的程序;

(3) 利用 C 语言的快速计算能力,根据各个输入参数的误差模型进行随机抽样和大量样本计算;

(4) 根据计算结果进行统计计算总误差的特征参数,变更参数重复(3)的计算,直到得出误差的特点。

方法一的特点是程序比较简单易懂,模型修改容易,但计算速度较慢。

方法二的特点是计算速度较快,缺点是难以修改程序,不容易排除错误。

图 3-3 所示为仿真程序框图。

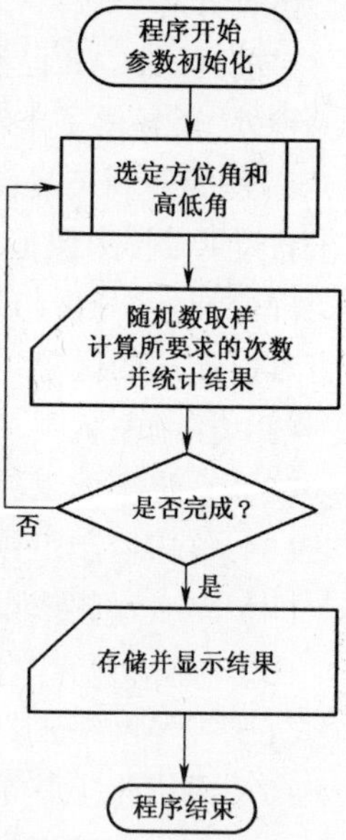

图 3-3　仿真程序框图

3.3.1　仿真计算程序的编写

Borland C++Builder 是一种新颖的可视化编程语言。在工程应用中,一般用 C++Builder 语言编写应用程序,实现交互界面、数据采集和端口操作等,但C++ Builder 在数值处理分析和算法工具等方面,其效率远远低于 MATLAB 语言。在准确方便地绘制数据图形方面,MATLAB 语言更具有无可比拟的优势。此外,MATLAB 还提供功能强大的工具箱,但 MATLAB 的缺点是不能实现端口操作和实时控制。因此,若能将两者结合运用,实现优势互补,将获得极大的效益。

1. C++Builder 调用 MATLAB 的实现方案

1) 实现思路

在高版本的 MATLAB 中(如 MATLAB V4.2)提供了 DDE 接口,用户可以通过 Windows 的 DDE 通信机制实现外部调用。这种实现方式比较简单,但将增大主程序代码,影响运行速度。

在 Windows 系统中,DLL 是一种很特别的可执行文件,可以被多个 Windows

应用程序同时访问,具有固定的共享数据段。该数据段的数据 DLL 在 Windows 下载前,会一直保留在内存中,因此可以通过 DLL 实现用户程序与 MATLAB 之间的数据传输和函数调用。

具体地说,就是利用 MATLAB 的 32 位动态链接库(DLL),生成相应的可以被 C++Builder 调用的 DLL,用来提供二者之间的基本支撑环境,在用户程序中加载该 DLL,即可实现其数据段的共享,然后在用户程序中操作 DLL 数据段的数据,并通过某种方式在用户程序中使 MATLAB 执行该 DLL,就可实现用户程序对 MATLAB 的调用,对应的形式可以是混合编程或函数调用,形式方便操作高效。

2）实现方式

MATLAB 提供了可外部连接的 DLL 文件,通过将其转换为相应的 Lib 文件,并加以必要的设置,就可以在 C++Builder 中直接进行 MATLAB 函数调用,实现 C++ Builder 语言与 MATLAB 语言的混合编程。

3）运行环境要求

由于 MATLAB 提供的是 32 位的 DLL,其运行环境要求是 MATLAB V4. 2 或更高版本。C++Builder 可以进行 32 位编程,这里采用的是 V5. 0 版本。C++ Builder 下 Lib 文件的生成,MATLAB 提供的 Def 文件允许用户通过 Implib 命令生成相应的 Lib 文件。其命令格式为

```
Implib ??? .lib ??? .def
```

在< matlab >\extern\include 目录下,提供了如下 3 个 .Def 文件:

```
_libeng.def,_libmat.def,_libmx.def
```

通过上述命令可以生成相应的 3 个 Lib 文件。这些 Lib 文件中包含了可外部调用的 MATLAB 函数的必要信息。

2. C++Builder 调用 MATLAB 实现计算和绘图

为清楚起见,通过一个简单的 C++Builder 例程进行说明。该实例通过调用 MATLAB 实现矩阵运算并绘制图形,用以演示 C++Builder 对 MATLAB 的调用。在 C++Builder 编辑环境中,建立一个新的窗体 MyForm 并放置一个按钮 Demo。将工程文件命名为 Try. prj,其主函数为 try. cpp。在主函数中,使用一个实现 MATLAB 调用的子函数 DemoMatlab 作为按钮 Demo 的响应事件。

为了调用 MATLAB 中的函数,必须进行必要的设置,将包含这些函数的文件加入工程文件 Try. prj。以下是操作过程:

（1）在头文件中加入 Engine. h,其包含了启动 MATLAB 调用和关闭的函数声明。

（2）打开 Project | Option…对话框,单击 Directories/Conditionals 在 Include

Path 中,加入目录路径< matlab >\extern\include,该路径包含了 engine. h 和 matlab. h 等有用的头文件;在 Library Path 中,加入< matlab >\bin 和< matlab >\extern\include;这两个目录路径包含了可外部调用的 DLL 和 Lib 文件。

(3) 单击 Project|Add to Project…对话框,加入如下库文件:

_libeng.lib,_libmat.lib 和_libmx.lib。

在进行了这些必要的设置之后,就可以选用适当的函数来实现目标。以下是子函数 DemoMatlab 的程序代码。

```
void DemoMatlab
{
Engine *eng; //定义 MATLAB 引擎
char buffer[200]; //定义数据缓冲区
int array[6] = {1,2,3,4,5,6};
mxArray *S = NULL, *T = NULL;
engOpen(NULL); //打开 MATLAB 引擎…①
S = mxCreateDoubleMatrix(1,6,mxREAL);
//产生矩阵变量
mxSetName(S,"S");
memcpy((char *) mxGetPr(S),
  (char *) array,6 * sizeof(int));
  engPutArray(eng,S); //将变量 X 置入 MATLAB 的工作空间
  engEvalString(eng,"T = S/S.^2;");
//计算
engEvalString(eng,"plot(S,T);");
//绘制图形
..........
engOutputBuffer(eng,buffer,200);
//获取 MATLAB 输出
T = engGetArray(eng,"T");
//获得计算结果…②
engClose(eng);
//关闭 Matlab 引擎,结束调用
  mxDestroyArray(S);
//释放变量
  mxDestroyArray(T);
  }
```

若还需要执行其他功能和任务,那么按照上面介绍的方法,进行变量声明

后，在①、②处加写需要的语句既可。

当然，使用这种方法调用 MATLAB 不能脱离 MATLAB 环境的支撑。但当不需要看到 MATLAB 的命令窗口时，可将其赋予 Swhide 属性而加以隐藏。

按照上述方法来实现 C++Builder 下应用程序对 MATLAB 的调用，可以充分利用 MATLAB 强大的科学计算功能和丰富的工具箱，而且具有混合编程、方便高效的优点，这是 C++语言和其他高级语言所无法比拟的。按照这个方法，还可以编写程序来最充分地利用 MATLAB 的其他资源，开发满足自己需要的程序，更有效地完成工作。

3.3.2 机载光电成像设备测量误差计算结果的统计分析

仿真计算程序设置界面如图 3-4 所示，方位角误差随高低角和方位角变化如图 3-5 所示，高低角误差随高低角和方位角变化如图 3-6 所示，定位误差随高低角和方位角变化如图 3-7 所示[42,43]。

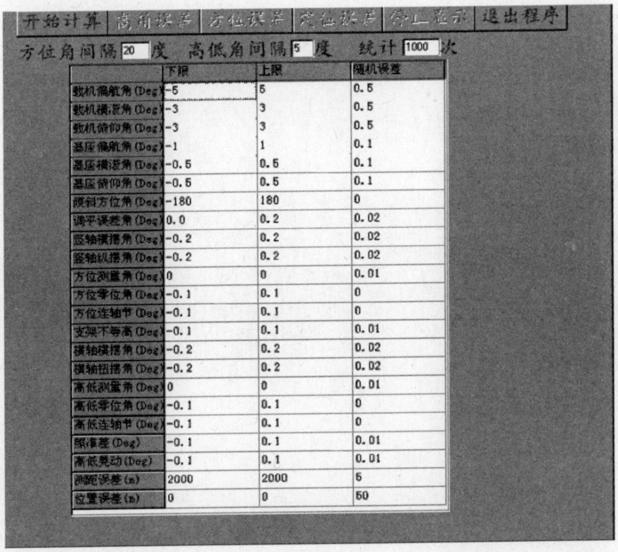

图 3-4 仿真计算程序设置界面

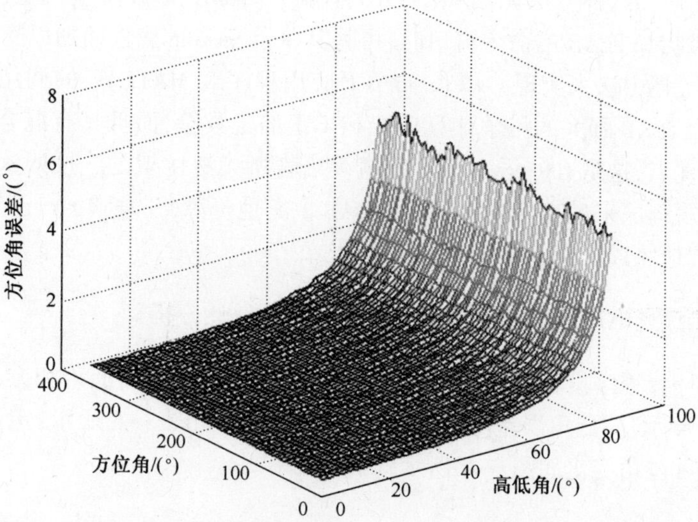

图 3-5　方位角误差随高低角和方位角变化

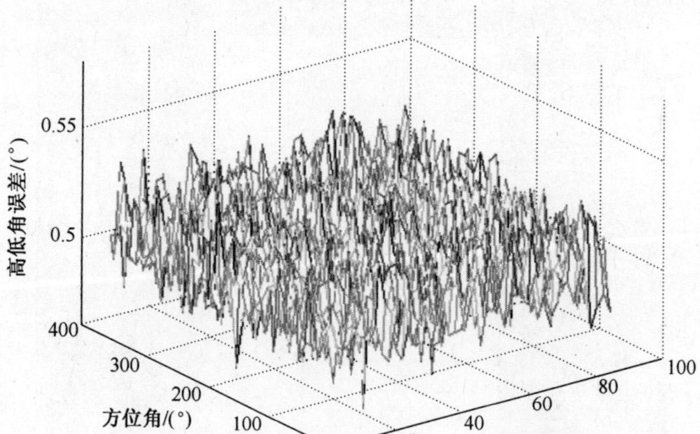

图 3-6　高低角误差随高低角和方位角变化

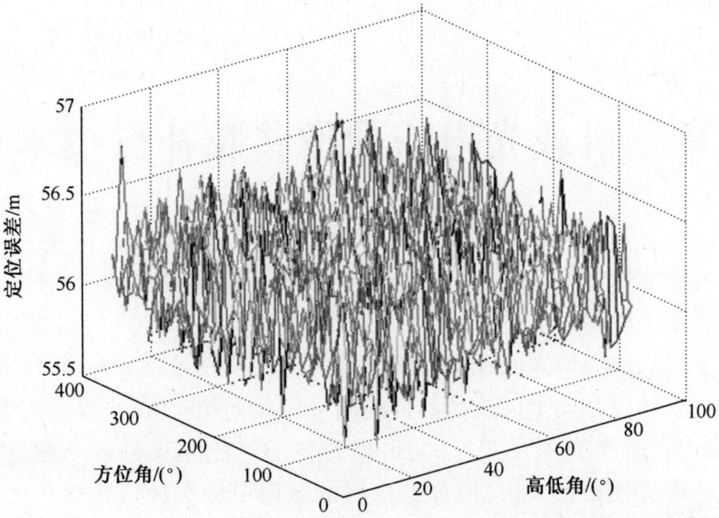

图 3-7　定位误差随高低角和方位角变化

3.4　本 章 小 结

本章详细分析了机载光电跟踪测量设备从中心地平坐标系到目标坐标系涉及的测量误差种类、误差源、误差量的大小，并利用空间坐标变换方法首先推导出机载光电跟踪测量设备的三轴误差，然后利用蒙特卡罗法和机载光电跟踪测量设备测量误差的位置方程进行各误差项的统计计算，最后通过对机载光电成像跟踪测量各误差项的仿真计算，给出了机载光电成像跟踪测量设备的误差：高低角误差和方位角误差与各种参数及其误差的综合关系，并计算了一系列范围的高低角误差和方位角误差，实现机载光电跟踪设备多环节测量误差综合。

第4章　机载光电成像像移及补偿技术分析

机载光电成像像移是在曝光过程中相机与被摄景物之间相对运动而造成的像在焦平面上的移动。由于感光器件的光敏感过程都需要一定的时间，所以成像影像上会形成类似人眼视觉暂留现象的运动模糊效果。在曝光时间内，像移使不同物点的像在焦平面成像器件的同一像元上相互混叠，从而导致图像退化，如图像像点边缘模糊及灰度失真，使影像的对比度和分辨率均显著下降。对于机载光电成像设备来讲，由像移造成的图像模糊会使成像效果大打折扣，甚至达不到预期的目的，所以必须尽量消除像移对成像的影响[44,45]。下面对成像过程中的像移类型和像移补偿技术按不同的分类方法分别进行分析和讨论。

4.1　机载光电成像像移类型

当讨论像移类型时，将机载载荷整体视为一个刚体，认为载荷和成像器件之间没有相对运动，成像器件的光敏感面为理想像平面，相机光轴为理想光学系统光轴，并严格垂直于像平面且通过其几何中心。此时，相机的运动可以分为下面几种典型情况：相对景物平移、绕光轴转动、相机光轴绕载机纵轴和横轴转动，以及上述几种运动的耦合[46,47]。

4.1.1　光轴平移产生的像移

相机相对景物平移是最简单的成像情况。垂直成像时，在曝光过程中物距的变化对像移的影响很小，尤其是远距离成像时这种影响可以忽略，所以这里只讨论相机在平行于物面的平面内平移的情况。如图4-1所示，机载载荷光轴垂直于物面（文中所指物面为理想平面），像面与物面平行。高度在拍摄过程中保持不变，载机各初始姿态角及其角速度均为零。若载机不动，则地面景物相对相机做反向运动，速度大小等于载机飞行速度。此时，若连接地平面上任意物点、镜头像方节点和像面上对应像点的主光线，则存在过镜头像方节点与载机横轴平行的轴线 OY 的角速度 ω_{IM}。像移速度 v_{IM} 和像移角速度 ω_{IM} 分别为

$$v_{IM}=f\cdot\frac{v_V}{H} \tag{4-1}$$

$$\omega_{IM}=\frac{v_V}{H}\cos\theta=\frac{v_{IM}}{f}\cos\theta \tag{4-2}$$

式中：v_V 为载机平飞速度；θ 为连接物点和像点的各主光线沿平飞方向偏离光轴的角度；H 为焦点到地面垂直高度；f 为焦距。

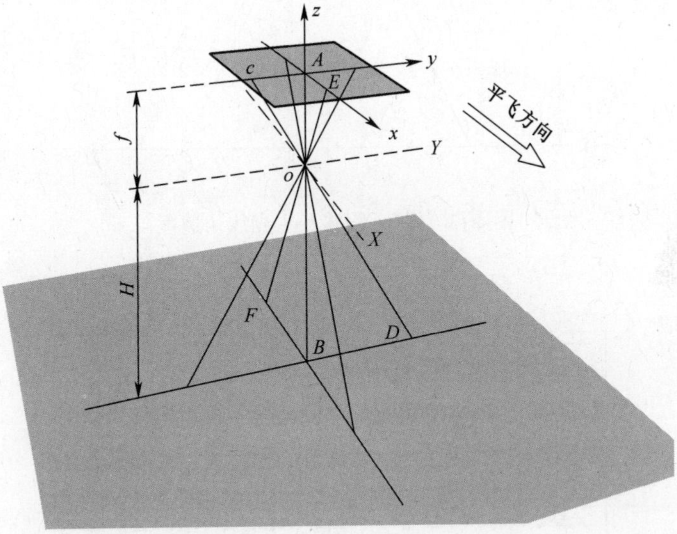

图 4-1　相对平移示意图

即使各物点对相机的运动速度相等，由于视场内物面上不同物点到相机的距离不同，通过镜头像方节点连接对应物点和像点的主光线绕 OY 的角速度 ω_{IM} 却不同，显然，沿平飞方向偏离光轴越远，角速度 ω_{IM} 越小。如图 4-2 所示，当光轴 AOB 垂直于物面时，通过相似三角形关系可以推出：像平面上各点的像移速度 v_{IM} 大小和方向都相同。在与物面的交线上，设 Δt 时间内物点从 F 移动到 F'，相应的其像点从 E 移动到 E'，由相似关系，有 $EE'/FF'=OE/OF=AO/BO=f/H$，同理，视场内平面簇中各平面与物面和像面的交线上此关系都成立，那么相同时间间隔内像移距离 EE' 和物移距离 FF' 同时除以 Δt 即得到像移和物移的平均速度，且速度之比为 f/H。同理，在视场范围内过 OX 的一簇平面与像面和物面交线上，像移与物移的距离和速度之比都有此关系成立。即俯仰、横滚和偏航角及其角速度为零时，如图 4-3 所示，像平面上的像移速度处处相等。

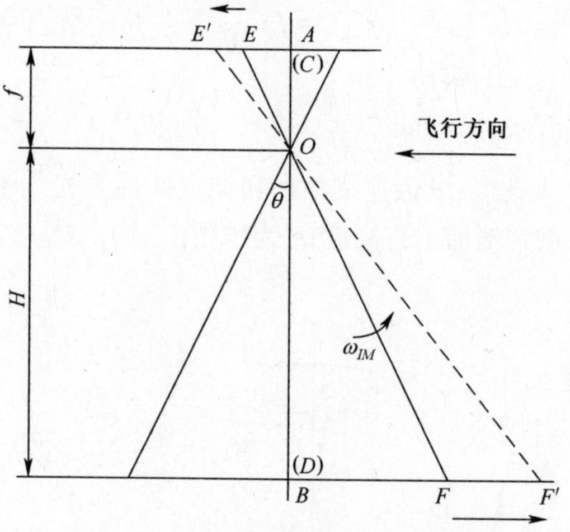

图 4-2　像移、物移及主光线角速度

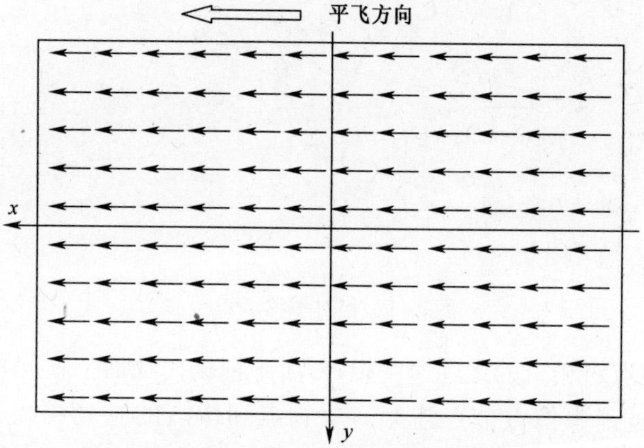

图 4-3　载机平飞时像面像移速度分布

4.1.2　绕光轴旋转形成的像移

设相机光轴垂直指向物面且与载机垂轴重合，当载机做偏航运动时，相机在像面内绕光轴旋转，或者物面相对像面绕光轴反向旋转。先讨论一种比较简单的情况，像面没有沿光轴的运动且不考虑载机的平飞速度 v_V，设此时载机偏航角速度为 ω_Y。这时，像面相对物面在像空间的像没有平移，只有绕光轴的角速度，像面作为一个整体各像点绕光轴的角速度相等均为 ω_Y，如图 4-4 所示。由于各像点的旋转半径不同，像点对应的线速度 v_{IY} 不同，如图 4-5 所示。

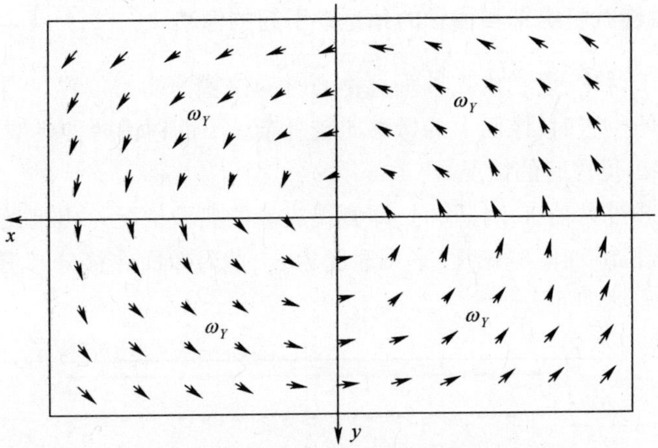

图 4-4　载机偏航引起的像移

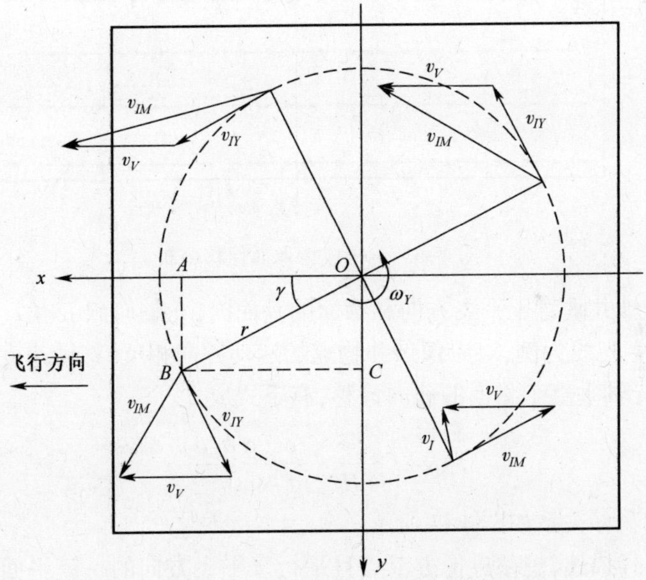

图 4-5　载机平飞和偏航引起的像移矢量合成

如果考虑载机的平飞速度 v_V，则像面上像移速度 v_{IM} 就是载机平飞速度与偏航角速度 ω_Y 的矢量合成。以像面上任意一点为例，合成关系如图 4-5 所示，像移速度大小由式(4-3)计算，像移速度方向由双矢量相加决定。

$$v_{IM} = f \cdot \frac{v_V}{H} + \omega_Y \cdot (\sqrt{x^2 + y^2}) \cdot \cos\gamma \tag{4-3}$$

4.1.3 光轴绕载机纵轴和横轴的角运动引起的像移

为了便于讨论,设相机光轴垂直物面时的位置为初始位置。当光轴偏离或者有偏离初始位置时,像面上的像移比较复杂。下面讨论两种典型情况。

1. 仅有角位移时的情况

分析绕载机纵轴有角位移时,即侧视成像的典型情况。相机光轴指向载机一侧,设绕载机纵轴偏离 α 角,平飞速度为 v_V,此时像面像移分布情况如图 4-6 所示。

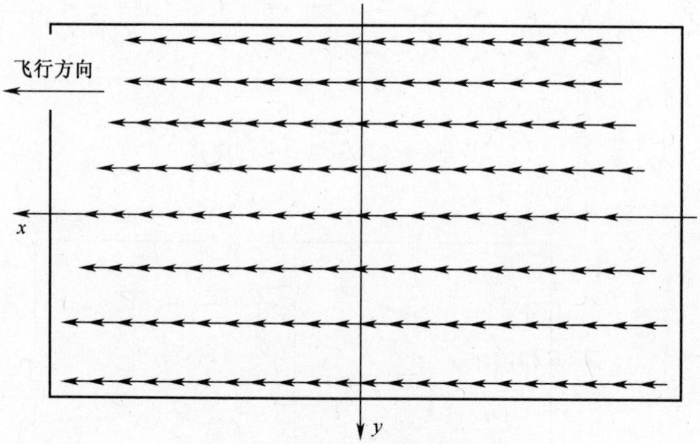

图 4-6　侧视成像像面像移分布

在过光轴并垂直于平飞方向和物面的垂面内,光轴倾斜 α 角。以与光轴成 θ 角的一条主光线为例,对应像点和物点的运动方向相反,移动速度的大小成比例,类似于光轴垂直于物面的前向像移,有下式成立:

$$v_{\mathrm{IM}} = f \cdot \frac{v_V}{H} \cdot \frac{\cos(\alpha + \theta)}{\cos\theta} \tag{4-4}$$

像移和物移关系如图 4-7 所示。

可以这样描述,想象过像方节点且平行于平飞方向的一簇平面与物面和像面的交线在像面和物面内分别是相互平行的直线,像平面内平行于平飞方向的每条直线上各像点的像移速度处处相等,而各直线间的像移速度是不同的,在其垂直方向上像移速度随侧视角和主光线与光轴的夹角变化而变化。任意像点的像移速度可用式(4-4)计算。

2. 具有俯仰姿态角及其角速度时的情况

在过光轴且平行于平飞方向的平面内设光轴与垂轴成 α 角,且绕载机横轴的俯仰角速度为 ω_{P},此时在像面内产生的像移应该包括:由俯仰运动造成的俯

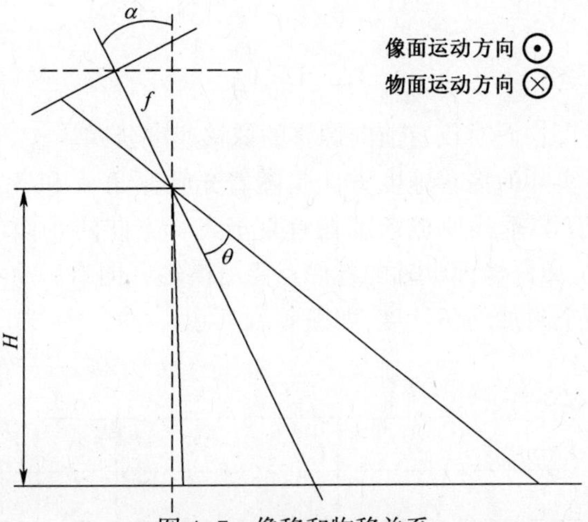

图 4-7　像移和物移关系

仰像移和由飞行运动造成的前向像移。相机同载机一起以俯仰角速度 ω_P 绕载机横轴转动，而地物相对载机以速度 v_V 运动，以图 4-8 所示任意一条主光线 CD 为例，其在垂直于载机横轴的垂面内与光轴成 β 角，其绕横轴的瞬时角速度应为载机俯仰角速度 ω_P 和由载机平飞速度 v_V 产生的附加角速度 ω_F 相叠加，那么像面上任意像点在垂直于载机横轴方向上的像移速度 v_{ipx} 为[48]

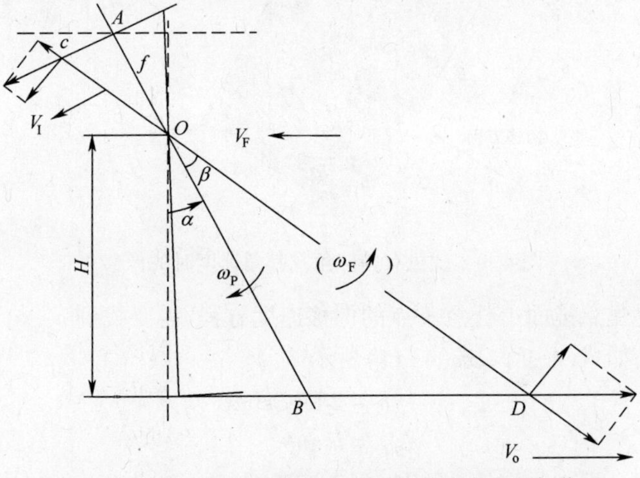

图 4-8　载机平飞与俯仰姿态角及其角速度的叠加作用

$$v_{ipx} = \frac{\dfrac{f}{\cos\beta} \cdot (\omega_F + \omega_P)}{\cos\beta} = \frac{f \cdot \left(\dfrac{v_V}{H}\cos^2(\alpha + \beta) + \omega_P\right)}{\cos^2\beta} \tag{4-5}$$

特殊地，当 α 和 ω_P 为零时，有

$$v_{ipx} = f \cdot \frac{v_V}{H} \tag{4-6}$$

即演化成光轴垂直物面时仅有前向像移的像移速度公式。

但在像面上实际的像移速度方向是随着光轴倾角 α 和各物点主光线横向（横轴方向）倾角（与垂线所成角度在垂直于飞行方向的垂面内的投影角度）θ 的变化而变化的，离开像面纵轴的各像点要沿横轴方向有一个线速度 v_{ipy}，相当于对光轴产生一个附加的角速度，如图 4-9 所示。

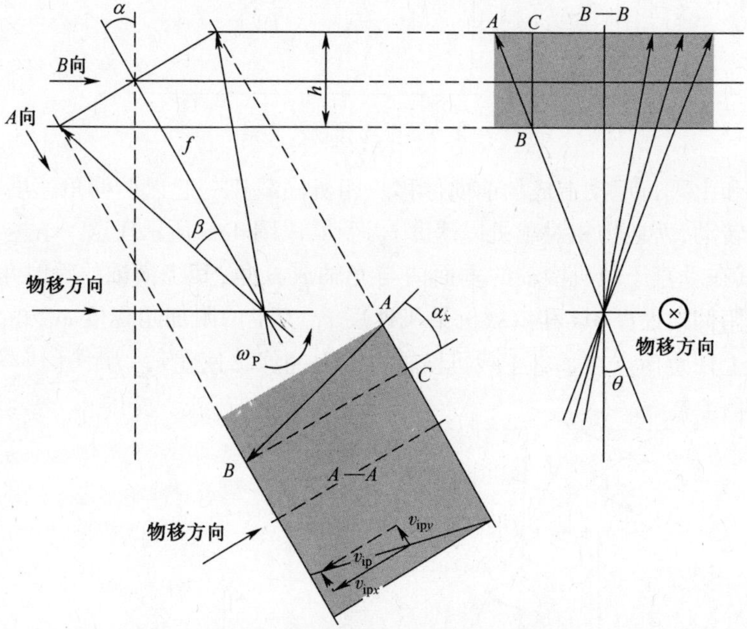

图 4-9　载机有俯仰角及其角速度时的像移

所以，要建立镜面上任意一点的像移速度方程，需要找到 v_{ipx} 与 v_{ip} 二者之间的关系方程，如式(4-7)~式(4-11)所示。

$$h = 2f\tan\beta\sin\alpha \tag{4-7}$$

$$L_{AC} = h\tan\theta \tag{4-8}$$

$$L_{BC} = 2f\tan\beta \tag{4-9}$$

$$\tan\alpha_x = \frac{L_{AC}}{L_{BC}} = \frac{2f\tan\theta\sin\alpha\tan\beta}{2f\tan\beta} = \sin\alpha\tan\theta \tag{4-10}$$

$$v_{ip} = \frac{v_{ipx}}{\cos\alpha_x} = v_{ipx}\sqrt{1 + \sin^2\alpha\tan^2\theta} \tag{4-11}$$

式中：v_{ipx}为像面上各像点在垂直于横轴方向的前向像移速度。

像面上任意一点的像移速度为

$$v_{ip} = \frac{f \times \left(\frac{v_F}{H}\cos^2(\alpha + \beta) + \omega_P\right) \times \sqrt{1 + \sin^2\alpha \tan^2\theta}}{\cos^2\beta} \tag{4-12}$$

像移速度的方向用α_x表示，有

$$\tan\alpha_x = \sin\alpha\tan\theta \tag{4-13}$$

至于整个像面上像移速度的描述则非常复杂，简单地说，越远离像面中心的像点，像移速度越大；只有像面纵轴上像点的像移方向是一致的，并且在纵轴上；离开纵轴的像点都有沿横轴的像移分量，且距离越远分量越大；像移分量的方向以像面横轴划分，若载机有低头角速度，则迎着平飞方向的前半部分指向纵轴，而后半部分则背离纵轴，若载机抬头则相反。

4.1.4 光轴随机运动造成的像移

上面仅仅讨论了在载机的几种特殊飞行状态下，平飞速度、姿态角及其角速度等因素对像面像移的影响情况。但是，载机的实际飞行状态要复杂得多，光轴实际的运动状态包括6个自由度方向的运动，可分解为沿3个空间正交轴的平移运动和绕3轴的转动。载机在实际飞行过程中除了要受到空气动力产生的主升力作用，还要受到气流的随机扰动作用，因此载机的飞行姿态及其角速度总是时刻变化着的。所以严格地说，载机所谓的稳定平飞状态只是宏观上描述或者只是一种理想的状态。这种随机运动的幅度和频率与载机的飞行速度和姿态、载机的质量及其分布、机体气动布局，还有当时的大气环境（包括密度、温度、湿度等）等因素密切相关，所以载机在飞行过程中微观的运动状态是极其复杂的。而载机的运动状态又会直接影响到相机的拍摄过程，如在相机曝光过程中载机的平飞运动、姿态调整和随机运动都会造成像面像移。由于载机运动状态非常复杂，再经过由物空间到像空间的变换，则使像面上的像移情况变得更加复杂。

4.2 机载光电成像像移补偿方式

消除或减小相机和景物之间的相对运动是从像移产生的根源解决像移问题。从理论上讲，这种方式可以彻底消除某些成像过程中像移的影响，也是解决像移问题较常用和有效的方式。为了保持相机在曝光过程中的姿态稳定，可以利用隔振装置和消除光轴角位移的机构隔离载机的姿态扰动，这是一种主动

的方式,而不是产生像移后进行的事后补偿。但是这种方式对于机载光电成像跟踪测量系统,受限于载荷能力和工作条件,不适于采用体积和质量较大的隔振平台和消除角位移机构,而且应尽量减少采用运动部件来提高工作的可靠性。可以从载荷内部入手来消除或减小像移的影响。例如,从感光材料或器件的化学、物理特性入手,通过缩短光敏感时间来减小像移的影响;从光学系统的设计入手,用光学的办法来补偿像移;还可以从感光器件着手,靠移动像面或电荷包等方法来实现像移补偿[49-55]。下面就一些常用的像移补偿方式分析比较它们的优点和劣势。

4.2.1 自然补偿法

在曝光量一定的情况下,通过加大镜头相对孔径来增加像面光量和提高感光器件的感光度,这些措施的原理都是允许提高快门速度从而缩短曝光时间。在一定程度上,通过缩短曝光时间就可以减小像移的影响,这就是自然补偿法的基本思路。在一般情况下,成像任务过程由当时的环境和形势来决定,所以无法确保载荷一定工作在理想的光照条件下,那么就要求望远镜头有尽可能大的绝对孔径和相对孔径。但是,一方面由于机载载荷能力的限制,不可能任意地增大镜头的绝对孔径;另一方面,在限定尺寸的条件下增加镜头的相对孔径非常困难。所以从成像器件感光度入手缩短曝光时间就成为比较合理的选择。但是在实际任务中往往要面对十分恶劣的拍摄条件,受到光线条件、大气环境和感光器件技术水平等因素的限制,都不可能允许无限地缩短曝光时间。另外,使用高感光度成像器件所获图像会出现非常明显的噪点和色斑,严重影响成像质量,这将大大降低照片的利用价值,所以这种补偿方法的局限性很大。

高感光度会让画面噪点大量增加,影响了画面的纯净度,再加上大量的降噪处理,画面的锐度会被大量经过数码降噪,细节损失是可想而知的。

图 4-10 所示为 CCD 成像器件在不同感光度条件下所拍摄对比图像。可见,当 ISO64 时画面纯净,没有杂点,且色彩真实自然;ISO 100、ISO 200 画面质量仍然不错,但 ISO 200 略微出现了一些杂点;ISO 400 时噪点痕迹就比较明显了;ISO 800 及以上,色彩出现偏差,直到 ISO 3200,噪点的影响已经使图像变得模糊了。相机工作于高感光度模式下,噪点控制是很困难的,如果一味地只是追求器件感光度的提高通常会导致既使图像质量严重下降又无法起到减小像移影响的结果。目前,在民用和军用领域做得比较出色的是日本富士公司的产品。但是即使能够控制噪点,成像器件的光谱敏感范围也将大打折扣。因此,仅仅依靠提高成像器件感光度达到缩短曝光时间,从而消除像移影响的目的将无法获得满意的效果。所以,我们认为,提高成像器件感光度只能作为解决像

移问题的辅助手段。单纯依靠自然补偿法来消除像移影响的方法则仅适用于对于图像质量要求不高的任务,而无法满足高精度的跟踪成像测量任务。

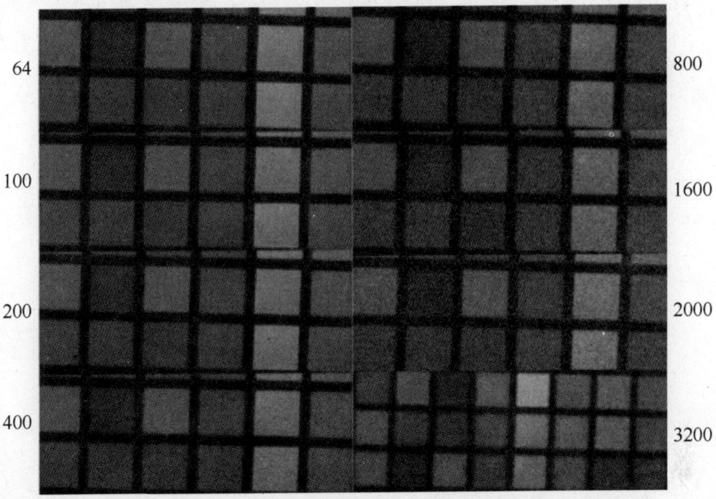

图 4-10　不同感光度成像质量对比

4.2.2　光学补偿法

消除像移还有一种光学补偿办法,就是在相机镜头组中间加入一个(或一组)可移动的补偿透镜机构,由安装在机身上的一组加速度传感器来探测相机的运动状态,将相机运动状态参数的电信号带入根据像移补偿模型设计的控制芯片,计算出补偿透镜需要做出的补偿运动参数并输出相应的运动控制量,然后通过驱动机构,移动补偿透镜使曝光期间景物入射光线相对像面保持稳定,从而消除像移的影响。补偿过程如图 4-11 所示,设相机镜头绕横轴向下偏转,则原来位于图像中心像点所对应物点的像就会在像平面上向下运动而造成像移;如果利用可控制的平移机构,(以 CANON EF-S 系列的光学像移补偿镜头为例),如图 4-12 所示,使补偿镜片在垂直于光轴的平面内也同时向下移动,那么光线折射角度变大,就可以使该物点的像点仍然稳定在像平面的中心从而避免像移。所以,通过移动补偿镜片,就能够达到补偿像移的目的。

光学补偿的优势在于直接校正光线的偏移来消除像移,这样就可以延长曝光时间以适应光照不足的情况。如果整个像面上的像移速度相同,则光学补偿在理论上会取得很好的效果。但缺点在于镜头本身和补偿机构的设计和制造都很复杂,且成本较高。此外,由于采用的是机械补偿机构,能够有效补偿的扰动频率范围有限,所以光学补偿方式一般只针对一个特定的很窄的频率范围进

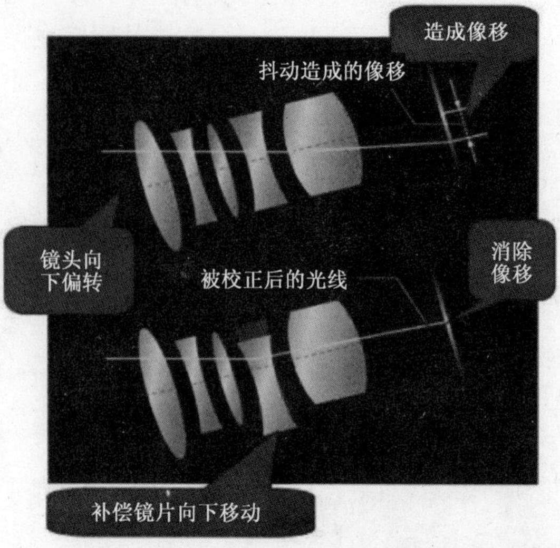

图 4-11　像移光学补偿原理

图 4-12　CANON IS 透镜补偿机构

行设计,并且对补偿机构的频率响应性能会有很高的要求,而且理论上对于像移速度因像点而异的情况无法进行补偿。载机在飞行过程中受到随机的扰动十分剧烈且频谱宽,如果应用光学机构补偿像移则势必要求采用隔振平台来安装相机,这会显著降低载机的有效载荷能力。由于存在大量的运动部件,这还会对相机的可靠性提出更高要求,并增加制造和维护成本。

自然补偿和光学补偿都能够在一定程度消除像移的影响,但局限性也十分突出,仅仅运用其中的一种办法还无法满足跟踪成像对像移补偿的要求。

4.2.3 像面补偿法

除了前述的两类方法，目前还有一类把着眼点放在像面上的像移补偿技术，归纳为像移像面补偿法。像面补偿法又可大致分为成像器件移动补偿、电子校验补偿和像面电荷移动补偿等方法。其中，成像器件移动补偿法同光学补偿法类似，都需要用到可控的运动补偿机构来实现入射光线和像面之间的相对稳定，对运动机构的设计、制造、运动特性及控制精度都有很高的要求；而电子校验补偿和像面电荷移动补偿则不需要运动部件参与像移补偿，对载机及相机的动态特性没有特殊的要求，所以应用更灵活、可靠性更高。

1. 成像器件移动补偿法

成像器件移动补偿原理是把电子成像器件（像面）安置在一个可在垂直光轴的平面内平移的托架运动机构上，靠安装在载机或者相机上的运动传感器（一般使用陀螺传感器）测出在曝光时间内相机的运动状态，并根据像移补偿模型计算出消除像移所需的像面移动速度，然后驱动托架运动机构移动像面（成像器件）来消除像移，CCD 运动方式如图 4-13 所示。

图 4-13　CCD 平移补偿机构

这种方式与光学补偿既有区别又有联系。区别在于用来补偿像移的运动部件不同；联系是像移补偿原理相同，都是尽量减小入射光线与像面之间的相对运动，因此理论上它们的补偿效果应该是相同的。采用成像器件移动补偿同样可以降低快门速度来延长曝光时间以适应低光照环境。如果像面上像移规律一致或大致趋同，则理论上成像器件移动补偿法同样可以很好地补偿像面像移。但是对于像面上的像移速度分布因像点而异的情况同样无能为力。与光学像移补偿法相比,成像器件运动补偿可以避免由光学元件运动而产生的球差问题,但CCD移动补偿机构在连续高频振动的条件下工作会产生热量并传递给成像器件,会对成像质量产生一定影响,如果在对温度敏感的场合就需要加入温度控制环节而使成像系统更加复杂,这是它相对于光学补偿方式的一个缺点。

在移动像面的补偿方式中,成像器件的平移也被分解为像平面内互相垂直的两个方向。用于驱动补偿运动机构的动力元部件主要有电磁驱动、超声波驱动和压电晶体等,如DIMAC SYSTEM公司的DIMAC相机采用的是压电晶体控制的移动焦平面方式。图4-14为PENTAX的电磁驱动方式,图4-15所示为KONICA&MINOLTA的超声波驱动方式。

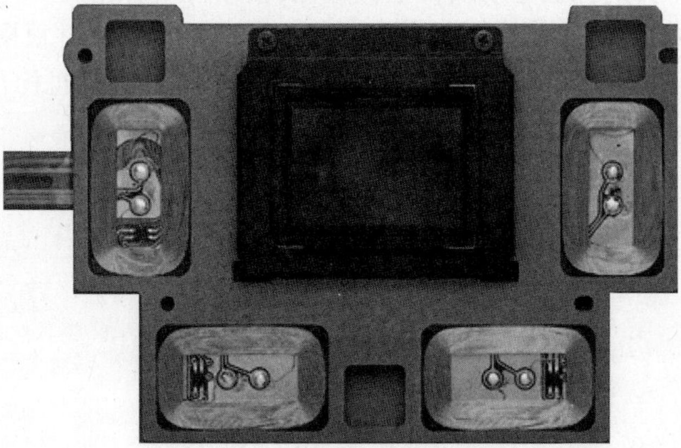

图4-14　电磁驱动的CCD运动托架

此外,PENTAX公司还有一种可以旋转像面的像移补偿机构专利技术。如图4-16所示,这种机构采用4对永磁体和线圈的电磁驱动方式,可以使像面旋转和平移。在垂直成像时,可对仅由平飞和偏航运动引起的像移进行有效补偿。但是对平飞运动叠加俯仰和横滚运动产生的像移,如像面上各像点像移不同的情况无法做出有效补偿。

2. 电子矫正补偿法

电子矫正补偿有两种方式:

一种是取成像器件有效面积中间部分区域获得的图像信息为基础数据,将成像器件边缘部分作为获得运动补偿信息的区域,采用补偿算法对由像移运动而产生的运动模糊进行处理,并获得一个相对清晰的图像。例如,图像中某细节的线条与CCD的像元无法刚好重合,就有可能无法被相邻的像元转化为准

图 4-15　超声波驱动的 CCD 运动机构

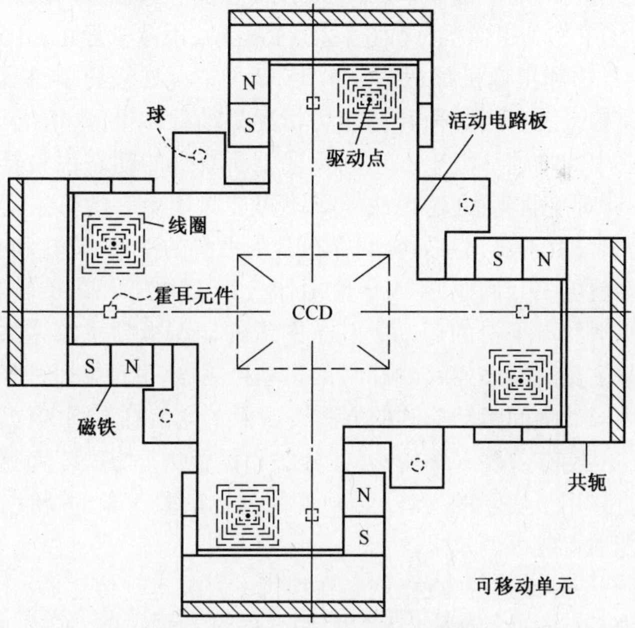

图 4-16　CCD 旋转、平移补偿机构

确的像素来表达。为了避免这种情况的发生，数字成像芯片就会对此情况进行一定程度的虚化，使细节（线条）能以设定的方式跨越数个像素而被记录下来，

那么这部分虚化的图像细节就会淹没掉。对于这种情况下造成的模糊可以通过特定的锐化处理算法,通过提高毗邻像素之间的反差来部分地还原这些细节。如果细节(线条)被晕化超过4个像素,经过锐化提高相邻像素之间的反差重塑清晰的影像边缘,这就是消除运动模糊的算法。本质上,这种方法是运用数字图像处理技术的一种后处理,对于画质有一定程度的破坏,如果所获得的原始图像本身严重模糊就无法获得高精度图像,所以理论上这种方法是不可能完全消除像面像移的。其好处是相对光学补偿和移动器件补偿机构更加简单,且功耗和成本更低。但是它同时需要高像素和大面积的成像器件支持。

另一种方法是以正常快门速度获得一幅基础图像数据,通过多幅高速曝光拍摄的图像序列获得光轴的运动信息,再依靠图像增强合成算法加工组合出一幅去模糊化的图像。和前面采用高感光度的自然防抖相比,其优势在于不会在图像上留下严重的噪点;但缺点是不能使用成像器件最高分辨率,无法捕捉瞬态画面和高速运动目标,同时和第一种方式一样在剧烈运动状态下像移补偿的成功率不高。实际上这种方法借鉴了针对视频抖动而开发的一种电子稳像技术中的动态视频图像序列的稳定算法的思路。

对于动态视频的电子稳像来说,一般按照景物和摄像机的运动状态可以分为4种情况:①景物和摄像机都静止;②景物运动,摄像机静止;③景物静止,摄像机运动;④景物和摄像机都运动。第①、②种情况比较简单,稳像算法成熟,主要应用于监控系统。第③种和第④种情况是动载体摄像,情况很复杂,也始终是稳像算法中的难题。由于在不同情况下所获得的动态视频具有不同的性质,要采用有针对性的算法,这也决定了不可能只用单一的算法就解决所有的稳像问题。同时,由于视频序列帧间存在着不平滑的平移、旋转和变焦运动,需要考虑的问题就更多。例如,要考虑应用什么算法检测平移、旋转和变焦;用什么算法区分平滑和不平滑的运动。基于图像的动态视频稳像算法中最根本的问题就是视频图像时间序列间(帧间)的运动检测,这也是第二种像移补偿方式算法的核心内容。帧间运动检测的方法按图像灰度信息不同的提取、加工和利用方式区分,主要有匹配法、频域法、微分法和投影法等方法。而这些基本算法一般都不能直接用于实际的稳像,必须首先分析试验对象的特性,并进行针对性的改造才能取得较好的效果。

目前,还有一种改进的方法,就是在相机上安装运动传感器,在拍摄时将光轴的运动参数信息存储起来,当进行事后补偿时,把记录的平移速度和角速度信息进行时间积分的逆运算,获得图像复原滤波器,再将这一滤波器用于原始图像数据,就可以获得减小了运动模糊的图像。如果能够连续记录运动参数,在理论上就可以消除运动模糊。实际上,这种方法和后面的像面电荷移动像移补偿法有着密切联系。与光学及成像件移动补偿技术相比,这种方法不需要运动机构,可以有效减小相机的体积和活动部件数量;不需要在相机镜头内部安装活动镜片,这样可以提高镜头的成像质量,降低相机的整体生产和维护成本,并提高相机工作的可靠性。

3. 像面电荷移动补偿法

电荷移动补偿的原理是利用像点在像面上的运动模型,根据相机运动状态检测系统提供的相机光轴运动参数来计算像点在像面上的运动状态,并驱动像元电荷在成像器件中转移来跟踪像点从而消除像移。运用这种方法的基础是必须使用带电荷转移功能的成像器件,其最突出的优点在于理论上可以对每个像点进行独立补偿,即不论像面上的像移规律多么复杂它均能胜任。如果有硬件和像移模型的支持,理论上这种补偿技术可以无限提高补偿精度。

综上所述,在前面论述过的各种像移补偿方法中,只有像面电荷移动补偿法是像移补偿精度最高和最普遍适用的方法。但是它要具备两个必要条件:一是有效的像面像移补偿模型;二是支持像面电荷转移的面阵成像器件。目前,集成这种功能的面阵器件为美国 ROI 公司的专利技术产品,严禁出口。虽然关于其像移模型和补偿算法只能获得一些概念性的描述,但是这种思路具有借鉴的价值。可以确定的是,无论采用什么补偿方法,前提是必须建立起一个能够描述由机载运动及姿态变化而引起像面像移的数学模型。

4.3 机载光电成像电荷转移补偿技术

电荷转移补偿技术是美国 ROI 公司应用在其航空成像侦察装备 CCD 上的专利技术。这项技术的发明和发展是为了能够满足美军在信息化的过程中对成像侦察装备不断升级的要求,其中对战场图像信息质量和时效性方面的要求是最核心的部分。我军在信息化建设过程中也不可避免地要面对同样的问题:一方面,随着 CCD 和 CMOS 技术和制造工艺的不断进步,数字化的成像器件正在逐步取代传统胶片位置;另一方面,由于机载运动所造成的像面像移问题却仍然存在,像面像移情况依然复杂和难以控制。严重的像移会导致照片分辨率显著下降,也就是说即使相机的静态分辨率很高,但如果无法对像移进行有效的补偿,就会造成相机动态分辨率的显著下降,甚至达到无法满足战役、战术任务要求的程度。为了解决机载成像侦察装备所必然要面对的像面像移补偿问题,美国 ROI 公司从 20 世纪 90 年代就开始了针对 CCD 面阵器件像移补偿的研究工作。据公开资料显示,运用集成了像移补偿电路的面阵 CCD 成像器件已经应用于实战并且取得了满意的结果。随着对像移补偿技术研究的深入和信息技术的不断进步,ROI 公司的机载面阵相机像面像移补偿技术的发展经也历了从一维补偿向二维补偿的过程[56-58]。下面就针对该技术的基本思路按照从一维到二维的演变过程加以分析和探讨。

4.3.1 机载面阵 CCD 前向像移分级补偿技术

自摄影技术诞生以来人们就要遵循一个规则——在曝光期间保持景物与相机的相对静止,其本质是要保证景物的像和感光体在像空间中相对静止以获得景物清晰的照片。但是客观条件往往无法满足这一要求,因此,机载成像都要面对像移补偿的问题,根据曝光期间载机的飞行状态可以分为以下两种情况:

(1) 载机按照既定航线和飞行参数做稳定飞行。如果相机是通过主动或者被动减震平台安装于载机之上,可以消除或者忽略由载机振动和姿态变化引起的相机光轴运动而引起的像移,这时只需补偿在曝光期间由载机平飞运动所造成的像面前向像移。也就是说在曝光过程中假设载机没有绕三轴的姿态角及其角速度,机载相机也要具备前向像移补偿功能。

(2) 在曝光期间载机做机动飞行且载机具有三轴姿态角及其角速度。设相机与载机采用刚性连接安装方式,可以认为相机和载机具有相同的运动参数,此时要获得清晰的照片不仅要补偿由载机平飞造成的前向像移,还要对由载机偏航、俯仰和横滚姿态角及其姿态角速度所造成的像面像移进行补偿。针对这两种情况的像移补偿美国 ROI 公司先后开发了两种集成了电荷转移功能的面阵 CCD 成像器件和相应的补偿算法。下面分别加以分析和讨论。

这里只分析第一种情况。采用面阵 CCD 代替胶片后同样必须要解决前向像移补偿的问题。下面介绍面阵 CCD 前向像移分级补偿技术是以集成了可沿像面纵轴方向(平行于平飞方向)转移电荷的面阵 CCD 为硬件基础的一维方向的像移补偿技术。这种技术可以解决相机垂直成像和侧视成像的像移补偿问题。下面以相机在俯角为 δ 的侧视成像为例。

在第一种飞行状态下,载机没有三轴姿态角及其角速度,此时光轴垂直于平飞方向。如图 4-17 所示,地物相对载机背向平飞方向平移,速度大小等于载机平飞速度,则像面上像移速度方向与载机平飞方向相同,像面边界像移速度为

$$v = fl\left(\frac{V}{H}\right)\frac{\sin(\delta \pm \theta)}{\cos\theta} = \left(\frac{V}{R}\right)\frac{fl}{\cos\theta} \tag{4-14}$$

式中:δ 为相机俯角;θ 为在光轴和载机横轴组成的平面内任意主光线偏离光轴的角度,θ_{max} 为半视场角;V 为载机平飞速度;H 为航高;fl 为焦距。

可见,像移速度与物点到相机镜头的像方节点的距离成反比。式(4-2)和式(4-14)都是基于物面为理想平面的假设,此时面阵 CCD 沿横轴方向的上下有效边界上的前向像移速度 V_H 和 V_N 分别与视场内物面的边界 AB 和 CD 上相对的物移速度相对应,V_N 和 V_H 分别是像面上的最大和最小像移速度,有

$$V_H = \left(\frac{V}{R_1}\right)\frac{fl}{\cos\theta_{max}} \tag{4-15}$$

$$V_N = \left(\frac{V}{R_3}\right)\frac{fl}{\cos\theta_{max}} \tag{4-16}$$

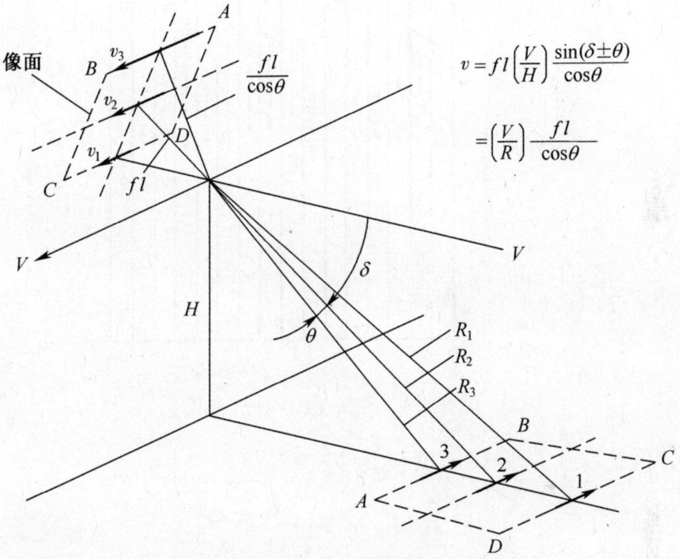

图 4-17　侧视成像像移补偿分析

已知 V_N 和 V_H 就可以根据像移速度沿像面横轴线性变化的关系计算出像面上任意一点的像移速度。在面阵 CCD 前向像移分级补偿技术中,是先将 CCD 面阵沿横轴方向划分为若干等分且与纵轴平行的条状区域,然后取每个区域的中心或者两侧边界上的像移速度作为该区域电荷同步转移速度的依据,如果整个面阵可以划分为无穷个这样的补偿区域,只要做到每个区域电荷转移速度与像移速度严格地同步,理论上就可以完全消除像移的影响。

在 André G. Lareau 介绍美国 ROI 公司面阵 CCD 前向像移分级补偿专利技术的文章中,以一块 2500 万像素的集成了前向像移补偿电路的 CCD 面阵为例介绍了补偿区域的划分方法和确定每个补偿区电荷转移速度的公式。如图 4-18所示, 5040×5040 像素的 CCD 面阵被划分成 16 条补偿区,每条区域宽度为 315 像素。仍以侧视成像为例,像面上的像移速度分布如图 4-18,取每条

补偿区中心线上的像移速度为电荷转移速度，物面和像面都为理想平面，则像面上的像移速度线性分布，从左至右设为 $V_1, V_2, \cdots, V_{16}$，以 V_C^K 为通式，下标 C 代表每个分区的中心，上标 K 为补偿区序号。可以利用式(4-17)计算 V_C^K。

$$V_C^K = (V_\mathrm{N} - V_\mathrm{H})\frac{2K-1}{2N} + V_\mathrm{H} \tag{4-17}$$

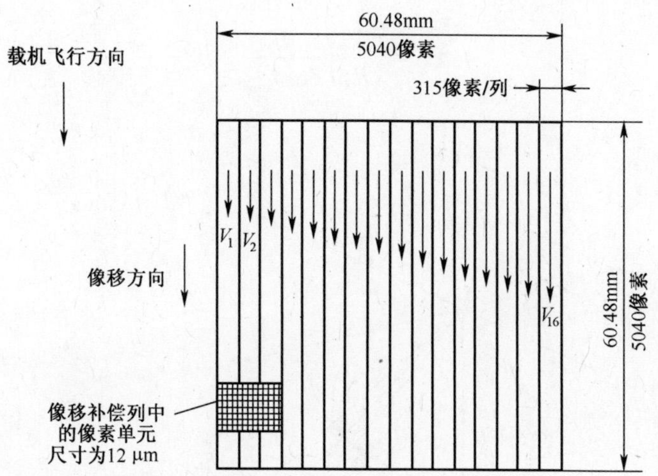

图 4-18　面阵 CCD 分级补偿

补偿分区边缘上的像移速度设为 V_i^K，有

$$V_i^K = (V_\mathrm{N} - V_\mathrm{H})\frac{K}{N} + V_\mathrm{H} \tag{4-18}$$

以补偿区中心像移速度作为电荷转移速度来补偿整个分区上的像移会造成补偿误差。理论上，最大速度差异发生在分区纵向边缘与中心之间，且补偿区均匀划分时每个区域内电荷转移补偿速度和实际像移速度的最大误差都相同，可按式(4-19)计算。

$$\delta_v^K = (V_i^K - V_c^K) = \frac{V_\mathrm{N} - V_\mathrm{H}}{2N} \tag{4-19}$$

当 $N=16$ 即 CCD 面阵被划分为 16 个补偿区时，以 V_C^K 作为电荷转移补偿速度产生的最大补偿误差不超过 $V_\mathrm{N}-V_\mathrm{H}$ 的 1/32，且最大误差发生在补偿区域的纵向边界上。理论上这种面阵 CCD 的分辨率取决于其运动模糊调制传递函数 MTF[59-62]。集成分级前向像移补偿功能的面阵 CCD 传递函数为

$$\mathrm{MTF} = \mathrm{sinc}(\pi\delta_v^K t_\mathrm{e} f) = \frac{\sin(\pi\delta_v^K t_\mathrm{e} f)}{\pi\delta_v^K t_\mathrm{e} f} \tag{4-20}$$

式中：f 为空间分辨率(lp/mm)；t_e 为曝光时间(ms)。

传递函数曲线如图 4-19 所示，拍摄条件：焦距为 6 英寸①、速高比为 1rad/s、曝光时间为 2ms、像面最大像移速度补偿误差为 3.2mm/s。

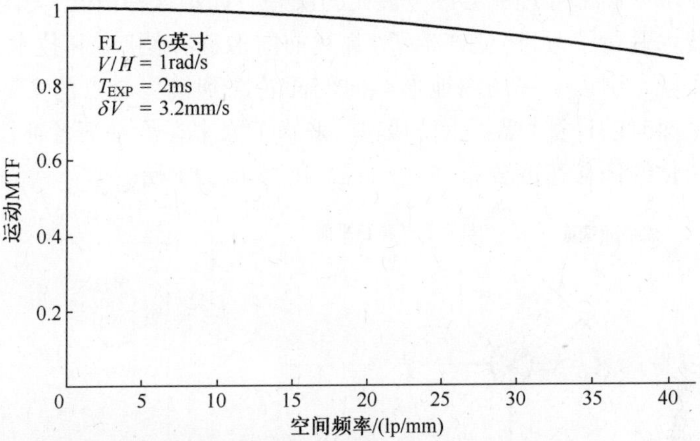

图 4-19 片上分级前向像移补偿传递函数曲线

经试验证明，前向像移分级补偿技术对提升图像的质量有显著的效果。图 4-20 所示为以 T-33 喷气教练机为载机，傍晚日落后在爱德华兹空军基地附近的莫哈韦沙漠地区开启/关闭前向像移补偿功能时所拍摄的对比照片。

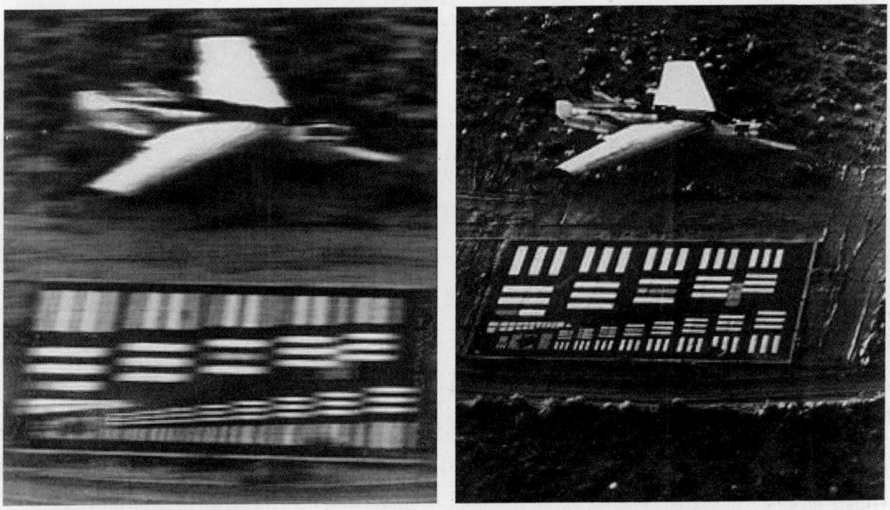

(a) (b)

图 4-20 关闭和开启前向像移补偿功能的对比照片

① 1 英寸 = 2.54cm。

式(4-17)适用的条件有两点:一是载机按照既定航线和飞行参数做稳定飞行;二是假设物面为理想平面。第一条件是可以实现的,对于第二个条件,当视场内地势比较平坦时也可以近似的按平面处理,但是当地势起伏幅度较大时,如果再按照水平面来处理就会产生较大的误差。针对这种情况,美国 ROI 公司对之前的技术进行了改进,就产生了"廓线前向像移补偿"专利技术[49]。这项技术的本质就是引入了视场内地形纵向剖面轮廓到镜头节点的实际物距和假设物面为平面时的计算物距之间的偏差,来修正原来在像平面各补偿分区上沿横向线性变化的像移速度分布,如图 4-21 和图 4-22 所示。

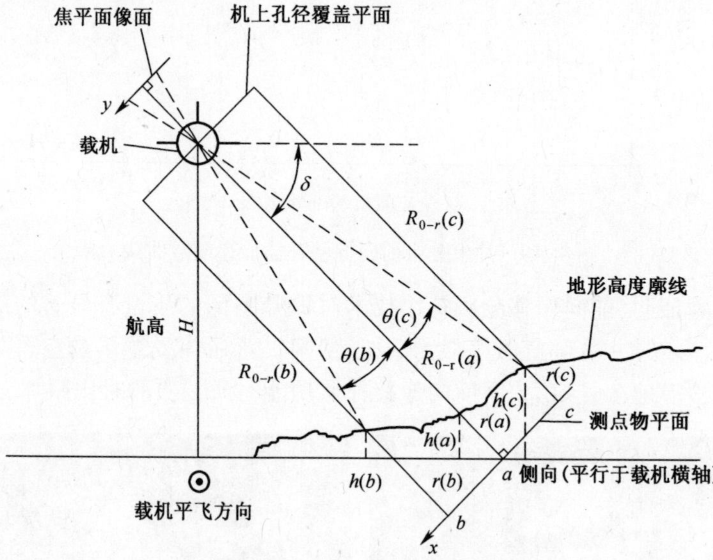

图 4-21　地形纵向廓线实际物距和理想物平面计算物距的偏差

对像面像移进行适应具体地势的地形廓线前向像移补偿的前提是要知道各像移补偿分区所对应的物面到相机的实际物距,如果没有航空成像侦察目标区域的详细地理信息数据就无法事先获取这些物距。为了直接取得每个补偿分区适应相应物面物距的像移速度修正量,Lareau 等的思路是利用在时间和空间上都相关的图像序列进行相关分析获得像点在图像序列间运动速度残差,并据此调整面阵 CCD 电荷沿载机平飞方向的转移速率令像移速度残差趋于零,从而使电荷转移速度和像面像移速度同步以消除像移影响。所以补偿分区之间的电荷移动补偿速度不再像假设物面为理想平面时做线性变化,而会根据实际地形做随机的调整。图 4-22 所示为根据实际物距修正的像移补偿速度分布示意图。作为图像序列相关分析的副产品,对每个前向像移补偿分区像移速度的修正可以反过来推算出相应物面的实际物距。如果在这一过程中能够利用到全球定位系统和惯性导航系统提供的地理信息和运动状态信息则会使地形廓线前向像移补偿成为精确目标定位的有力工具。

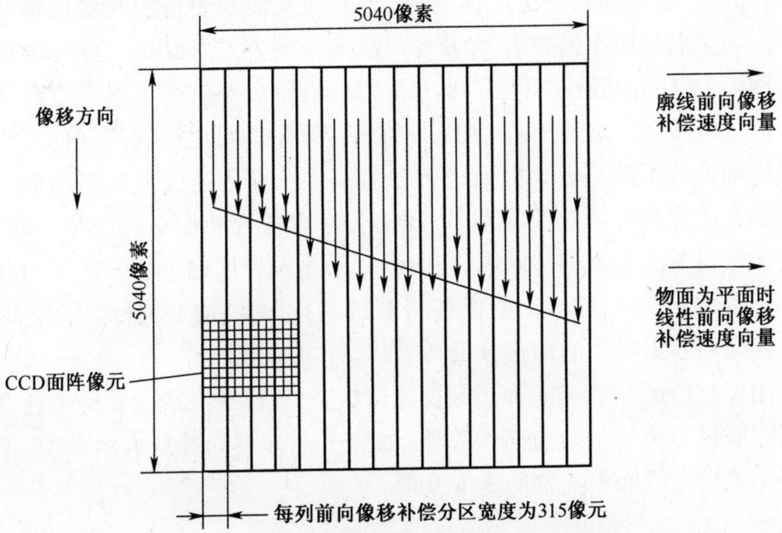

图 4-22　根据实际物距修正后的像移补偿速度分布

之所以第一种情况主要讨论前向像移补偿，是因为当载机进行中、低空飞行时，相机采用较短的焦距，载机绕三轴姿态运动的影响相对平飞速度要小得多，且拍摄任务一般是在规划航线中进行平飞时很短的一段时间内完成，此间对载机姿态保持及横滚、俯仰和偏航动作都要控制在规定范围之内，所以只要对前向像移进行有效的补偿就可以获得高质量图像。

在载机具备大的角运动时，导致相机光轴相对地面运动所引起的像面像移与前向像移造成的运动模糊具有相当的影响，当姿态角速度很大时甚至会超过前向像移的影响，所以必须同时对载机平飞和角运动造成的像面像移进行有效的补偿。为此，美国 ROI 公司从面阵成像器件和补偿算法两方面对其像移补偿技术进行了升级，形成了可以补偿平面内任意像移的二维像移补偿技术。

4.3.2　面阵 CCD 全向像移梯级补偿技术

在曝光期间如果能够对由载机角运动引起的像移进行类似于补偿前向像移那样的补偿，就可以更充分地利用载机的机动能力，从而提高载机的生存概率和航空相机的适应性。在满足图像分辨率要求的前提下，美国海军对航空成像侦察载机许用绕三轴转动角速率提出了如下要求：横滚角速度不大于 30(°)/s；俯仰角速度不大于 10(°)/s；偏航角速度不大于 10(°)/s。美国海军认为，如果能够在上述参数条件下对像面像移进行有效的补偿,那么在航拍期间就可以允许载机进行大 g 值的机动飞行动作,这会大大提高侦察载机和航空相机在高危地区执行战役、战术侦察任务的能力,使现有航空侦察装备的效费比将获得大幅提升。为了满足海军的要求,ROI 在集成了一维(沿像面纵轴方向)电荷转移电路的面阵 CCD 的基础上开发了具有沿像面横轴和纵轴两个垂直方向转移电荷能力的二维可转移电荷面阵 CCD,以弥补原来的一维电荷转移器件无法补偿沿像面横轴像移不足。当载机无绕三轴角位移及其角速度且航空相机工作于严格的垂直成像和侧视成像状态时,理论上像面各处的像移大小和方向相等,都是指向载机平飞方向的前向像移,而没有沿横轴方向的分量。但是当载机和相机处于其他状态时,像面上的像移将有可能指向像面内的任意方向,即除了前向像移还将有沿横轴的像移分量[63-67]。

如图 4-23 所示,相机工作于侧视成像状态,载机具有绕三轴的角速度。此时除了由载机平飞产生的前向像移外,如焦平面阵列局部放大示意图,像面上各像点的像移还具有沿横轴的速度分量。

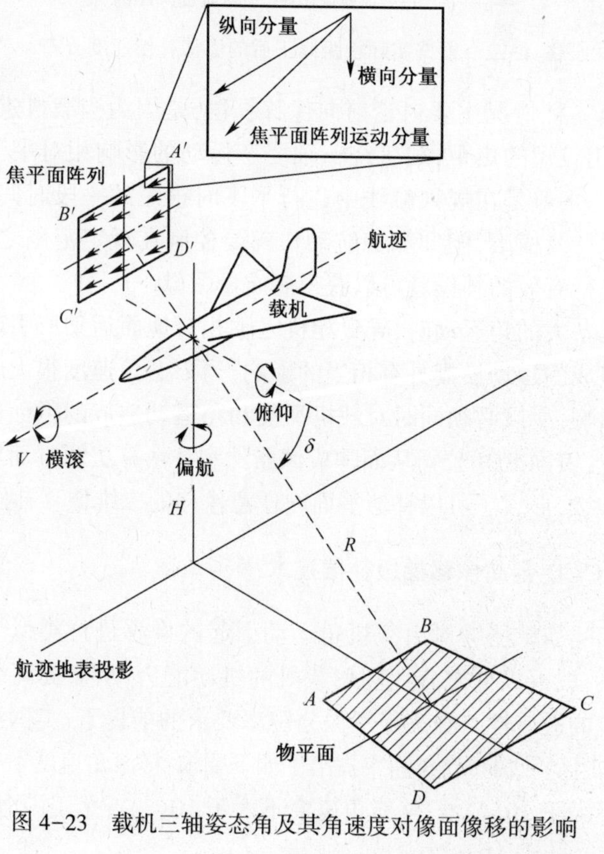

图 4-23　载机三轴姿态角及其角速度对像面像移的影响

由于载机的横滚、俯仰和偏航运动对沿像面横轴和纵轴像移的影响各不相同，且不同的载机姿态角和相机成像俯角也会改变像面像移的两个分量，所以当考虑载机处于任意姿态角及其角速度和相机光轴为任意俯角的的情况，像面上的像移分布将变得非常复杂，因此必须从像面补偿区域的划分和补偿策略两个方面着手解决像移补偿的问题。

为了补偿像面内任意方向上的像移，新的面阵成像器件必须能够沿横轴和纵轴两个方向转移电荷，而补偿前向像移的条带式分区已经无法满足这一要求。此时，像移补偿分区通常被等分为若干正方形区域。理论上，为了精确地补偿像面像移，把像面上每个像素作为一个补偿分区可以达到最高的补偿精度，但是这对器件结构设计、制造工艺、制作成本和相机控制计算机的数据处理能力提出了极高的要求。所以在满足像移补偿性能的前提下，补偿区域的划分应尽量降低系统的复杂程度并使各器件之间的性能相匹配以达到最佳性价比。面阵成像器件补偿区域的划分和像移矢量分布，如图 4-24 所示。补偿每个补偿区内各像元的电荷转移速率的方向应保持一致并与对应像点的像移同步。

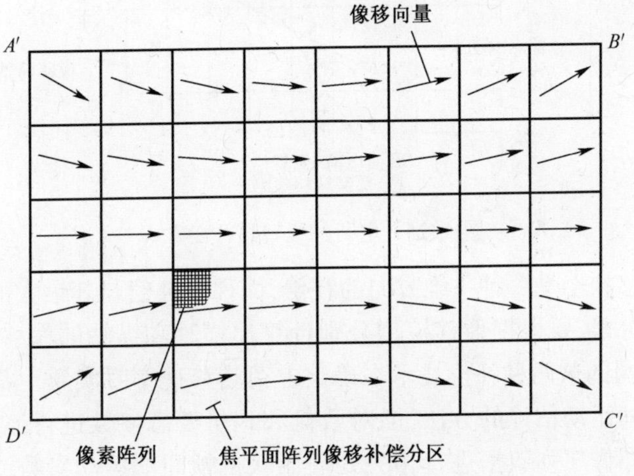

图 4-24　补偿区域划分与像移矢量分布

每个补偿分区的电荷转移度可以取分区内每个像素对应像移速度的平均值或者分区中心对应的像移速度。但两种取值方式都会导致补偿分区的边缘效应，即相邻分区之间在分区边缘会产生较大的速度梯度。为了减小边缘效应，需要优化分区的数量，这也是在决定划分补偿分区数量时要考虑的因素。

以任意一个补偿分区为例，在确定了像点初始位置和终点位置以及该分区的电荷转移速度后如何驱动电荷包进行横向和纵向转移也将关系到像移补偿的效果。例如,在曝光期间,先由像点初始位置沿横向进行补偿然后再沿纵向进行补偿或者先补偿纵向像移分量再补偿横向像移分量,虽然电荷转移的起点和终点与对应像点像移的初始位置和终点位置重合,但都会导致电荷转移过程与像移过程的不同步,因此势必会产生成像运动模糊而无法获得像移补偿的理想效果。为了解决这个问题,美国 ROI 公司采用的电荷转移(补偿)策略是一种梯级转移补偿方式。如图 4-25 所示,曝光期间电荷由起点转移到终点,转移路径沿横向和纵向交替进行,即按照与像面像移运动最匹配的方式整个补偿分区内的所有像元电荷做行和列的同步交替转移,分区内所有像元电荷同步转移共跨越了 4 行 8 列。

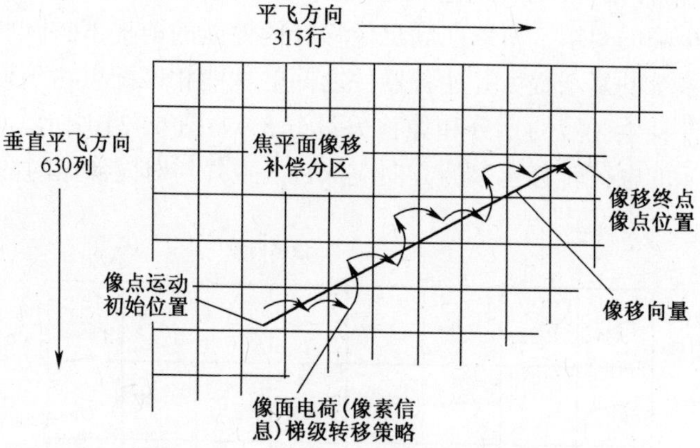

图 4-25　电荷梯级转移补偿方式

前向像移补偿是一种一维方向的补偿,而梯级补偿与其最大的区别在于它是一种二维补偿,要根据像移模型分别计算出横轴和纵轴的像移分量。目前,美国 ROI 公司的这两种补偿技术在确定电荷转移速率时实质上都借鉴了视频电子稳像帧间运动估计的方法,即对载机和相机姿态参数进行连续采集,把实际拍摄到的图像序列数据进行相关处理而获得帧间的运动参数或者是完全依靠像移模型计算出像移矢量,以在曝光前确定电荷转移参数。以目前微处理器的数据处理能力和成像器件及其驱动电路的响应速度还无法做到在曝光期间根据载机和相机运动状态的变化对像移补偿参数的实时修正,所以这种估计电荷转移速率的补偿方法在理论上是存在误差的。随着成像器件感光度的提高,允许缩短曝光时间,也可以在一定程度上减小像移补偿误差。但是在曝光期间提高载具运动状态检测及对电荷转移速度修正的实时性始终是提高像移补偿精度的努力方向。

解决像面上两轴像移问题首先要计算出焦平面阵列中每个补偿分区沿像

面横轴和纵轴的像(电荷)转移率。经历曝光时间 T 后,某像点由初始位置 x 运动到曝光终止时的位置 x_T,沿横轴和纵轴方向的平均像移速率分别按式(4-21)和式(4-22)计算。

$$v_C = \frac{u_C^T d_T(x)}{T} \tag{4-21}$$

$$v_I = \frac{u_I^T d_T(x)}{T} \tag{4-22}$$

式中:u_C^T 为沿横轴单位向量;u_I^T 为沿纵轴单位向量;T 为积分时间;$d_T(x)=(x_T-x)/P$,P 为单个像元尺寸,一般为 10μm 左右。

物平面和像平面几何关系如图 4-26 所示。

物平面、物理像平面和虚拟像平面之间的坐标转换关系由一系列旋转矩阵确定。在每次曝光前旋转矩阵根据载机姿态参数唯一确定,该参数由飞机 INS 实时给出。但 André G. Lareau 并没有给出该系列转换矩阵,在其相关专利只给出了侧视成像状态下仅考虑横滚姿态角的旋转变换矩阵。经积分时间 T,对应同一物点的像点坐标由代入载机运动参数的系列旋转矩阵 $\boldsymbol{R}_T$ 计算给出,并以 $\Delta\boldsymbol{R}=\boldsymbol{R}_T-\boldsymbol{R}$ 定义在此期间光轴指向的漂移,在此矩阵中仅描述光轴的旋转而不考虑载机前向运动。

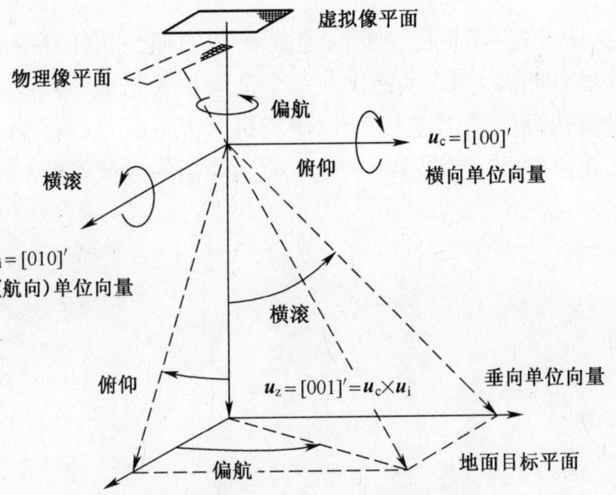

图 4-26 物平面与像平面几何关系

由于确定电荷转移速度时依据的是每个分区中心像元处的像移速度,所以在理论上无法完全补偿分区边缘的像移,就会在相邻分区边缘之间产生"剩余"的补偿误差而造成"剩余模糊"边缘效应。当划分面阵像移补偿分区数量不同时，在分区边缘产生的最大剩余模糊是不同的，且分区越多越细这种剩余模糊越小。补偿分区数量（尺寸）和最大剩余模糊的关系如表4-1所列。

表4-1 最大剩余像移模糊与补偿分区划分的关系（单位：像素）

分区尺寸	1/1	315/315	638/630	10080/5040
分区数量	10080/5040	32/16	6/8	1/1
最大剩余模糊	0/0	1/2	2/4	298/77

可见当像面划分为32×16个补偿分区时，在分区边缘产生的最大剩余像移模糊在横轴和纵轴两个方向上均小于两个像素，即能够满足补偿指标。

4.4 本章小结

综上所述，在自然补偿、光学补偿和像面补偿技术中，比较合理的方案是把自然补偿和像面补偿技术结合起来运用：一方面靠提高成像器件的感光度以缩短曝光时间；另一方面运用电荷转移补偿技术使电荷转移和像移尽量同步。虽然这种方案对成像器件的物理特性、电路设计和制造工艺都提出了非常高的要求，但是可以最大程度地降低航空相机对内部机械式补偿机构和外部安装平台的要求。

无论低、中、高空还是低、中、高速载具，也不论采取何种补偿技术，有一点是至关重要的，即它们都必须建立在一个能够根据机载运动状态准确计算出像面像移的计算模型的基础之上，所以研究机载光电成像跟踪测量系统像移补偿技术，需要首先建立一个机载相机由地面到像面的成像模型。

第5章 机载光电设备成像模型的建立

机载光电高分辨成像与飞行速度、飞行高度、姿态变化及相机光轴俯角息息相关，为保证成像时对引起像面像移的各因素进行全面分析，需要建立起由地物到像面的成像数学模型。该模型应该能够表达出地面物点和相机像面上相应像点之间的坐标对应关系，并以成像方程的形式给出由地面物点到像面像点或由像面像点到地面物点的坐标解析式，即物像位置方程；机载成像是一个动态的过程，尤其是相机在曝光过程中相对物面总是运动的，即相机光轴的外方位元素是时刻变化的，因此像面像移与相机相对地面的外方位元素是密切相关的。所以，任意时刻的物像位置方程是由当时的相机外方位元素描述的；在建立起物像方程的基础上，求像面坐标方程对时间的一阶导数，可以得到包含载机飞行参数和相机成像参数的瞬时像面像移速度计算公式；在建立成像模型的过程中要涉及坐标系系统的建立、各中间坐标系之间的转换和地面物点、相机像方节点与像面像点之间的几何约束关系的确定。

5.1 建立理想机载光电成像模型的前提条件

为了分析相机像面像移与载机运动速度、姿态变化和相机俯角等主要因素之间的关系，首先要建立一个理想的成像模型，这就要求暂时忽略次要因素，而着重于对载机运动和像移之间基本规律的研究。所以为了抓住主要矛盾，在建立成像数学模型之前先设定下列前提条件：

假设地物平面和成像器件感光面均为理想平面；设航空相机望远镜头是无制造和装配误差的理想光学系统；无镜头畸变，能够保证入射与出射光线共线，满足中心摄影共线条件[68]；为分析方便起见，设载机基准坐标系原点与相机基准坐标系原点重合，取相机镜头的像方节点（成像中心）为相机基准坐标系原点；地面物点、镜头像方节点和像面上对应像点之间满足摄影测量学中的理想共直线关系；相机光轴只能相对载机纵轴转动来调整相机俯角；为了简化分析过程，设在每帧曝光期间载机的飞行高度和平飞速度不变，且各姿态角加速度为零。

5.2 物像共线关系及相机与载机运动的参数

5.2.1 共线关系

在机载航空摄影测量学中,通常把相机镜头的像方节点称为投影中心。在研究成像问题时一般把该点作为相机坐标系的坐标原点。投影中心向像面做垂线,其垂足通常作为像面的几何中心点,一般也把它作为像面坐标系的坐标原点,此处称为像面主点。在拍摄目标区域中,习惯上把相机光轴与地表交点作为地表目标坐标系的坐标原点,这里称为物面主点。为了建立理想的成像模型,在成像过程中必须严格地满足三点共线关系[69,70]。所以物面主点、投影中心和像面主点必须都在相机光轴上,即满足共线条件。同时,按照设定的条件,相机有效视场内的任意物点和像面上对应的像点共线且经过投影中心。

5.2.2 载机和相机相关参数及变量

1. 载机

载机以国产某型高空高速无人机为计算模型,参数如下:

V——载机在地面惯性坐标系中的飞行速度,单位为米每秒(m/s)。为了简化分析过程和方便计算,此处取平飞速度为常量 1000 米/秒(1000m/s);

H——载机在地面惯性坐标系中的飞行高度,单位为米(m);

α、β、γ——载机在航迹坐标系中飞行姿态的横滚角度、俯仰角度和偏航角度;

ω_r、ω_p、ω_y——载机的横滚角速度、俯仰角速度和偏航角速度。作为计算模型的理论分析,此处确定的载机各姿态角速度分别为:横滚角速度小于等于 10(°)/s,俯仰和偏航角速度分别小于等于 3(°)/s;

φ——相机光轴与地表所成角度;

ψ——相机光轴地表投影与载机横轴地表投影所成角度;

ρ——物方主点和航迹地表投影坐标系原点连线与航迹地表投影坐标系 Y_P 轴的夹角;

2. 相机

相机为成像器件,采用面阵 CCD 器件的画幅式相机,采用超长焦镜头。设采用像元尺寸为 12μm×12μm 的 5040×5040 像素的面阵器件。垂直和水平方向视场相同,均为 6.92°。当垂直成像时单个像元对应地面 0.72m×0.72m 的面积,若不考虑像移的影响,此时纵向和横向的地面分辨力高于 1.5m;与垂轴成

60°角侧视成像时单个像元对应地面的面积为 1. 30m×1. 30m 至 1. 61m×1. 61m,不考虑像移的影响,此时纵向和横向的地面分辨力高于 3. 3m。

参数如下:

f——镜头焦距,单位为毫米(mm),在成像模型中取镜头焦距为 500mm;

τ——曝光时间,单位为毫秒(ms),在成像模型中取曝光时间为 2ms;

t——从曝光开始时刻计算的时间,单位为秒(s),取值范围为 $0\sim\tau$;

θ——相机俯角。与习惯上把相机俯角定义为相机光轴与水平面的夹角不同,为了分析上的方便在此定义相机俯角为相机坐标系绕载机坐标系纵轴O_AX_A相对初始位置所转过的角度,而光轴的初始位置设定在载机对称面内并指向下方,相机俯角在 $0\sim\pi/2$ 之间变化。

5.3 坐标系转换关系及其坐标变换矩阵的确定

为了得到地面目标区域坐标和相机像面坐标之间的对应关系,需要建立描述地物坐标和图像坐标的目的、目标坐标系以及表达相机与地物之间位置及姿态变化的一系列中间坐标系。为了把地面物点坐标和像面像点坐标联系起来还需要根据航空拍摄的特点,确定由地表坐标系变换到像面坐标系的一系列描述载机和相机姿态变化的中间转换坐标系,这些中间坐标系要能够准确表达载机和相机(光轴)的姿态和运动状态,从而把地面物点和像面像点的坐标对应关系及相对运动状态与载机和相机的姿态及运动状态的变化联系起来,并通过坐标变换的方法最终以构象方程的形式表达出来,以便分析和总结载机的姿态、运动状态及相机俯角影响像面像移的规律。

5.3.1 坐标系的建立

首先定义一个基准坐标系,以便在此基础上描述其他坐标系的位置、姿态和运动状态;然后按照由地面地表坐标系到像面坐标系的顺序依次确定各中间坐标系,并确定其相对于前一坐标系的位置、姿态及运动状态。中间坐标系的建立过程中遵循光轴跟随原则,即光轴始终指向各中间坐标系的原点;最后建立起目标坐标系内(物平面上)物点和目的坐标系内(像平面上)对应像点之间的映射关系,即求出由物点到像点的位置方程及其运动方程[71,72]。为了统一各坐标系之间的转换及运算,所有坐标系均采用右手坐标系。

1. 航迹地表投影坐标系 $P(X_P,Y_P,Z_P)$

航迹地表投影坐标系,即地面坐标系或简称地轴坐标系[73,74],其原点位于地表。为了建立起相机和地面目标之间的联系及其坐标转换关系,在曝光开始的瞬时将航迹点向地面的投影作为航迹地表投影坐标系的原点。如图 5-1 所示,设相机开始曝光的瞬时,载机位于航迹上某点,将该点在地表的机下投影点定义为航迹地表投影坐标系的原点。X_P轴指向载机飞行方向,Z_P轴指向天顶,Y_P轴与 X_P轴和 Z_P轴垂直,形成右手坐标系。为提供参考基准,计算并确定拍摄过程中像面上像移的大小及方向,在相机曝光期间令该坐标系对地表保持相对静止,即在每幅照片拍摄期间航迹地表投影坐标系固联于地表,保持测量载机和相机运动的惯性空间[75,76]。因此,可在航迹地表投影坐标系中描述载机及相机的姿态及运动状态,并由此确定地表目标区域坐标系及相应的中间转换坐标系,直到像面坐标系,从而在同一坐标系系统内描述像面像移随载机姿态、速度及相机俯角变化而变化的相关规律。

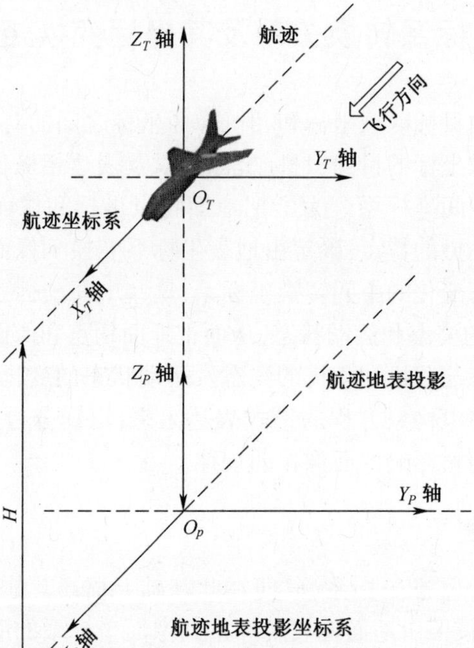

图 5-1　航迹地表投影坐标系和航迹坐标系

2. 航迹坐标系 $T(X_T, Y_T, Z_T)$

习惯上取飞机的质心为航迹坐标系原点,为了更方便地讨论像移问题,这里把原点取为相机的像方节点。如图 5-1 所示,X_T轴正方向指向载机速度方向,Y_T轴在通过 X_T轴的铅垂面内与 X_T轴垂直,Z_T轴与 X_T轴和 Y_T轴构成右手坐标系。在相机曝光期间,一般地设定载机的姿态角及姿态角速度均不为零,设飞行速度及高度不发生改变。将航迹地表投影坐标系沿 Z_P轴正向平移就得到曝光初始时刻的载机航迹坐标系，平移量为该时刻载机的飞行高度 H；航迹刻画的是飞机质心的运动轨迹，即载机在航迹上是运动的，设在相机曝光期间，载机航迹坐标系在惯性坐标系以速度 v 沿 X_P方向运动，即曝光过程中航迹坐标系在航迹地表投影坐标系内平动。

3. 地表目标坐标系 $S(X_S, Y_S, Z_S)$

为了建立起像面和摄影目标之间解析的对应关系，设相机俯角已定，载机处于任意姿态角及姿态角速度状态下。如图 5-2 所示，在曝光初始时刻，相机光轴与地表平面相交于某点，定义该点为地表目标坐标系的原点 O_S，且定义 X_S轴在地表平面内并指向载机平飞方向平行，Y_S轴与 X_S轴垂直，Z_S轴指向天顶，X_S轴与 Y_S轴和 Z_S轴构成右手坐标系。在飞行过程中，设相机俯角是确定的，而相机光轴是随着载机姿态变化而随时运动的，根据定义，曝光初始时刻相机光轴始终指向地表目标坐标系的原点，即光轴与地表的交点 O_S在地表的位置是

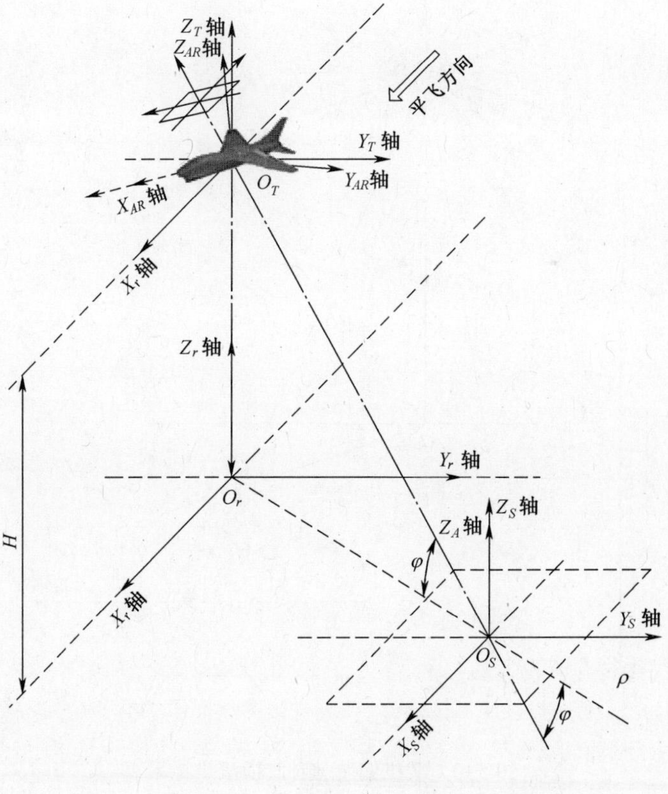

图 5-2　地表目标坐标系

随着载机飞行姿态变化而运动的。所以,任意时刻的地表目标坐标系的原点 O_S 在航迹地表投影坐标系中的坐标是根据载机飞行高度、飞行姿态角和相机俯角等参数通过坐标系变换的几何关系来计算确定的。载机的运动状态和飞行姿态是载机 INS 提供的。假设地表是理想平面,不考虑景物地形高度和地表曲率,那么地面被摄目标区域在地表目标坐标系中的坐标可以用 $(X_S, Y_S, Z_S=0)$ 表示。

4. 载机坐标系 $A(X_A, Y_A, Z_A)$

载机坐标系固联于载机上随载机一起运动,原点与航迹坐标系原点重合,相对于航迹坐标系只有转动没有平动。如图 5-3 所示,载机坐标系的纵轴 X_A 指向前方,载机的竖轴 Z_A 位于对称平面内与纵轴垂直且指向翼面上方,横轴 Y_A 与载机对称平面垂直并与纵轴和竖轴构成右手坐标系。

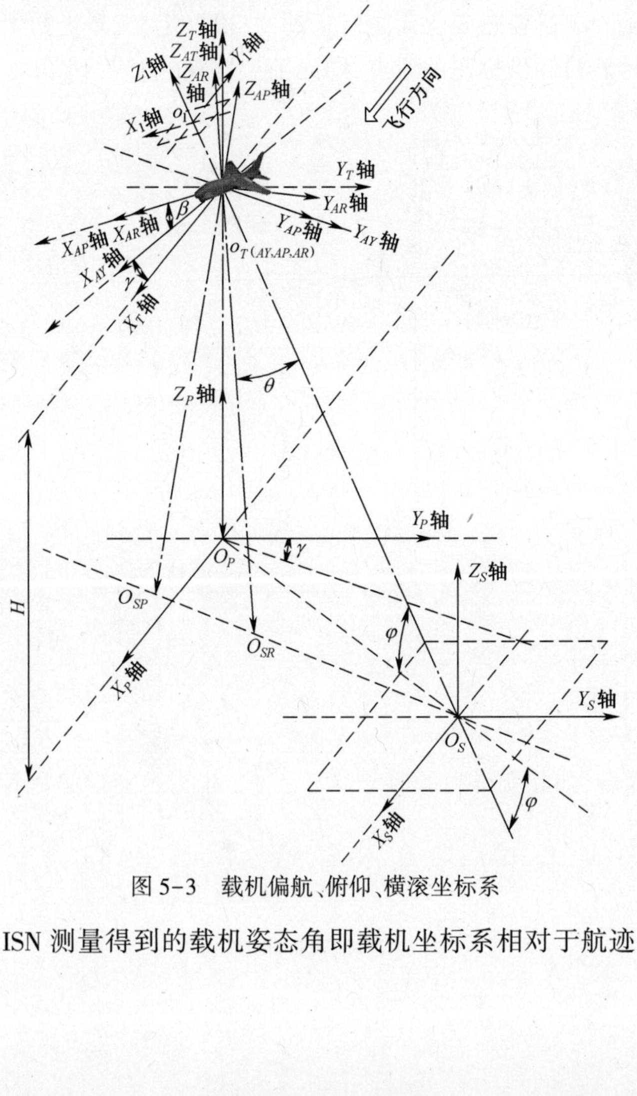

图 5-3　载机偏航、俯仰、横滚坐标系

由载机 ISN 测量得到的载机姿态角即载机坐标系相对于航迹坐标系测得

的姿态角。当载机姿态角为零时，载机坐标系与航迹坐标系重合。当载机姿态角不为零时，设任意时刻载机的横滚角、俯仰角和偏航角分别为 α、β 和 γ，定义如下：

γ 角为载机（坐标系）纵轴 O_AX_A 在航迹坐标系 $X_TO_TY_T$ 平面（该面为水平面）内的投影与航迹坐标系 O_TX_T 轴（航向）之间的夹角，称为偏航角。载机坐标系在航迹坐标系中绕垂轴偏转后，就得到载机偏航坐标系 $A_Y(X_{AY},Y_{AY},Z_{AY})$。

β 为载机（坐标系）纵轴 O_AX_A 与航迹坐标系 $X_TO_TY_T$ 平面之间的夹角，该夹角称为俯仰角，通常规定上仰为正。载机坐标系在航迹坐标系中俯仰后得到载机俯仰坐标系 $A_P(X_{AP},Y_{AP},Z_{AP})$。

α 为载机对称平面 $X_AO_AZ_A$（载机纵轴和垂轴所构成的平面）与过 O_AX_A 轴的铅垂面之间的夹角，称横滚角，习惯上规定向右滚转为正。载机坐标系在航迹坐标系中绕载机纵轴旋转后就得到载机横滚坐标系 $A_R(X_{AR},Y_{AR},Z_{AR})$。

如果考虑载机姿态角速度，且设横滚角速度为 ω_r、俯仰角速度为 ω_p、偏航角速度为 ω_y，则在曝光期间任意时刻载机的姿态角应分别为：$\gamma+\omega_r\cdot t$、$\beta+\omega_p\cdot t$ 和 $\alpha+\omega_r\cdot t$。

5. 相机坐标系 $C(X_C,Y_C,Z_C)$

通常把相机在载机上的安装基准作为相机坐标系的基准[77-79]。为了便于分析，应该选择直接与成像相关的基准，所以选择相机镜头的像方节点作为相机坐标系的原点。当相机光轴垂直地面成像时，不考虑相机的制造、装配及安装等方面的误差，认为相机坐标系与载机坐标系重合。当相机处于侧视成像状态，设相机俯角为 θ 时，则相机坐标系相对载机坐标系绕载机纵轴 X_A 轴旋转 θ 角就得到相机坐标系 $C(X_C,Y_C,Z_C)$，如图 5-4 所示。

6. 载机偏航转换地表坐标系 $SY(X_{SY},Y_{SY},Z_{SY})$

偏航角为载机（坐标系）纵轴在航迹坐标系水平面内的投影与航迹坐标系 O_TX_T 轴之间的夹角。在曝光开始瞬间首先假设载机（坐标系）绕航迹坐标系垂轴旋转 γ 角，那么对应的载机坐标系纵轴和横轴的地表投影与航迹投影坐标系的 X_P 轴和 Y_P 轴成 γ 弧度夹角。由于是绕垂轴旋转，所以此时相机光轴与载机坐标系竖轴 Z_{AY} 仍然保持共线，但方向相反。那么，以航迹投影坐标系原点为原点 O_{SY}，载机坐标系纵轴和横轴的地表投影为 X_{SY} 轴和 Y_{SY} 轴，竖轴与航迹投影坐标系竖轴重合，如此就得到了相机光轴指向地表相应坐标系原点的偏航转换地表坐标系 $SY(X_{SY},Y_{SY},Z_{SY})$，如图 5-5 所示。

7. 载机俯仰转换地表坐标系 $SP(X_{SP},Y_{SP},Z_{SP})$

根据定义，俯仰角为载机（坐标系）纵轴与航迹坐标系水平面之间的夹角，即载机（坐标系）绕竖轴偏转后再绕其横轴转动的角度。载机（坐标系）偏航后

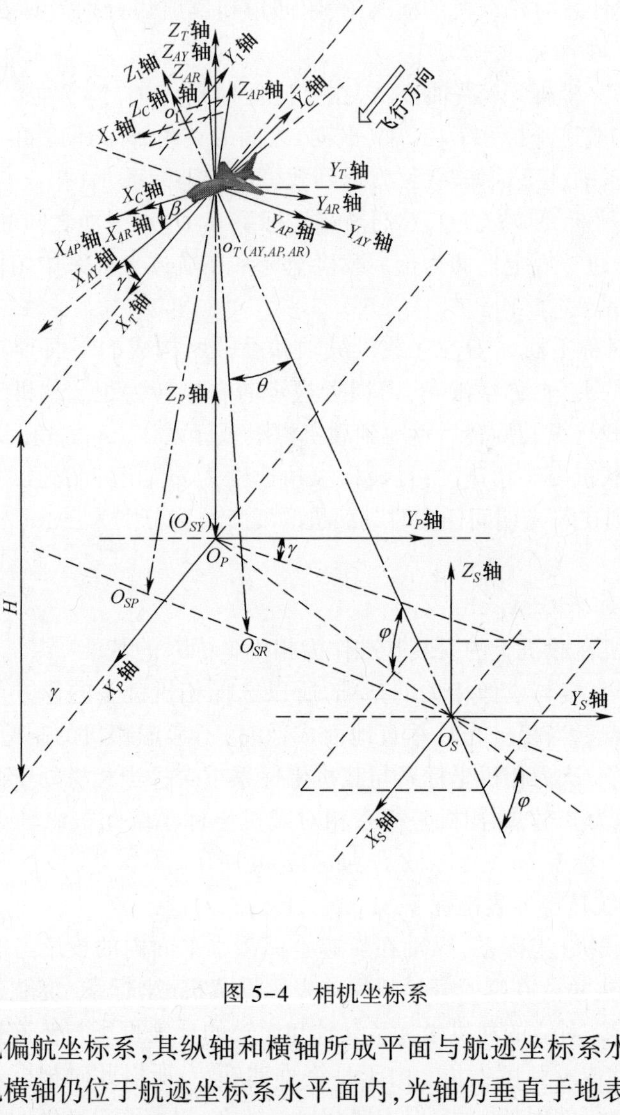

图 5-4　相机坐标系

对应的载机偏航坐标系，其纵轴和横轴所成平面与航迹坐标系水平面重合，所以此时载机横轴仍位于航迹坐标系水平面内，光轴仍垂直于地表。当载机（载机偏航坐标系）再绕其横轴转动时就得到载机俯仰坐标系，与其竖轴共线的相机光轴绕载机横轴同时发生旋转，所以光轴就不再垂直于地表。此时相机光轴与地表的交点随着载机的俯仰动作，沿着载机纵轴在地表的投影线做相应地移动，期间，载机偏航坐标系纵轴和横轴的地表投影方向均不发生改变。将偏航转换地表坐标系随其原点，跟随载机的俯仰动作在地表平面上平移到此交点处，就得到了俯仰转换地表坐标系 $S_P(X_{SP},Y_{SP},Z_{SP})$，如图 5-5 所示。此时，俯

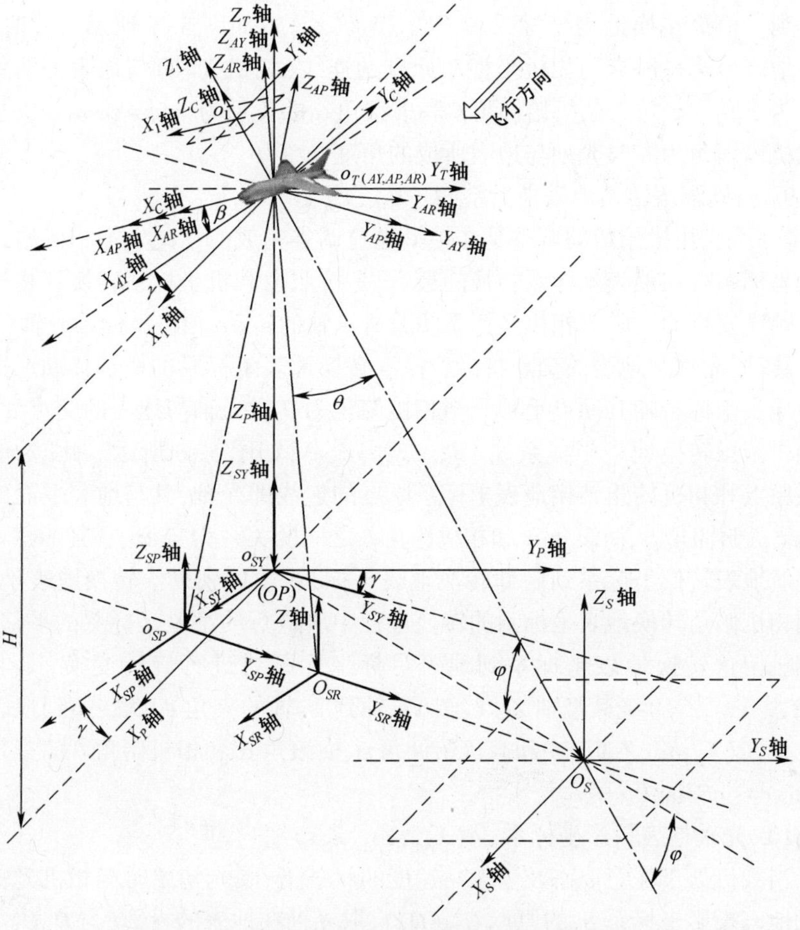

图 5-5　载机偏航、俯仰、横滚地表转换坐标系

仰转换地表坐标系竖轴与相机坐标系原点和俯仰转换地表坐标系原点的连线(相机光轴)所成的夹角为β,而相机光轴与地表的夹角大小为β的补角,即$\varphi=\pi/2-\beta$。

8. 载机横滚转换地表坐标系 $SR(X_{SR},Y_{SR},Z_{SR})$

载机横滚角被定义为载机对称平面与铅垂面之间的夹角,即载机俯仰坐标系纵轴和竖轴所构成的平面与铅垂面所成的角度。当载机横滚角为零时,载机的对称平面与铅垂面是重合的;当相机俯角为零时相机坐标系竖轴(光轴)也在铅垂面内;当载机的横滚角为α时就相当于载机俯仰坐标系绕载机纵轴旋转α角,相应地相机坐标系竖轴(光轴)也随之绕载机纵轴旋转α角,而与载机俯仰坐标系竖轴成α角。与此同时,将俯仰转换地表坐标系随其原点,跟随载机的滚转动作在地表平面上沿俯仰转换地表坐标系横轴平移到光轴与地表交点处，就得到了横滚转换地表坐标系 $S_R(X_{SR},Y_{SR},Z_{SR})$，如图 5-5 所示。此时，横滚转换地表坐标系原点与相机坐标系原点的连线（相机光轴）与地表平面所成的夹角为 φ 角。φ 角与载机俯仰角 β 和横滚角 α 的关系为 $\sin\varphi=\cos\alpha\cos\beta$，显然小于载机横滚角为零时光轴与地表所成的角度 $\pi/2-\beta$。

9. 相机俯角转换地表坐标系 $SC(X_{SC},Y_{SC},Z_{SC})$

实际上，相机俯角的调整是在拍摄之前调整完成的。此处把相机俯角转换地表坐标系放在地表坐标系转换的最后，是按照由载机坐标系转换到相机坐标系的顺序安排的。随着相机坐标系绕载机纵轴的转动，相机坐标系竖轴（光轴）随之转动，光轴与地表的交点将沿着横滚转换地表坐标系的横轴移动。把横滚转换地表坐标系随其原点平移到当相机俯角为 θ 时光轴与地表的交点处，就得到相机俯角转换地表坐标系 $S_C(X_{SC},Y_{SC},Z_{SC})$，如图 5-6 所示。此时，像面坐标系原点和相机俯角转换地表坐标系原点的连线即光轴，其与地表平面的夹角 φ 与载机俯仰角 β、横滚角 α 和相机俯角 θ 之间的关系为 $\sin\varphi=\cos\beta\cos(\alpha+\theta)$。从偏航地表转换坐标系到俯仰转换地表坐标系，然后到横滚转换地表坐标系，再到相机俯角转换地表坐标系的转换过程中所进行的都是坐标系的平移变换。由相机俯角转换地表坐标系到地表目标坐标系要进行旋转变换，即坐标系 $S_C(X_{SC},Y_{SC},Z_{SC})$ 绕其竖轴 Z_{SC} 旋转 Y_{SC} 轴到 Y_S 轴的夹角 ψ 就转换到地表目标坐标系 $S\ (X_S,Y_S,Z_S)$。ψ 和载机俯仰角 β、横滚角 α 和相机俯角 θ 的三角关系为 $\tan\psi=\sin\beta/\tan(\alpha+\theta)$。

10. 光轴地表投影坐标系 $SA(X_{SA},Y_{SA},Z_{SA})$

当载机处于任意姿态及姿态角速度的状态下，曝光初始时刻相机光轴指向光轴地表投影坐标系 S_A 的原点 $O_{SA}(O_S)$，取光轴在地表的投影（与 O_PO_{SA} 共线）为横轴，令 X_{SA} 轴在地表平面内且与光轴 O_TO_S 在地面的投影 O_PO_{SA} 垂直，所以 X_{SA} 轴垂直于光轴 O_TO_S 且与相机像面 $X_IO_IY_I$ 平行。X_{SA} 轴的指向与载机纵轴在地表投影 X_A 的正向成锐角，Z_{SA} 轴指向天顶，Y_{SA} 轴与 X_{SA} 轴和 Z_{SA} 轴构成右手坐标系，如图 5-6 所示，形成光轴地表投影坐标系 $S_A(X_{SA},Y_{SA},Z_{SA})$。设光轴地表投影坐标系纵轴 $O_{SA}X_{SA}$ 与地表目标坐标系纵轴 O_SX_S 之间的夹角为 ρ，当物面主点位于第Ⅰ象限时，其大小为 ψ 与 γ 之和，由于光轴在地表投影是跟随物面主点移动的，当物面主点分别位于第Ⅱ、Ⅲ、Ⅳ象限时，ρ 要分别增加 $\pi/2$、π 和 $3\pi/2$。

11. 像面坐标系 $I(X_I,Y_I,Z_I)$

从物方到像方的变换可以看作是一次比例变换，当相机随载机一起运动时其变换比例是随着载机的飞行高度、飞行姿态及其姿态角速度和相机俯角的变

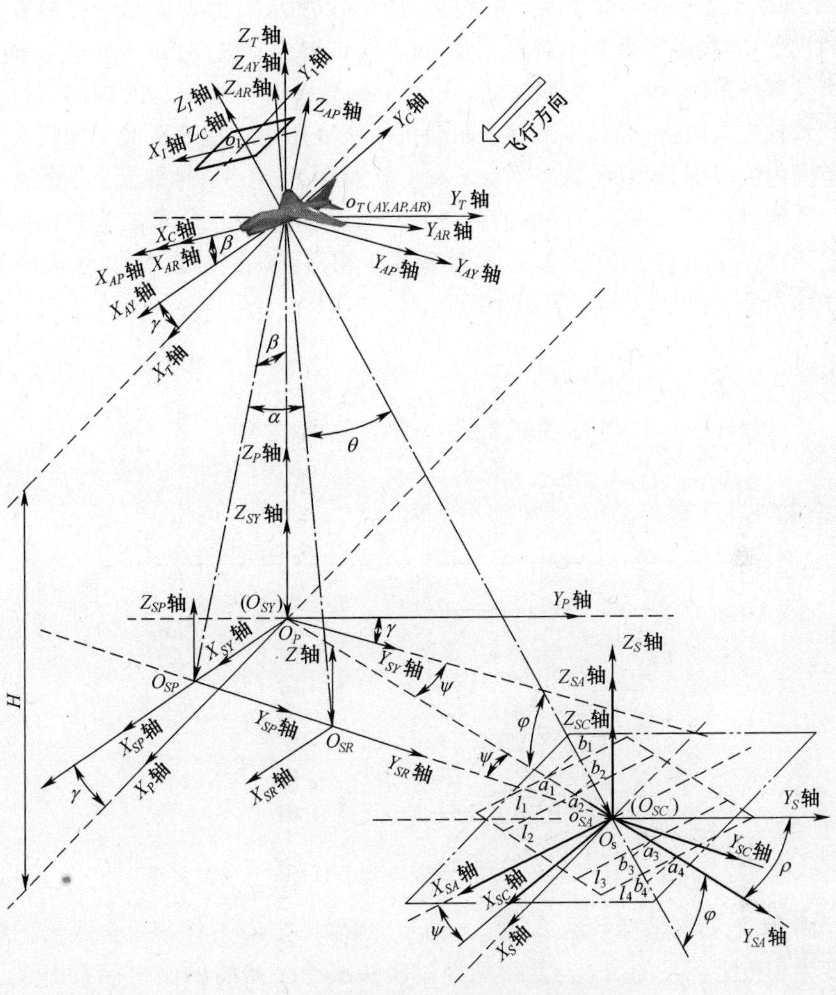

图 5-6　相机俯角转换及光轴地表投影坐标系

化而实时变化的，所以导致计算任意时刻的像面像移变得非常复杂。在建立前述各坐标系的基础上，根据各个坐标系之间及相机光轴与地表平面和像平面之间的几何关系，可以推导出任意时刻对应的任意地表平面物点坐标到像面像点坐标的比例变换系数。在理想条件下，物像变换的比例仅与物距和像距有关。设焦距为定值 f，则物像变换比例的变化仅取决于物距的改变。设任意时刻，相机工作于侧视成像状态且相对于载机的侧视角度固定，并且载机处于任意姿态角及其角速度条件下，推导物像变换比例计算公式的过程如下：

如图 5-7 所示，$X_P O_P Y_P$、$X_{SA} O_{SA} Y_{SA}$ 和 $X_S O_S Y_S$ 分别代表航迹地表投影坐标系、光轴地表转换坐标系和地表目标区域坐标系的 XY 平面，它们均在地表平面内；$O_{SA}(O_S)$为任意时刻光轴与地表平面的交点，O_PO_S为相机光轴在地表平面上的投影；实线矩形框表示载机无姿态角时（或者仅有横滚角时）地表平面上相机有效视场范围内的一部分物面，x 和 y 坐标分别沿 X_S和 Y_S轴，即沿飞行方向和其垂轴方向取值；虚线矩形框表示载机任意姿态角时地表平面上相机有效视场范围内的一部分物面，物点坐标 x 和 y 分别沿 X_{SA}和 Y_{SA}轴即沿光轴的地表投影和其地表投影的垂线方向取值；Y_S轴和 Y_{SA}轴夹角为 ρ，A_2和 A_3为目标区域内任意两点，l_2和 l_3分别为过 A_2和 A_3且垂直于相机光轴在地表投影的两条直线，a_2和 a_3分别为两直线与 Y_{SA}轴的交点。

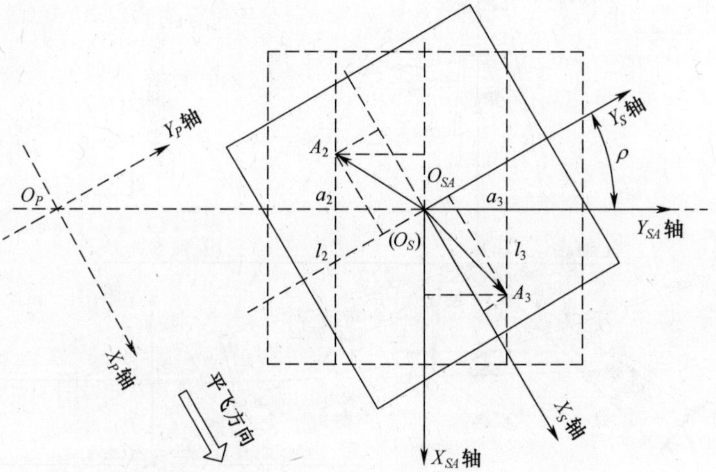

图 5-7　光轴地表投影坐标与地表目标坐标转换关系

因此，把相机坐标系沿 Z_C轴（光轴）向焦平面方向平移相机焦距 f，同时比例变为相机坐标系的 R 倍，就得到经过镜头成像变换的像面坐标系 $I(X_I, Y_I, Z_I)$，有

$$R = -\frac{f\cos(\alpha + \theta)\cos\beta}{H + \cos(\alpha + \theta)\cos\beta\cos\varphi\cos(a\tan(y/x) - \rho)\sqrt{x^2 + y^2}} \tag{5-1}$$

假设像面坐标系原点与像面的中心重合，像面坐标系的 X_I轴和 Y_I轴构成像面，Z_I轴与光轴重合并与 X_I轴和 Y_I轴构成右手坐标系。此外需要说明的是，在物像比例变换公式中的 φ 角是个变量，是由相机曝光开始瞬时的载机飞行姿态角 α、β、γ 和相机俯角 θ 决定的，显然它是随载机飞行姿态和相机俯角的变化而变化的，而式中的 x 和 y 则代表成像目标区域中各物点在地表目标坐标系中的坐标。物像比例变换系数随 φ，x 和 y 变化的计算公式将在后面给出。如果将像面看作理想平面，那么像点在像面坐标系中的坐标就可以用$(X_I, Y_I, Z_I = 0)$

表示。

根据前面设定的载机、相机和像面坐标系之间的关系可知，当相机相对载机纵轴没有转动时，载机坐标系竖轴与相机光轴共线；而相机和像面坐标系的竖轴始终与相机光轴共线。由此可知，与载机坐标系在航迹坐标系内的姿态变化及相机俯角调整相对应，相机光轴的指向也要随之做相应的移动和旋转。为了建立曝光开始的瞬时从地表目标区域坐标到像面坐标的转换关系，需要引入与载机偏航、俯仰、横滚及相机俯角调整相对应的，随光轴（与地表交点）移动的地表目标区域坐标系，这样就能保证像面坐标系原点和地表目标坐标系原点在曝光开始瞬时都位于光轴上，从而满足三点共线条件。根据载机飞行姿态角的定义，相应的转换坐标系，按载机偏航、俯仰、横滚和相机俯角调整的顺序依次给出。设曝光瞬时载机的 3 个姿态角和相机俯角分别为 α、β、γ 和 θ，则可确定相应的转换坐标系。

5.3.2 坐标系的变换

1. 坐标系变换路径

从几何角度看，由物点坐标到像点坐标和由像点坐标到物点坐标的变换是互逆的，都反映了物空间和像空间之间的比例变换关系。为了表达地表目标在相机运动过程中经过成像比例变换后，相应的像在像面上的移动情况，应该将地物从地表目标坐标系中坐标变换到像面坐标系中[80-83]，所以选择了如图5-8所示的变换路径。

坐标系变换步骤如下：

（1）由地表目标坐标系 $S\ (X_S, Y_S, Z_S)$ 经过旋转和平移变换到航迹地表投影坐标系 $P(X_P, Y_P, Z_P)$。其变换过程中包括了与载机（光轴）绕三轴姿态相对应的 4 个地表转换坐标系 S_Y、S_P、S_R 和光轴地表投影坐标系 S_A。

（2）地表投影坐标系经过平移变换到航迹坐标系 $T(X_T, Y_T, Z_T)$，且在曝光期间设航迹坐标系 T 在航迹地表投影坐标系 P 中以速度 v 做匀速直线运动（航高和航向均不变的平飞运动）。

（3）把航迹坐标系 T 根据载机的偏航、俯仰和横滚姿态做相应的旋转变换到载机坐标系 $A(X_A, Y_A, Z_A)$，即依次变换到载机偏航坐标系 A_Y、俯仰坐标系 A_P 和横滚坐标系 A_R 的 3 个载机姿态坐标系。

（4）将载机坐标系 A 经过绕载机纵轴的旋转变换到相机坐标系 $C(X_C, Y_C, Z_C)$，即相机侧视成像时的俯角调整。

（5）相机坐标系 C 经过平移和比例缩放变换到像面坐标系 $I(X_I, Y_I, Z_I)$。

通过上述一系列坐标系的变换就可以把曝光期间从地表目标坐标系到像

面坐标系之间相应坐标系的变换和载机的运动状态变化联系起来,从而确定由地物坐标到对应的像面坐标的转换关系,并据此建立起包含地表目标坐标系地面物点坐标、载机飞行高度、平飞速度、载机姿态角及其角速度、相机俯角和像面坐标系像点坐标的物像坐标位置方程。

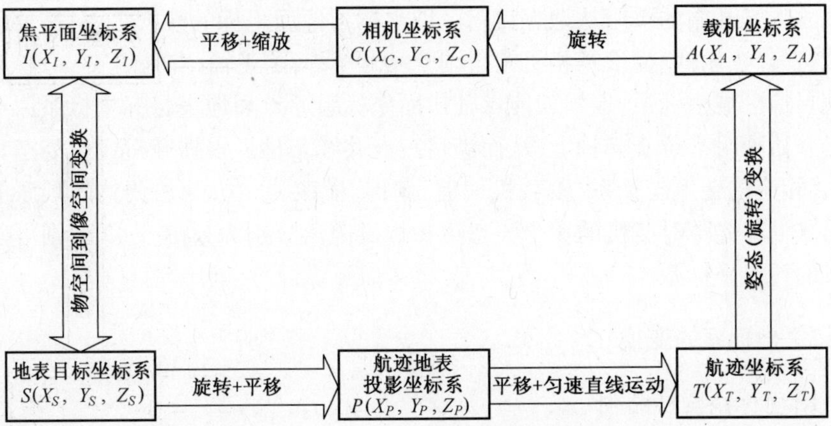

图 5-8　坐标系变换路径

2. 由地面坐标系到像面坐标系的变换过程

由地面坐标到像面坐标的变换本质:根据在地面航迹投影坐标系里确定的像面坐标系的空间状态和运动状态,以像面坐标系作为视点出发来反映物点从物空间到像空间的转换,其中包括空间方位和空间尺度的变换。根据飞行载具的运动特点以及物点、像点、镜头节点三点共线的条件,从地表坐标系到像面坐标系的变换如图 5-9 所示。由地表目标坐标系经过光轴地表投影坐标系、相机俯角转换地表坐标系、载机横滚转换地表坐标系、载机俯仰转换地表坐标系、载机偏航转换地表坐标系、航迹地表投影坐标系、航迹坐标系、载机偏航坐标系、载机俯仰坐标系、载机横滚坐标系、相机坐标系,直到像面坐标系的 12 次坐标系变换,具体转换过程如下:

地表目标坐标系 S 是由航迹地表投影坐标系 P 在地表平面内平移后得到的,所以两坐标系的坐标轴同向且平行,这样便于利用载机航迹参数来确定地表目标的坐标。当假设物面和像面均为理想平面且相机为理想光学系统时,由物空间到像空间(沿横轴和纵轴)的变换比例系数与物面上视场内物点到光轴垂线的垂距有关,所以要以光轴在地表的投影线做为光轴地表投影坐标系 S_A 的横轴,如图 5-9 所示,地表目标坐标系 S 在地表平面内绕物面主点旋转 ρ 角度就得到了 S_A 坐标系。与此同时,只要把目标区域内物点在 S 坐标系内的坐标乘以相应的旋转作用矩阵就可以得到该物点在 S_A 坐标系中的坐标。

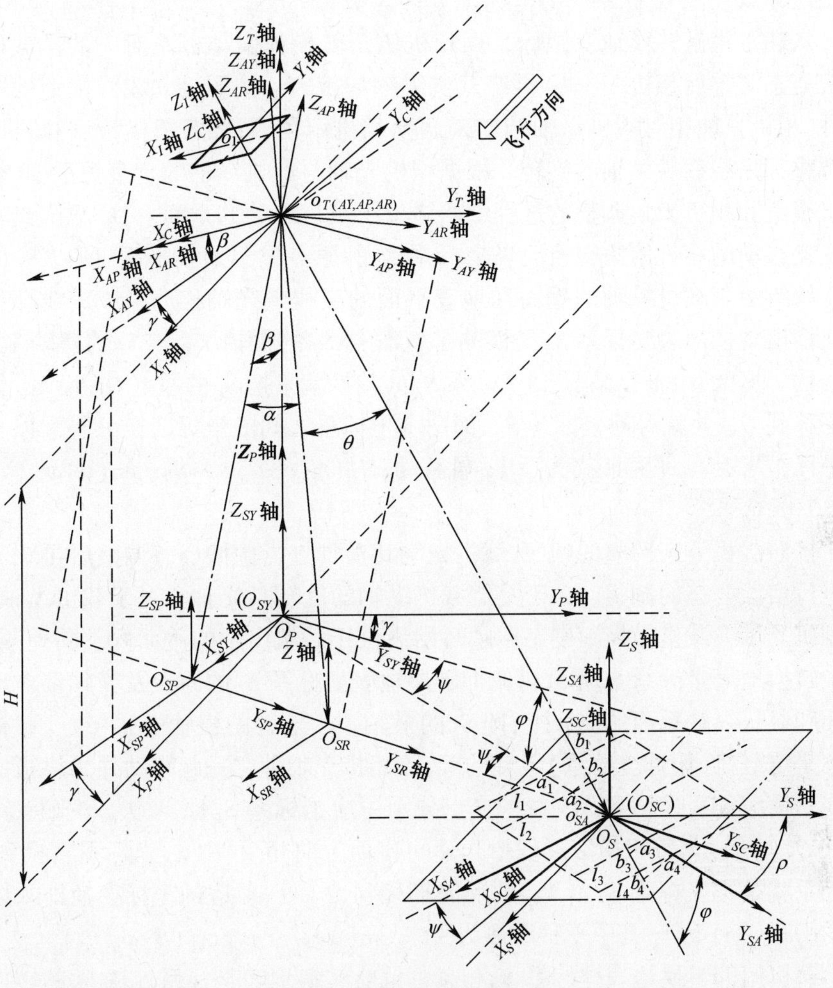

图 5-9　坐标系转换关系

根据载机姿态调整的顺序可知，相机俯角转换地表坐标系的横轴处在载机横轴和竖轴（相机光轴）所成平面与地表平面的交线上，原点也是跟随光轴的指向移动的。在此规定所有地表坐标系的竖轴都是垂直于地表的，所以按照光轴跟随原则，S_A 坐标系和 S_C 坐标系的原点及竖轴是重合的。根据地表目标坐标系的定义，坐标系 S_A 的纵轴 X_{SA} 在地表平面内且平行于像面。设坐标系 S_A 的纵轴 X_{SA} 与坐标系 S_C 的纵轴 X_{SC} 之间的夹角为 ψ，显然坐标系 S_A 与 S_C 的横轴 Y_{SA} 和 Y_{SC} 之间的夹角也为 ψ，根据几何关系有 $\psi=\arctan(\sin(\beta+\omega_p \cdot t) \cdot \cot(\alpha+\omega_r \cdot t+\theta))$，即把 S_A 坐标系绕其竖轴 Z_{SA} 逆时针旋转 ψ 角就得到 S_C 坐标系。与此同时，只要把目标区域内物点在 S_A 坐标系内的坐标乘以相应的旋转作用矩阵就可以得到该物点在 S_C 坐标系中的坐标。

从载机横滚转换地表坐标系到相机俯角转换地表坐标系对应的是载机做横滚姿态调整后相机(光轴)再绕载机纵轴的旋转。按照建立成像模型的前提条件,相机只能相对载机纵轴转动来调整相机俯角,可知载机横滚和相机俯角的调整都是绕载机纵轴的旋转。根据相机光轴与载机纵轴的垂直关系,光轴在载机横滚和相机俯角调整的过程中始终位于载机纵轴的垂面上,而跟随光轴指向变化移动的相机俯角转换地表坐标系 S_C 的原点位于地表平面,所以 S_C 的原点将始终沿着载机纵轴的垂面和地表平面的交线随光轴移动。该交线即作为载机横滚转换地表坐标系 S_R 的横轴 Y_{SR},显然 S_R 的横轴 Y_{SR} 与 S_C 的横轴 Y_{SC} 是共线的。据此,由坐标系 S_C 到坐标系 S_R 的转换就是把 S_C 的原点 O_{SC} 沿 Y_{SC} 轴反向平移到 O_{SR} 处就得到坐标系 S_R,而两个坐标系之间的坐标变换只要乘以相应的平移作用矩阵,平移距离为沿 Y_{SC} 轴移动 $-H(\tan(\alpha+\omega_r\cdot t+\theta)-\tan(\alpha+\omega_r\cdot t))/\cos(\beta+\omega_p\cdot t)$。

按照载机姿态调整的顺序,载机先绕其横轴进行俯仰姿态调整后再绕其纵轴进行横滚姿态的调整。由于是绕载机纵轴的旋转且光轴垂直于载机纵轴,所以相机光轴在载机做横滚姿态调整时始终位于载机纵轴的垂面内。同理,载机横滚转换地表坐标系 S_R 和载机俯仰转换地表坐标系 S_P 的原点及横轴都在地表平面和载机纵轴垂面的交线上,即 S_R 的横轴 Y_{SR} 与 S_P 的横轴 Y_{SP} 共线。载机的横滚是绕载机(俯仰坐标系)纵轴的旋转,相机光轴随之一起转动并始终指向该交线。横滚前后光轴与该交线的交点分别对应坐标系 S_R 原点 O_{SR} 和坐标系 S_P 原点 O_{SP},所以与载机横滚过程中光轴的移动方向相反,由 S_R 坐标系转换到 S_P 坐标系就是把坐标系 S_R 沿 Y_{SR} 轴反向平移到 O_{SP} 处,对应的坐标变换即乘以相应的平移作用矩阵,其中平移距离为 $-H\cdot\tan(\alpha+\omega_r\cdot t)/\cos(\beta+\omega_p\cdot t)$。

载机俯仰转换地表坐标系 S_P 和载机偏航转换地表坐标系 S_Y 之间的转换对应着载机俯仰姿态的调整。按照载机姿态变换的顺序,载机的俯仰姿态调整是载机做偏航姿态调整后绕载机横轴的旋转。光轴与载机横轴垂直,所以在载机做俯仰姿态调整过程中光轴始终位于载机横轴的垂面内。转换地表坐标系 S_P 和 S_Y 的原点位于地表平面内,根据跟随光轴的原则,坐标系 S_Y 的原点 O_{SY}、纵轴 X_{SY} 和坐标系 S_P 的原点 O_{SP}、纵轴 X_{SP} 均在载机横轴垂面于地表平面的交线上,且纵轴 X_{SY} 和 X_{SP} 的指向与光轴在地表移动的方向相同。因此,从载机俯仰转换地表坐标系随其原点 O_{SP} 沿 X_{SP} 轴负方向移动到 O_{SY} 处就得到转换到载机偏航转换地表坐标系 S_Y。因此,乘以一个平移作用矩阵就可完成由坐标系 S_P 到 S_Y 的坐标变换,平移量为 $-H\cdot\tan(\beta+\omega_p\cdot t)$。

载机的偏航角是载机纵轴在水平面内的投影和载机飞行方向之间的夹角。设载机初始姿态角为零。根据设定的载机姿态调整顺序，首先进行的是载机的偏航姿态调整。又根据光轴跟随原则，载机偏航转换地表坐标系 S_Y的原点和航迹地表投影坐标系 P 的原点重合。设偏航角为 γ，偏航角速度为 ω_y，对应于载机的偏航，把坐标系 P 绕其竖轴 Z_P旋转 $\gamma+\omega_r \cdot t$ 角就得到载机偏航转换地表坐标系 S_Y。因此，只要将 S_Y绕 Z_{SY}轴反向旋转 $\gamma+\omega_r \cdot t$ 角就可由坐标系 S_Y变换为坐标系 P，相应把地物在 S_Y坐标系中的坐标乘以绕 Z_{SY} 轴的旋转作用矩阵就可得到其在地表投影坐标系 P 中的坐标。

按照航迹地表投影坐标系和航迹坐标系的定义，坐标系 P 的原点是曝光瞬时的机下投影点，所以坐标系 P 和坐标系 T 的竖轴共线，且坐标系 P 的纵轴 X_P 和横轴 Y_P与坐标系 T 的纵轴 X_T和横轴 Y_T分别平行并同向。设已知航高为 H，则坐标系 P 和 T 之间的转换关系为平移关系。所以只要把航迹地表投影坐标系 P 沿其竖轴 Z_P向上平移高度 H 就可得到航迹坐标系 T。按照设定，取曝光开始瞬时载机在航迹中的机下投影点为坐标系 P 的原点，并确定 P 为惯性坐标系。航迹坐标系 T 固联于载机上，载机以速度 v 平飞，所以坐标系 T 随载机一起在航迹地表投影坐标系 P 中沿 X_P 轴方向以速度 v 平动，且任意时刻 t 的平移量为 $v \cdot t$。在相机拍摄过程中，坐标系 P 与 T 之间的坐标变换只需乘以相应的平移变换矩阵，其中沿 Z_P 轴的平移量为 H，沿 X_P 轴的平移量为 $v \cdot t$。

载机坐标系由机体的纵轴、横轴和竖轴构成，与载机固联并一起运动。当载机没有姿态角，载机坐标系 A 和航迹坐标系 T 是重合的。实际上，载机任意时刻的姿态可以用绕载机 3 个轴的姿态角来唯一确定。首先在航迹坐标系 T 中描述载机坐标系的姿态，可以按照设定的顺序先在航迹坐标系 T 中确定载机的偏航姿态，叫称为载机偏航坐标系，记为 A_Y；然后在载机偏航坐标系 A_Y 中确定载机的俯仰姿态，称为载机俯仰坐标系，记为 A_P；最后在载机俯仰坐标系 A_P 中确定载机的横滚姿态，称为载机横滚坐标系，记为 A_R。

载机的偏航角定义为飞机纵轴和飞行速度方向的夹角在水平面内的投影。按照假设，当载机姿态角为零时载机坐标系 A 和航迹坐标系 T 是重合的，也可以表述为载机纵轴 X_{AY}和航迹坐标系纵轴 X_T之间的夹角为零。当载机有偏航角时，设由载机惯性导航系统测得的载机偏航角为 γ，偏航角速度为 ω_y，则载机坐标系绕航迹坐标系竖轴 Z_T旋转 $\gamma+\omega_r \cdot t$ 角就得到载机偏航坐标系 A_Y，乘以相应的旋转作用矩阵就可完成物点坐标在坐标系 T 和 A_Y之间的转换。

载机的俯仰角定义为飞机纵轴和水平面之间的夹角。当载机偏航角为 γ，俯仰角为零时，载机偏航坐标系 A_Y和载机俯仰坐标系 A_P是重合的，也可以表述为载机纵轴和载机偏航坐标系纵轴 X_{AY}与横轴 Y_{AY}所成水平面之间的夹角为零。

当载机俯仰角不为零时,设由载机惯导系统测得的载机俯仰角为β,俯仰角速度为ω_p,则载机坐标系绕载机偏航坐标系A_Y横轴Y_{AY}旋转$\beta+\omega_p \cdot t$角就得到载机俯仰坐标系A_P,只要乘以相应的旋转作用矩阵就可完成物点坐标在坐标系A_Y和A_P之间的转换。

载机横滚角定义为机体对称面和经过机体纵轴的铅垂面之间的夹角,实际上就是飞机绕其纵轴所旋转的角度。当载机偏航角为γ、俯仰角为β,横滚角为零时,载机俯仰坐标系A_P和载机横滚坐标系A_R是重合的,也可以表述为载机对称平面和载机俯仰坐标系纵轴X_{AP}与竖轴Z_{AP}所在的铅垂平面之间的夹角为零,实际上就是载机横滚坐标系A_R竖轴Z_{AR}和载机俯仰坐标系A_P竖轴Z_{AP}之间的夹角为零。当载机有横滚角时,设由载机惯导系统测得的载机横滚角为α,横滚角速度为ω_r,则载机坐标系绕俯仰坐标系纵轴X_{AY}旋转$\alpha+\omega_r \cdot t$角就得到载机横滚坐标系A_R,乘以相应的旋转作用矩阵就可完成物点坐标在坐标系A_P和A_R之间的转换。

将载机和相机坐标基准统一起来可以简化成像过程中的坐标转换,取相机的像方节点作为相机和载机的共同基准,即载机坐标系A和相机坐标系C共原点。根据前面相机坐标系的定义,相机光轴在相机坐标系竖轴Z_C上,且只能绕载机(相机)纵轴X_{AR}旋转,所以当相机俯角为零时相机坐标系和载机坐标系是重合的。设相机处于侧视成像状态,且当相机俯角为θ时,相当于令载机横滚坐标系A_R绕其纵轴X_{AR}旋转θ角,就得到了相机坐标系C。因此,地物坐标在载机横滚坐标系A_R和相机坐标系C之间的转换只要乘以一个绕载机横滚坐标系纵轴X_{AR}的旋转作用矩阵,旋转角度为θ。

相机光轴和像面始终保持垂直,取像面主点作为像面坐标系原点,像面坐标系I的纵轴和横轴与相机坐标系C的纵轴和横轴平行并构成像面,竖轴和光轴共线。相机垂直成像时,由物到像的变换比例为物方主点和像方主点到镜头像方节点的距离之比。当相机侧视成像时,由于相机光轴和地物平面不再平行,此时地面各物点到相机光轴的垂足到镜头像方节点的距离是不同的,因此物像的变换比例也是因物点在地物平面内的坐标变化的。根据已知条件,像面主点到相机像方节点的距离为焦距f,由地表目标坐标系S和光轴及像面坐标系I之间的几何关系可以推导出地面各物点到相机光轴的垂足到镜头像方节点的距离L为

$$L = \frac{H + \cos(\alpha + \omega_r t + \theta) \cdot \cos(\beta + \omega_p t) \cdot \cos\varphi \cdot \cos(a\tan(y/x) - \rho) \cdot \sqrt{x^2 + y^2}}{\cos(\alpha + \omega_r t + \theta) \cdot \cos(\beta + \omega_p t)} \tag{5-2}$$

所以，由相机坐标系 C 转换到像面坐标系 I 需要将相机坐标系 C 沿其竖轴 Z_C 平移、翻转并做相应的比例变换。平移量为像方焦距 f，变换比例 S 为

$$S=-\frac{f\cdot\cos(\alpha+\omega_r t+\theta)\cdot\cos(\beta+\omega_p t)}{H+\cos(\alpha+\omega_r t+\theta)\cdot\cos(\beta+\omega_p t)\cdot\cos\varphi\cdot\cos(\mathrm{atan}(y/x)-\rho)\cdot\sqrt{x^2+y^2}} \tag{5-3}$$

5.3.3 坐标系变换作用矩阵

齐次坐标变换矩阵可以把坐标的平移、旋转及比例变换统一在一个变换矩阵当中，性质不同的变换矩阵体现在其作用元素的配置位置不同上，但矩阵维数是相同的，因此可以将所有的变换依照变换顺序按相同的格式处理从而便于坐标变换运算的处理[84,85]。基于上述原因，在由物面到像面的坐标变换过程中采用了齐次坐标变换矩阵。由地表目标坐标系 S 转换到光轴地表投影坐标系 S_A、相机俯角转换地表坐标系 S_C、载机横滚转换地表坐标系 S_R、载机俯仰转换地表坐标系 S_P、载机偏航转换地表坐标系 S_Y、航迹地表投影坐标系 P、航迹坐标系 T、载机偏航坐标系 A_Y、载机俯仰坐标系 A_P、载机横滚坐标系 A_R、相机坐标系 C，直到像面坐标系 I 的 12 次坐标系变换，分别对应着 12 个齐次坐标变换矩阵 $\boldsymbol{M}_1\sim\boldsymbol{M}_{12}$。

$$\boldsymbol{M}_1=\begin{bmatrix}\cos\rho & \sin\rho & 0 & 0\\ -\sin\rho & \cos\rho & 0 & 0\\ 0 & 0 & 1 & 0\\ 0 & 0 & 0 & 1\end{bmatrix};$$

$$\boldsymbol{M}_2=\begin{bmatrix}\cos\psi & \sin\psi & 0 & 0\\ -\sin\psi & \cos\psi & 0 & 0\\ 0 & 0 & 1 & 0\\ 0 & 0 & 0 & 1\end{bmatrix}$$

$$\boldsymbol{M}_3=\begin{bmatrix}1 & 0 & 0 & 0\\ 0 & 1 & 0 & -H(\tan(\alpha+\omega_r\cdot t+\theta)-\tan(\alpha+\omega_r\cdot t))/\cos(\beta+\omega_p\cdot t)\\ 0 & 0 & 1 & 0\\ 0 & 0 & 0 & 1\end{bmatrix}$$

$$\boldsymbol{M}_4=\begin{bmatrix}1 & 0 & 0 & 0\\ 0 & 1 & 0 & -H\cdot\tan(\alpha+\omega_r\cdot t)/\cos(\beta+\omega_p\cdot t)\\ 0 & 0 & 1 & 0\\ 0 & 0 & 0 & 1\end{bmatrix}$$

$$M_5 = \begin{bmatrix} 1 & 0 & 0 & -H \cdot \tan(\beta + \omega_p \cdot t) \\ 0 & 1 & 0 & 0 \\ 0 & 0 & 1 & 0 \\ 0 & 0 & 0 & 1 \end{bmatrix}$$

$$M_6 = \begin{bmatrix} \cos(\gamma + \omega_y \cdot t) & \sin(\gamma + \omega_y \cdot t) & 0 & 0 \\ -\sin(\gamma + \omega_y \cdot t) & \cos(\gamma + \omega_y \cdot t) & 0 & 0 \\ 0 & 0 & 1 & 0 \\ 0 & 0 & 0 & 1 \end{bmatrix}$$

$$M_7 = \begin{bmatrix} 1 & 0 & 0 & -v \cdot t \\ 0 & 1 & 0 & 0 \\ 0 & 0 & 1 & -H \\ 0 & 0 & 0 & 1 \end{bmatrix}$$

$$M_8 = \begin{bmatrix} \cos(\gamma + \omega_y \cdot t) & \sin(\gamma + \omega_y \cdot t) & 0 & 0 \\ -\sin(\gamma + \omega_y \cdot t) & \cos(\gamma + \omega_y \cdot t) & 0 & 0 \\ 0 & 0 & 1 & 0 \\ 0 & 0 & 0 & 1 \end{bmatrix}$$

$$M_9 = \begin{bmatrix} \cos(\beta + \omega_p \cdot t) & 0 & -\sin(\beta + \omega_p \cdot t) & 0 \\ 0 & 1 & 0 & 0 \\ \sin(\beta + \omega_p \cdot t) & 0 & \cos(\beta + \omega_p \cdot t) & 0 \\ 0 & 0 & 0 & 1 \end{bmatrix}$$

$$M_{10} = \begin{bmatrix} 1 & 0 & 0 & 0 \\ 0 & \cos(\alpha + \omega_r \cdot t) & \sin(\alpha + \omega_r \cdot t) & 0 \\ 0 & -\sin(\alpha + \omega_r \cdot t) & \cos(\alpha + \omega_r \cdot t) & 0 \\ 0 & 0 & 0 & 1 \end{bmatrix}$$

$$M_{11} = \begin{bmatrix} 1 & 0 & 0 & 0 \\ 0 & \cos\theta & \sin\theta & 0 \\ 0 & -\sin\theta & \cos\theta & 0 \\ 0 & 0 & 0 & 1 \end{bmatrix}$$

$$M_{12} = \begin{bmatrix} -\dfrac{f \cdot \sin\varphi}{H + \sin\varphi \cdot \cos\varphi \cdot \cos(a\tan(y/x) - \rho) \cdot \sqrt{x^2 + y^2}} & 0 & 0 & 0 \\ 0 & S & 0 & 0 \\ 0 & 0 & S & -f \\ 0 & 0 & 0 & 1 \end{bmatrix} \tag{5-4}$$

式中：$\rho=\psi+\gamma,\psi=\arctan(\sin(\beta+\omega_p\cdot t)/\tan(\alpha+\omega_r\cdot t+\theta))$；

$\varphi=\arcsin(\cos(\alpha+\omega_r t+\theta)\cdot\cos(\beta+\omega_p t))$；

$$S=-\frac{f\cdot\cos(\alpha+\omega_r t+\theta)\cdot\cos(\beta+\omega_p t)}{H+\cos(\alpha+\omega_r t+\theta)\cdot\cos(\beta+\omega_p t)\cdot\cos\varphi\cdot\cos(a\tan(y/x)-\rho)\cdot\sqrt{x^2+y^2}}$$。

以上就是从地表目标坐标系中的物点坐标变换到像面坐标系中对应像点坐标过程中需要用到的 12 个坐标变换矩阵。其中 $\boldsymbol{M}_1$、$\boldsymbol{M}_2$、$\boldsymbol{M}_6$、$\boldsymbol{M}_8$、$\boldsymbol{M}_9$、$\boldsymbol{M}_{10}$、$\boldsymbol{M}_{11}$是坐标系旋转变换矩阵，$\boldsymbol{M}_3$、$\boldsymbol{M}_4$、$\boldsymbol{M}_5$、$\boldsymbol{M}_7$是坐标系平移变换矩阵，M_{12}实际上是一个比例变换矩阵和一个平移变换矩阵的组合。有了这一组变换矩阵就可以建立起从相机视场内任意地面物点到像面上对应像点的成像模型。

5.3.4 地面物点到像面像点的成像模型

地表目标坐标系 S 的坐标原点为开始成像瞬间相机光轴与地表平面的交点。为了建立一种能够用于面阵器件全向像移补偿的成像模型，可以有两种划分地表区域的方法：一种方法是以 S 的坐标原点作为地表视场中心均匀划分视场内的地表目标区域，然后把地表目标区域的分区映射到像面上；另一种方法类似于 ROI 的二维像移补偿分区，先把像面（成像器件感光平面）进行均匀划分，再把这像面上的补偿分区映射到视场内的地表平面上。当相机工作于理想的垂直成像状态时，两种区域划分方法的结果是完全相同的。但是，当相机工作于侧视成像状态，或者工作于垂直成像状态，但是在曝光过程中光轴偏离地表机下点（Nadir）较大时，两种区域划分方法就会产生很大的差异。

以侧视成像为例，整个像面和平均划分的各像移补偿分区均为矩形，如果映射到地表平面上整个目标区域和各分区的形状则变为梯形，且像面上相同的各补偿分区所覆盖的地表目标区域面积和形状都不相同。不论像面上各像移补偿分区采用中心点的像移速度还是取该区域的平均速度作为确定电荷转移速度的基准，由于物像比例尺变化范围不一致，这样的地表分区会导致对应远端地表分区的像面像移补偿分区边缘效应大于近端。而以地面主点为中心均匀地划分视场内的地表目标区域为矩形，当映射到像面时，与各矩形的地表目标分区相对应的像面覆盖区域就会变成为梯形。这样的分区方法同样会带来问题，即采用同 ROI 公司现有的集成了二维电荷转移功能的 CCD 无法运用从地表均匀分区到像面不均匀像移补偿分区的像移补偿模型。目前还没有在面阵成像器件上根据载机（相机）实时姿态角实现对像面补偿区域进行动态划分的补偿技术，但这应该是面阵器件像移补偿技术的一个发展方向[86,87]。

为了模拟真实的成像过程，这里采用从地表到像面的变换路径，所建立的成像模型只考虑物点和像点的空间位置对应关系而不考虑能量转换的过程。

设视场内任意物点在地表目标坐标系 S 中的坐标为 $[x,y,z]$，齐次坐标为 $[x,y,z,1]$。为了简化分析过程，设地表为理想平面且目标物点都在该平面上，则地表内任意物点的齐次坐标为 $[x,y,0,1]$。如果把该物点的齐次坐标当作列向量，那么该点在光轴地表投影坐标系中的齐次坐标列向量就等于由地表目标坐标系 S 到光轴地表投影坐标系 S_A 的齐次变换矩阵 $\boldsymbol{M}_1$ 左乘该物点在地表坐标系内的齐次坐标列向量，即

$$\begin{bmatrix} x_{SA} \\ y_{SA} \\ z_{SA} \\ 1 \end{bmatrix} = \boldsymbol{M}_1 \cdot \begin{bmatrix} x_S \\ y_S \\ z_S \\ 1 \end{bmatrix} = \begin{bmatrix} \cos\rho & \sin\rho & 0 & 0 \\ -\sin\rho & \cos\rho & 0 & 0 \\ 0 & 0 & 1 & 0 \\ 0 & 0 & 0 & 1 \end{bmatrix} \cdot \begin{bmatrix} x \\ y \\ 0 \\ 1 \end{bmatrix} = \begin{bmatrix} x\cos(\psi+\gamma)+y\sin(\psi+\gamma) \\ y\cos(\psi+\gamma)-x\sin(\psi+\gamma) \\ 0 \\ 1 \end{bmatrix} \tag{5-5}$$

同理，由光轴地表投影坐标系 S_A 到相机俯角转换地表坐标系 S_{SC} 的齐次变换矩阵 $\boldsymbol{M}_2$ 左乘该物点在光轴地表投影坐标系内的齐次坐标列向量就得到该物点在相机俯角转换地表坐标系中的齐次坐标列向量，即

$$\begin{bmatrix} x_{SC} \\ y_{SC} \\ z_{SC} \\ 1 \end{bmatrix} = \boldsymbol{M}_2 \cdot \begin{bmatrix} x_{SA} \\ y_{SA} \\ z_{SA} \\ 1 \end{bmatrix} = \begin{bmatrix} \cos(\psi+\gamma)(x\cos\psi+y\sin\psi)+\sin(\psi+\gamma)(y\cos\psi-x\sin\psi) \\ \cos(\psi+\gamma)(y\cos\psi-x\sin\psi)-\sin(\psi+\gamma)(x\cos\psi+y\sin\psi) \\ 0 \\ 1 \end{bmatrix} \tag{5-6}$$

类似地，物点坐标在由物空间地表坐标系最终转换到像空间像面坐标系坐标的过程中只要将齐次坐标列向量依次左乘相邻的齐次坐标系转换矩阵就能得到和物点对应的像点在像面坐标系中的齐次坐标列向量，对应像点在像面上的位置坐标，从而完成由物到像的模拟成像过程，即

$$\begin{bmatrix} x_I \\ y_I \\ z_I \\ 1 \end{bmatrix} = \boldsymbol{M} \cdot \begin{bmatrix} x_S \\ y_S \\ z_S \\ 1 \end{bmatrix} \tag{5-7}$$

式中：$\boldsymbol{M}$ 为所有齐次坐标系变换矩阵依次左乘后的结果，可以称为由物点到对应像点的齐次坐标变换成像矩阵，即

$$\boldsymbol{M} = \boldsymbol{M}_{12}(\boldsymbol{M}_1(\boldsymbol{M}_{11}(\boldsymbol{M}_{10}(\boldsymbol{M}_9(\boldsymbol{M}_8(\boldsymbol{M}_7(\boldsymbol{M}_6(\boldsymbol{M}_5(\boldsymbol{M}_4(\boldsymbol{M}_3(\boldsymbol{M}_2(\boldsymbol{M}_1)))))))))))) \tag{5-8}$$

$\boldsymbol{M}$ 仍然是一个 4×4 的齐次笔标变换矩阵：

$$
\boldsymbol{M}=\begin{bmatrix} m_{11} & m_{12} & m_{13} & m_{14} \\ m_{21} & m_{22} & m_{27} & m_{23} \\ m_{31} & m_{32} & m_{33} & m_{34} \\ m_{41} & m_{42} & m_{43} & m_{44} \end{bmatrix}
$$

通过式(5-8)运算可得到 $\boldsymbol{M}$ 中的各元素(为简洁起见,将 sin、cos 和 arctan 分别简写为 s、c 和 at):

$$
m_{11}=-f\mathrm{c}(\alpha+\omega_r t+\theta)\mathrm{c}(\beta+\omega_p t)^2/(H\cdot-(x^2+y^2)^{1/2}\mathrm{s}(-\mathrm{at}(\mathrm{s}(\beta+\omega_p t)/\tan(\alpha+\omega_r t+\theta))+\gamma-\mathrm{at}(y/x))\mathrm{c}(\alpha+\omega_r t+\theta)\mathrm{c}(\beta+\omega_p t)(1-\mathrm{c}(\beta+\omega_p t)^2\mathrm{c}(\alpha+\omega_r t+\theta)^2)^{1/2})(\mathrm{c}(\gamma+\omega_y t)(\mathrm{c}(\gamma+\omega_y t)(1/(1+\mathrm{s}(\beta+\omega_p t)^2/\tan(\alpha+\omega_r t+\theta)^2)^{1/2}\mathrm{c}(\mathrm{at}(\mathrm{s}(\beta+\omega_p t)/\tan(\alpha+\omega_r t+\theta))+\gamma)-\mathrm{s}(\beta+\omega_p t)/\tan(\alpha+\omega_r t+\theta)/(1+\mathrm{s}(\beta+\omega_p t)^2/\tan(\alpha+\omega_r t+\theta)^2)^{1/2}\mathrm{s}(\mathrm{at}(\mathrm{s}(\beta+\omega_p t)/\tan(\alpha+\omega_r t+\theta))+\gamma))+\mathrm{s}(\gamma+\omega_y t)(-\mathrm{s}(\beta+\omega_p t)/\tan(\alpha+\omega_r t+\theta)/(1+\mathrm{s}(\beta+\omega_p t)^2/\tan(\alpha+\omega_r t+\theta)^2)^{1/2}\mathrm{c}(\mathrm{at}(\mathrm{s}(\beta+\omega_p t)/\tan(\alpha+\omega_r t+\theta))+\gamma)-1/(1+\mathrm{s}(\beta+\omega_p t)^2/\tan(\alpha+\omega_r t+\theta)^2)^{1/2}\mathrm{s}(\mathrm{at}(\mathrm{s}(\beta+\omega_p t)/\tan(\alpha+\omega_r t+\theta))+\gamma)))+\mathrm{s}(\gamma+\omega_y t)(-\mathrm{s}(\gamma+\omega_y t)(1/(1+\mathrm{s}(\beta+\omega_p t)^2/\tan(\alpha+\omega_r t+\theta)^2)^{1/2}\mathrm{c}(\mathrm{at}(\mathrm{s}(\beta+\omega_p t)/\tan(\alpha+\omega_r t+\theta))+\gamma)-\mathrm{s}(\beta+\omega_p t)/\tan(\alpha+\omega_r t+\theta)/(1+\mathrm{s}(\beta+\omega_p t)^2/\tan(\alpha+\omega_r t+\theta)^2)^{1/2}\mathrm{s}(\mathrm{at}(\mathrm{s}(\beta+\omega_p t)/\tan(\alpha+\omega_r t+\theta))+\gamma))+\mathrm{c}(\gamma+\omega_y t)(-\mathrm{s}(\beta+\omega_p t)/\tan(\alpha+\omega_r t+\theta)/(1+\mathrm{s}(\beta+\omega_p t)^2/\tan(\alpha+\omega_r t+\theta)^2)^{1/2}\mathrm{c}(\mathrm{at}(\mathrm{s}(\beta+\omega_p t)/\tan(\alpha+\omega_r t+\theta))+\gamma)-1/(1+\mathrm{s}(\beta+\omega_p t)^2/\tan(\alpha+\omega_r t+\theta)^2)^{1/2}\mathrm{s}(\mathrm{at}(\mathrm{s}(\beta+\omega_p t)/\tan(\alpha+\omega_r t+\theta))+\gamma))))
$$

$$
m_{12}=-f\mathrm{c}(\alpha+\omega_r t+\theta)\mathrm{c}(\beta+\omega_p t)^2/(H\cdot-(x^2+y^2)^{1/2}\mathrm{s}(-\mathrm{at}(\mathrm{s}(\beta+\omega_p t)/\tan(\alpha+\omega_r t+\theta))+\gamma-\mathrm{at}(y/x))\mathrm{c}(\alpha+\omega_r t+\theta)\mathrm{c}(\beta+\omega_p t)(1-\mathrm{c}(\beta+\omega_p t)^2\mathrm{c}(\alpha+\omega_r t+\theta)^2)^{1/2})(\mathrm{c}(\gamma+\omega_y t)(\mathrm{c}(\gamma+\omega_y t)(1/(1+\mathrm{s}(\beta+\omega_p t)^2/\tan(\alpha+\omega_r t+\theta)^2)^{1/2}\mathrm{s}(\mathrm{at}(\mathrm{s}(\beta+\omega_p t)/\tan(\alpha+\omega_r t+\theta))+\gamma)+\mathrm{s}(\beta+\omega_p t)/\tan(\alpha+\omega_r t+\theta)/(1+\mathrm{s}(\beta+\omega_p t)^2/\tan(\alpha+\omega_r t+\theta)^2)^{1/2}\mathrm{c}(\mathrm{at}(\mathrm{s}(\beta+\omega_p t)/\tan(\alpha+\omega_r t+\theta))+\gamma))+\mathrm{s}(\gamma+\omega_y t)(1/(1+\mathrm{s}(\beta+\omega_p t)^2/\tan(\alpha+\omega_r t+\theta)^2)^{1/2}\mathrm{c}(\mathrm{at}(\mathrm{s}(\beta+\omega_p t)/\tan(\alpha+\omega_r t+\theta))+\gamma)-\mathrm{s}(\beta+\omega_p t)/\tan(\alpha+\omega_r t+\theta)/(1+\mathrm{s}(\beta+\omega_p t)^2/\tan(\alpha+\omega_r t+\theta)^2)^{1/2}\mathrm{s}(\mathrm{at}(\mathrm{s}(\beta+\omega_p t)/\tan(\alpha+\omega_r t+\theta))+\gamma)))+\mathrm{s}(\gamma+\omega_y t)(-\mathrm{s}(\gamma+\omega_y t)(1/(1+\mathrm{s}(\beta+\omega_p t)^2/\tan(\alpha+\omega_r t+\theta)^2)^{1/2}\mathrm{s}(\mathrm{at}(\mathrm{s}(\beta+\omega_p t)/\tan(\alpha+\omega_r t+\theta))+\gamma)+\mathrm{s}(\beta+\omega_p t)/\tan(\alpha+\omega_r t+\theta)/(1+\mathrm{s}(\beta+\omega_p t)^2/\tan(\alpha+\omega_r t+\theta)^2)^{1/2}\mathrm{c}(\mathrm{at}(\mathrm{s}(\beta+\omega_p t)/\tan(\alpha+\omega_r t+\theta))+\gamma))+\mathrm{c}(\gamma+\omega_y t)(1/(1+\mathrm{s}(\beta+\omega_p t)^2/\tan(\alpha+\omega_r t+\theta)^2)^{1/2}\mathrm{c}(\mathrm{at}(\mathrm{s}(\beta+\omega_p t)/\tan(\alpha+\omega_r t+\theta))+\gamma)-\mathrm{s}(\beta+\omega_p t)/\tan(\alpha+\omega_r t+\theta)/(1+\mathrm{s}(\beta+\omega_p t)^2/\tan(\alpha+\omega_r t+\theta)^2)^{1/2}\mathrm{s}(\mathrm{at}(\mathrm{s}(\beta+\omega_p t)/\tan(\alpha+\omega_r t+\theta))+\gamma))))
$$

$m_{13}=fc(\alpha+\omega_r t+\theta)c(\beta+\omega_p t)/(H\cdot-(x^2+y^2)^{1/2}s(-at(s(\beta+\omega_p t)/\tan(\alpha+\omega_r t+\theta))+\gamma-at(y/x))c(\alpha+\omega_r t+\theta)c(\beta+\omega_p t)(1-c(\beta+\omega_p t)^2c(\alpha+\omega_r t+\theta)^2)^{1/2})$ $s(\beta+\omega_p t)$

$m_{14}=-fc(\alpha+\omega_r t+\theta)c(\beta+\omega_p t)/(H\cdot-(x^2+y^2)^{1/2}s(-at(s(\beta+\omega_p t)/\tan(\alpha+\omega_r t+\theta))+\gamma-at(y/x))c(\alpha+\omega_r t+\theta)c(\beta+\omega_p t)(1-c(\beta+\omega_p t)^2c(\alpha+\omega_r t+\theta)^2)^{1/2})$ $(c(\beta+\omega_p t)(c(\gamma+\omega_y t)(-c(\gamma+\omega_y t)H\cdot\tan(\beta+\omega_p t)+s(\gamma+\omega_y t)(-H\cdot(\tan(\alpha+\omega_r t+\theta)-\tan(\alpha+\omega_r t))/c(\beta+\omega_p t)-H\cdot\tan(\alpha+\omega_r t)/c(\beta+\omega_p t))-vt)+s(\gamma+\omega_y t)$ $(s(\gamma+\omega_y t)H\cdot\tan(\beta+\omega_p t)+c(\gamma+\omega_y t)(-H\cdot(\tan(\alpha+\omega_r t+\theta)-\tan(\alpha+\omega_r t))/c(\beta+\omega_p t)-H\cdot\tan(\alpha+\omega_r t)/c(\beta+\omega_p t))))+s(\beta+\omega_p t)H)$

$m_{21}=-fc(\alpha+\omega_r t+\theta)c(\beta+\omega_p t)/(H\cdot-(x^2+y^2)^{1/2}s(-at(s(\beta+\omega_p t)/\tan(\alpha+\omega_r t+\theta))+\gamma-at(y/x))c(\alpha+\omega_r t+\theta)c(\beta+\omega_p t)(1-c(\beta+\omega_p t)^2c(\alpha+\omega_r t+\theta)^2)^{1/2})$ $(c(\theta)(c(\alpha+\omega_r t)(-s(\gamma+\omega_y t)(c(\gamma+\omega_y t)(1/(1+s(\beta+\omega_p t)^2/\tan(\alpha+\omega_r t+\theta)^2)^{1/2}c(at(s(\beta+\omega_p t)/\tan(\alpha+\omega_r t+\theta))+\gamma)-s(\beta+\omega_p t)/\tan(\alpha+\omega_r t+\theta)/(1+s(\beta+\omega_p t)^2/\tan(\alpha+\omega_r t+\theta)^2)^{1/2}s(at(s(\beta+\omega_p t)/\tan(\alpha+\omega_r t+\theta))+\gamma))+s(\gamma+\omega_y t)(-s(\beta+\omega_p t)/\tan(\alpha+\omega_r t+\theta)/(1+s(\beta+\omega_p t)^2/\tan(\alpha+\omega_r t+\theta)^2)^{1/2}c(at(s(\beta+\omega_p t)/\tan(\alpha+\omega_r t+\theta))+\gamma)-1/(1+s(\beta+\omega_p t)^2/\tan(\alpha+\omega_r t+\theta)^2)^{1/2}s(at(s(\beta+\omega_p t)/\tan(\alpha+\omega_r t+\theta))+\gamma)))+c(\gamma+\omega_y t)(-s(\gamma+\omega_y t)(1/(1+s(\beta+\omega_p t)^2/\tan(\alpha+\omega_r t+\theta)^2)^{1/2}c(at(s(\beta+\omega_p t)/\tan(\alpha+\omega_r t+\theta))+\gamma)-s(\beta+\omega_p t)/\tan(\alpha+\omega_r t+\theta)/(1+s(\beta+\omega_p t)^2/\tan(\alpha+\omega_r t+\theta)^2)^{1/2}s(at(s(\beta+\omega_p t)/\tan(\alpha+\omega_r t+\theta))+\gamma))+c(\gamma+\omega_y t)(-s(\beta+\omega_p t)/\tan(\alpha+\omega_r t+\theta)/(1+s(\beta+\omega_p t)^2/\tan(\alpha+\omega_r t+\theta)^2)^{1/2}c(at(s(\beta+\omega_p t)/\tan(\alpha+\omega_r t+\theta))+\gamma)-1/(1+s(\beta+\omega_p t)^2/\tan(\alpha+\omega_r t+\theta)^2)^{1/2}s(at(s(\beta+\omega_p t)/\tan(\alpha+\omega_r t+\theta))+\gamma))))+s(\alpha+\omega_r t)s(\beta+\omega_p t)(c(\gamma+\omega_y t)(c(\gamma+\omega_y t)(1/(1+s(\beta+\omega_p t)^2/\tan(\alpha+\omega_r t+\theta)^2)^{1/2}c(at(s(\beta+\omega_p t)/\tan(\alpha+\omega_r t+\theta))+\gamma)-s(\beta+\omega_p t)/\tan(\alpha+\omega_r t+\theta)/(1+s(\beta+\omega_p t)^2/\tan(\alpha+\omega_r t+\theta)^2)^{1/2}s(at(s(\beta+\omega_p t)/\tan(\alpha+\omega_r t+\theta))+\gamma))+s(\gamma+\omega_y t)(-s(\beta+\omega_p t)/\tan(\alpha+\omega_r t+\theta)/(1+s(\beta+\omega_p t)^2/\tan(\alpha+\omega_r t+\theta)^2)^{1/2}c(at(s(\beta+\omega_p t)/\tan(\alpha+\omega_r t+\theta))+\gamma)-1/(1+s(\beta+\omega_p t)^2/\tan(\alpha+\omega_r t+\theta)^2)^{1/2}s(at(s(\beta+\omega_p t)/\tan(\alpha+\omega_r t+\theta))+\gamma)))+s(\gamma+\omega_y t)(-s(\gamma+\omega_y t)(1/(1+s(\beta+\omega_p t)^2/\tan(\alpha+\omega_r t+\theta)^2)^{1/2}c(at(s(\beta+\omega_p t)/\tan(\alpha+\omega_r t+\theta))+\gamma)-s(\beta+\omega_p t)/\tan(\alpha+\omega_r t+\theta)/(1+s(\beta+\omega_p t)^2/\tan(\alpha+\omega_r t+\theta)^2)^{1/2}s(at(s(\beta+\omega_p t)/\tan(\alpha+\omega_r t+\theta))+\gamma))+c(\gamma+\omega_y t)(-s(\beta+\omega_p t)/\tan(\alpha+\omega_r t+\theta)/(1+s(\beta+\omega_p t)^2/\tan(\alpha+\omega_r t+\theta)^2)^{1/2}c(at(s(\beta+\omega_p t)/\tan(\alpha+\omega_r t+\theta))+\gamma)-1/(1+s(\beta+\omega_p t)^2/\tan(\alpha+\omega_r t+\theta)^2)^{1/2}s(at(s(\beta+\omega_p t)/\tan(\alpha+\omega_r t+\theta))+\gamma)))))+s(\theta)(-s$

$$
(\alpha+\omega_r t)(-s(\gamma+\omega_y t)(c(\gamma+\omega_y t)(1/(1+s(\beta+\omega_p t)^2/\tan(\alpha+\omega_r t+\theta)^2)^{1/2}c(\mathrm{at}(s
(\beta+\omega_p t)/\tan(\alpha+\omega_r t+\theta))+\gamma)-s(\beta+\omega_p t)/\tan(\alpha+\omega_r t+\theta)/(1+s(\beta+\omega_p t)^2/\tan
(\alpha+\omega_r t+\theta)^2)^{1/2}s(\mathrm{at}(s(\beta+\omega_p t)/\tan(\alpha+\omega_r t+\theta))+\gamma))+s(\gamma+\omega_y t)(-s(\beta+\omega_p t)/
\tan(\alpha+\omega_r t+\theta)/(1+s(\beta+\omega_p t)^2/\tan(\alpha+\omega_r t+\theta)^2)^{1/2}c(\mathrm{at}(s(\beta+\omega_p t)/\tan(\alpha+
\omega_r t+\theta))+\gamma)-1/(1+s(\beta+\omega_p t)^2/\tan(\alpha+\omega_r t+\theta)^2)^{1/2}s(\mathrm{at}(s(\beta+\omega_p t)/\tan(\alpha+\omega_r
t+\theta))+\gamma)))+c(\gamma+\omega_y t)(-s(\gamma+\omega_y t)(1/(1+s(\beta+\omega_p t)^2/\tan(\alpha+\omega_r t+\theta)^2)^{1/2}
c(\mathrm{at}(s(\beta+\omega_p t)/\tan(\alpha+\omega_r t+\theta))+\gamma)-s(\beta+\omega_p t)/\tan(\alpha+\omega_r t+\theta)/(1+s(\beta+\omega_p
t)^2/\tan(\alpha+\omega_r t+\theta)^2)^{1/2}s(\mathrm{at}(s(\beta+\omega_p t)/\tan(\alpha+\omega_r t+\theta))+\gamma))+c(\gamma+\omega_y t)(-s(\beta
+\omega_p t)/\tan(\alpha+\omega_r t+\theta)/(1+s(\beta+\omega_p t)^2/\tan(\alpha+\omega_r t+\theta)^2)^{1/2}c(\mathrm{at}(s(\beta+\omega_p t)/
\tan(\alpha+\omega_r t+\theta))+\gamma)-1/(1+s(\beta+\omega_p t)^2/\tan(\alpha+\omega_r t+\theta)^2)^{1/2}s(\mathrm{at}(s(\beta+\omega_p t)/\tan
(\alpha+\omega_r t+\theta))+\gamma))))+c(\alpha+\omega_r t)s(\beta+\omega_p t)(c(\gamma+\omega_y t)(c(\gamma+\omega_y t)(1/(1+s(\beta+\omega_p
t)^2/\tan(\alpha+\omega_r t+\theta)^2)^{1/2}c(\mathrm{at}(s(\beta+\omega_p t)/\tan(\alpha+\omega_r t+\theta))+\gamma)-s(\beta+\omega_p t)/\tan
(\alpha+\omega_r t+\theta)/(1+s(\beta+\omega_p t)^2/\tan(\alpha+\omega_r t+\theta)^2)^{1/2}s(\mathrm{at}(s(\beta+\omega_p t)/\tan(\alpha+\omega_r t+
\theta))+\gamma))+s(\gamma+\omega_y t)(-s(\beta+\omega_p t)/\tan(\alpha+\omega_r t+\theta)/(1+s(\beta+\omega_p t)^2/\tan(\alpha+\omega_r t+
\theta)^2)^{1/2}c(\mathrm{at}(s(\beta+\omega_p t)/\tan(\alpha+\omega_r t+\theta))+\gamma)-1/(1+s(\beta+\omega_p t)^2/\tan(\alpha+\omega_r t+
\theta)^2)^{1/2}s(\mathrm{at}(s(\beta+\omega_p t)/\tan(\alpha+\omega_r t+\theta))+\gamma)))+s(\gamma+\omega_y t)(-s(\gamma+\omega_y t)(1/(1+
s(\beta+\omega_p t)^2/\tan(\alpha+\omega_r t+\theta)^2)^{1/2}c(\mathrm{at}(s(\beta+\omega_p t)/\tan(\alpha+\omega_r t+\theta))+\gamma)-s(\beta+
\omega_p t)/\tan(\alpha+\omega_r t+\theta)/(1+s(\beta+\omega_p t)^2/\tan(\alpha+\omega_r t+\theta)^2)^{1/2}s(\mathrm{at}(s(\beta+\omega_p t)/\tan
(\alpha+\omega_r t+\theta))+\gamma))+c(\gamma+\omega_y t)(-s(\beta+\omega_p t)/\tan(\alpha+\omega_r t+\theta)/(1+s(\beta+\omega_p t)^2/\tan
(\alpha+\omega_r t+\theta)^2)^{1/2}c(\mathrm{at}(s(\beta+\omega_p t)/\tan(\alpha+\omega_r t+\theta))+\gamma)-1/(1+s(\beta+\omega_p t)^2/\tan
(\alpha+\omega_r t+\theta)^2)^{1/2}s(\mathrm{at}(s(\beta+\omega_p t)/\tan(\alpha+\omega_r t+\theta))+\gamma))))))
$$

$$
m_{22}=-fc(\alpha+\omega_r t+\theta)c(\beta+\omega_p t)/(H\cdot-(x^2+y^2)^{1/2}s(-\mathrm{at}(s(\beta+\omega_p t)/\tan(\alpha+
\omega_r t+\theta))+\gamma-\mathrm{at}(y/x))c(\alpha+\omega_r t+\theta)c(\beta+\omega_p t)(1-c(\beta+\omega_p t)^2c(\alpha+\omega_r t+\theta)^2)^{1/2})
(c(\theta)(c(\alpha+\omega_r t)(-s(\gamma+\omega_y t)(c(\gamma+\omega_y t)(1/(1+s(\beta+\omega_p t)^2/\tan(\alpha+\omega_r t+
\theta)^2)^{1/2}s(\mathrm{at}(s(\beta+\omega_p t)/\tan(\alpha+\omega_r t+\theta))+\gamma)+s(\beta+\omega_p t)/\tan(\alpha+\omega_r t+\theta)/(1+
s(\beta+\omega_p t)^2/\tan(\alpha+\omega_r t+\theta)^2)^{1/2}c(\mathrm{at}(s(\beta+\omega_p t)/\tan(\alpha+\omega_r t+\theta))+\gamma))+s(\gamma+
\omega_y t)(1/(1+s(\beta+\omega_p t)^2/\tan(\alpha+\omega_r t+\theta)^2)^{1/2}c(\mathrm{at}(s(\beta+\omega_p t)/\tan(\alpha+\omega_r t+\theta))+
\gamma)-s(\beta+\omega_p t)/\tan(\alpha+\omega_r t+\theta)/(1+s(\beta+\omega_p t)^2/\tan(\alpha+\omega_r t+\theta)^2)^{1/2}s(\mathrm{at}(s(\beta+
\omega_p t)/\tan(\alpha+\omega_r t+\theta))+\gamma)))+c(\gamma+\omega_y t)(-s(\gamma+\omega_y t)(1/(1+s(\beta+\omega_p t)^2/\tan
(\alpha+\omega_r t+\theta)^2)^{1/2}s(\mathrm{at}(s(\beta+\omega_p t)/\tan(\alpha+\omega_r t+\theta))+\gamma)+s(\beta+\omega_p t)/\tan(\alpha+\omega_r t+
\theta)/(1+s(\beta+\omega_p t)^2/\tan(\alpha+\omega_r t+\theta)^2)^{1/2}c(\mathrm{at}(s(\beta+\omega_p t)/\tan(\alpha+\omega_r t+\theta))+\gamma))+
c(\gamma+\omega_y t)(1/(1+s(\beta+\omega_p t)^2/\tan(\alpha+\omega_r t+\theta)^2)^{1/2}c(\mathrm{at}(s(\beta+\omega_p t)/\tan(\alpha+\omega_r t+
$$

$\theta))+\gamma)-s(\beta+\omega_p t)/\tan(\alpha+\omega_r t+\theta)/(1+s(\beta+\omega_p t)^2/\tan(\alpha+\omega_r t+\theta)^2)^{1/2}s(at(s$
$(\beta+\omega_p t)/\tan(\alpha+\omega_r t+\theta))+\gamma))))+s(\alpha+\omega_r t)s(\beta+\omega_p t)(c(\gamma+\omega_y t)(c(\gamma+\omega_y t)$
$(1/(1+s(\beta+\omega_p t)^2/\tan(\alpha+\omega_r t+\theta)^2)^{1/2}s(at(s(\beta+\omega_p t)/\tan(\alpha+\omega_r t+\theta))+\gamma)+s$
$(\beta+\omega_p t)/\tan(\alpha+\omega_r t+\theta)/(1+s(\beta+\omega_p t)^2/\tan(\alpha+\omega_r t+\theta)^2)^{1/2}c(at(s(\beta+\omega_p t)/$
$\tan(\alpha+\omega_r t+\theta))+\gamma))+s(\gamma+\omega_y t)(1/(1+s(\beta+\omega_p t)^2/\tan(\alpha+\omega_r t+\theta)^2)^{1/2}c(at(s$
$(\beta+\omega_p t)/\tan(\alpha+\omega_r t+\theta))+\gamma)-s(\beta+\omega_p t)/\tan(\alpha+\omega_r t+\theta)/(1+s(\beta+\omega_p t)^2/\tan$
$(\alpha+\omega_r t+\theta)^2)^{1/2}s(at(s(\beta+\omega_p t)/\tan(\alpha+\omega_r t+\theta))+\gamma)))+s(\gamma+\omega_y t)(-s(\gamma+\omega_y t)$
$(1/(1+s(\beta+\omega_p t)^2/\tan(\alpha+\omega_r t+\theta)^2)^{1/2}s(at(s(\beta+\omega_p t)/\tan(\alpha+\omega_r t+\theta))+\gamma)+s$
$(\beta+\omega_p t)/\tan(\alpha+\omega_r t+\theta)/(1+s(\beta+\omega_p t)^2/\tan(\alpha+\omega_r t+\theta)^2)^{1/2}c(at(s(\beta+\omega_p t)/$
$\tan(\alpha+\omega_r t+\theta))+\gamma))+c(\gamma+\omega_y t)(1/(1+s(\beta+\omega_p t)^2/\tan(\alpha+\omega_r t+\theta)^2)^{1/2}c(at(s$
$(\beta+\omega_p t)/\tan(\alpha+\omega_r t+\theta))+\gamma)-s(\beta+\omega_p t)/\tan(\alpha+\omega_r t+\theta)/(1+s(\beta+\omega_p t)^2/\tan$
$(\alpha+\omega_r t+\theta)^2)^{1/2}s(at(s(\beta+\omega_p t)/\tan(\alpha+\omega_r t+\theta))+\gamma)))))+s(\theta)(-s(\alpha+\omega_r t)$
$(-s(\gamma+\omega_y t)(c(\gamma+\omega_y t)(1/(1+s(\beta+\omega_p t)^2/\tan(\alpha+\omega_r t+\theta)^2)^{1/2}s(at(s(\beta+$
$\omega_p t)/\tan(\alpha+\omega_r t+\theta))+\gamma)+s(\beta+\omega_p t)/\tan(\alpha+\omega_r t+\theta)/(1+s(\beta+\omega_p t)^2/\tan(\alpha+$
$\omega_r t+\theta)^2)^{1/2}c(at(s(\beta+\omega_p t)/\tan(\alpha+\omega_r t+\theta))+\gamma))+s(\gamma+\omega_y t)(1/(1+s(\beta+$
$\omega_p t)^2/\tan(\alpha+\omega_r t+\theta)^2)^{1/2}c(at(s(\beta+\omega_p t)/\tan(\alpha+\omega_r t+\theta))+\gamma)-s(\beta+\omega_p t)/\tan$
$(\alpha+\omega_r t+\theta)/(1+s(\beta+\omega_p t)^2/\tan(\alpha+\omega_r t+\theta)^2)^{1/2}s(at(s(\beta+\omega_p t)/\tan(\alpha+\omega_r t+$
$\theta))+\gamma)))+c(\gamma+\omega_y t)(-s(\gamma+\omega_y t)(1/(1+s(\beta+\omega_p t)^2/\tan(\alpha+\omega_r t+\theta)^2)^{1/2}s(at$
$(s(\beta+\omega_p t)/\tan(\alpha+\omega_r t+\theta))+\gamma)+s(\beta+\omega_p t)/\tan(\alpha+\omega_r t+\theta)/(1+s(\beta+\omega_p t)^2/$
$\tan(\alpha+\omega_r t+\theta)^2)^{1/2}c(at(s(\beta+\omega_p t)/\tan(\alpha+\omega_r t+\theta))+\gamma))+c(\gamma+\omega_y t)(1/(1+s$
$(\beta+\omega_p t)^2/\tan(\alpha+\omega_r t+\theta)^2)^{1/2}c(at(s(\beta+\omega_p t)/\tan(\alpha+\omega_r t+\theta))+\gamma)-s(\beta+\omega_p t)/$
$\tan(\alpha+\omega_r t+\theta)/(1+s(\beta+\omega_p t)^2/\tan(\alpha+\omega_r t+\theta)^2)^{1/2}s(at(s(\beta+\omega_p t)/\tan(\alpha+\omega_r t$
$+\theta))+\gamma))))+c(\alpha+\omega_r t)s(\beta+\omega_p t)(c(\gamma+\omega_y t)(c(\gamma+\omega_y t)(1/(1+s(\beta+\omega_p t)^2/$
$\tan(\alpha+\omega_r t+\theta)^2)^{1/2}s(at(s(\beta+\omega_p t)/\tan(\alpha+\omega_r t+\theta))+\gamma)+s(\beta+\omega_p t)/\tan(\alpha+\omega_r t$
$+\theta)/(1+s(\beta+\omega_p t)^2/\tan(\alpha+\omega_r t+\theta)^2)^{1/2}c(at(s(\beta+\omega_p t)/\tan(\alpha+\omega_r t+\theta))+\gamma))$
$+s(\gamma+\omega_y t)(1/(1+s(\beta+\omega_p t)^2/\tan(\alpha+\omega_r t+\theta)^2)^{1/2}c(at(s(\beta+\omega_p t)/\tan(\alpha+\omega_r t$
$+\theta))+\gamma)-s(\beta+\omega_p t)/\tan(\alpha+\omega_r t+\theta)/(1+s(\beta+\omega_p t)^2/\tan(\alpha+\omega_r t+\theta)^2)^{1/2}s(at$
$(s(\beta+\omega_p t)/\tan(\alpha+\omega_r t+\theta))+\gamma)))+s(\gamma+\omega_y t)(-s(\gamma+\omega_y t)(1/(1+s(\beta+\omega_p t)^2/$
$\tan(\alpha+\omega_r t+\theta)^2)^{1/2}s(at(s(\beta+\omega_p t)/\tan(\alpha+\omega_r t+\theta))+\gamma)+s(\beta+\omega_p t)/\tan(\alpha+\omega_r t$
$+\theta)/(1+s(\beta+\omega_p t)^2/\tan(\alpha+\omega_r t+\theta)^2)^{1/2}c(at(s(\beta+\omega_p t)/\tan(\alpha+\omega_r t+\theta))+\gamma))$
$+c(\gamma+\omega_y t)(1/(1+s(\beta+\omega_p t)^2/\tan(\alpha+\omega_r t+\theta)^2)^{1/2}c(at(s(\beta+\omega_p t)/\tan(\alpha+\omega_r t$
$+\theta))+\gamma)-s(\beta+\omega_p t)/\tan(\alpha+\omega_r t+\theta)/(1+s(\beta+\omega_p t)^2/\tan(\alpha+\omega_r t+\theta)^2)^{1/2}s(at$

$(s(\beta+\omega_p t)/\tan(\alpha+\omega_r t+\theta))+\gamma))))))$

$m_{23}=-fc(\alpha+\omega_r t+\theta)c(\beta+\omega_p t)/(H\cdot-(x^2+y^2)^{1/2}s(-at(s(\beta+\omega_p t)/\tan(\alpha+\omega_r t+\theta))+\gamma-at(y/x))c(\alpha+\omega_r t+\theta)c(\beta+\omega_p t)(1-c(\beta+\omega_p t)^2c(\alpha+\omega_r t+\theta)2)^{1/2})(c(\theta)s(\alpha+\omega_r t)c(\beta+\omega_p t)+s(\theta)c(\alpha+\omega_r t)c(\beta+\omega_p t))$

$m_{24}=-fc(\alpha+\omega_r t+\theta)c(\beta+\omega_p t)/(H\cdot-(x^2+y^2)^{1/2}s(-at(s(\beta+\omega_p t)/\tan(\alpha+\omega_r t+\theta))+\gamma-at(y/x))c(\alpha+\omega_r t+\theta)c(\beta+\omega_p t)(1-c(\beta+\omega_p t)^2c(\alpha+\omega_r t+\theta)^2)^{1/2})(c(\theta)(c(\alpha+\omega_r t)(-s(\gamma+\omega_y t)(-c(\gamma+\omega_y t)H\cdot\tan(\beta+\omega_p t)+s(\gamma+\omega_y t)(-H\cdot(\tan(\alpha+\omega_r t+\theta)-\tan(\alpha+\omega_r t))/c(\beta+\omega_p t)-H\cdot\tan(\alpha+\omega_r t)/c(\beta+\omega_p t))-vt)+c(\gamma+\omega_y t)(s(\gamma+\omega_y t)H\cdot\tan(\beta+\omega_p t)+c(\gamma+\omega_y t)(-H\cdot(\tan(\alpha+\omega_r t+\theta)-\tan(\alpha+\omega_r t))/c(\beta+\omega_p t)-H\cdot\tan(\alpha+\omega_r t)/c(\beta+\omega_p t))))+s(\alpha+\omega_r t)(s(\beta+\omega_p t)(c(\gamma+\omega_y t)(-c(\gamma+\omega_y t)H\cdot\tan(\beta+\omega_p t)+s(\gamma+\omega_y t)(-H\cdot(\tan(\alpha+\omega_r t+\theta)-\tan(\alpha+\omega_r t))/c(\beta+\omega_p t)-H\cdot\tan(\alpha+\omega_r t)/c(\beta+\omega_p t))-vt)+s(\gamma+\omega_y t)(s(\gamma+\omega_y t)H\cdot\tan(\beta+\omega_p t)+c(\gamma+\omega_y t)(-H\cdot(\tan(\alpha+\omega_r t+\theta)-\tan(\alpha+\omega_r t))/c(\beta+\omega_p t)-H\cdot\tan(\alpha+\omega_r t)/c(\beta+\omega_p t))))-c(\beta+\omega_p t)H))+s(\theta)(-s(\alpha+\omega_r t)(-s(\gamma+\omega_y t)(-c(\gamma+\omega_y t)H\cdot\tan(\beta+\omega_p t)+s(\gamma+\omega_y t)(-H\cdot(\tan(\alpha+\omega_r t+\theta)-\tan(\alpha+\omega_r t))/c(\beta+\omega_p t)-H\cdot\tan(\alpha+\omega_r t)/c(\beta+\omega_p t))-vt)+c(\gamma+\omega_y t)(s(\gamma+\omega_y t)H\cdot\tan(\beta+\omega_p t)+c(\gamma+\omega_y t)(-H\cdot(\tan(\alpha+\omega_r t+\theta)-\tan(\alpha+\omega_r t))/c(\beta+\omega_p t)-H\cdot\tan(\alpha+\omega_r t)/c(\beta+\omega_p t))))+c(\alpha+\omega_r t)(s(\beta+\omega_p t)(c(\gamma+\omega_y t)(-c(\gamma+\omega_y t)H\cdot\tan(\beta+\omega_p t)+s(\gamma+\omega_y t))(-H\cdot(\tan(\alpha+\omega_r t+\theta)-\tan(\alpha+\omega_r t))/c(\beta+\omega_p t)-H\cdot\tan(\alpha+\omega_r t)/c(\beta+\omega_p t))-vt)+s(\gamma+\omega_y t)(s(\gamma+\omega_y t)H\cdot\tan(\beta+\omega_p t)+c(\gamma+\omega_y t)(-H\cdot(\tan(\alpha+\omega_r t+\theta)-\tan(\alpha+\omega_r t))/c(\beta+\omega_p t)-H\cdot\tan(\alpha+\omega_r t)/c(\beta+\omega_p t))))-c(\beta+\omega_p t)H)))$

$m_{31}=-fc(\alpha+\omega_r t+\theta)c(\beta+\omega_p t)/(H\cdot-(x^2+y^2)^{1/2}s(-at(s(\beta+\omega_p t)/\tan(\alpha+\omega_r t+\theta))+\gamma-at(y/x))c(\alpha+\omega_r t+\theta)c(\beta+\omega_p t)(1-c(\beta+\omega_p t)^2c(\alpha+\omega_r t+\theta)^2)^{1/2})(-s(\theta)(c(\alpha+\omega_r t)(-s(\gamma+\omega_y t)(c(\gamma+\omega_y t)(1/(1+s(\beta+\omega_p t)^2/\tan(\alpha+\omega_r t+\theta)^2)^{1/2}c(at(s(\beta+\omega_p t)/\tan(\alpha+\omega_r t+\theta))+\gamma)-s(\beta+\omega_p t)/\tan(\alpha+\omega_r t+\theta)/(1+s(\beta+\omega_p t)^2/\tan(\alpha+\omega_r t+\theta)^2)^{1/2}s(at(s(\beta+\omega_p t)/\tan(\alpha+\omega_r t+\theta))+\gamma))+s(\gamma+\omega_y t)(-s(\beta+\omega_p t)/\tan(\alpha+\omega_r t+\theta)/(1+s(\beta+\omega_p t)^2/\tan(\alpha+\omega_r t+\theta)^2)^{1/2}c(at(s(\beta+\omega_p t)/\tan(\alpha+\omega_r t+\theta))+\gamma)-1/(1+s(\beta+\omega_p t)^2/\tan(\alpha+\omega_r t+\theta)^2)^{1/2}s(at(s(\beta+\omega_p t)/\tan(\alpha+\omega_r t+\theta))+\gamma)))+c(\gamma+\omega_y t)(-s(\gamma+\omega_y t)(1/(1+s(\beta+\omega_p t)^2/\tan(\alpha+\omega_r t+\theta)^2)^{1/2}c(at(s(\beta+\omega_p t)/\tan(\alpha+\omega_r t+\theta))+\gamma)-s(\beta+\omega_p t)/\tan(\alpha+\omega_r t+\theta)/(1+s(\beta+\omega_p t)^2/\tan(\alpha+\omega_r t+\theta)^2)^{1/2}s(at(s(\beta+\omega_p t)/\tan(\alpha+\omega_r t+\theta))+\gamma))+c(\gamma+\omega_y t)(-s(\beta+\omega_p t)/\tan(\alpha+\omega_r t+\theta)/(1+s(\beta+\omega_p t)^2/\tan(\alpha+\omega_r t+\theta)^2)^{1/2}c(at(s(\beta+\omega_p t)/\tan(\alpha+\omega_r t+\theta))+\gamma)-1/(1+s(\beta+\omega_p t)^2/\tan(\alpha+\omega_r t+\theta)^2)^{1/2}s(at(s$

$(\beta+\omega_p t)/\tan(\alpha+\omega_r t+\theta))+\gamma))))+\mathrm{s}(\alpha+\omega_r t)\mathrm{s}(\beta+\omega_p t)(\mathrm{c}(\gamma+\omega_y t)(\mathrm{c}(\gamma+\omega_y t)$
$(1/(1+\mathrm{s}(\beta+\omega_p t)^2/\tan(\alpha+\omega_r t+\theta)^2)^{1/2}\mathrm{c}(\mathrm{at}(\mathrm{s}(\beta+\omega_p t)/\tan(\alpha+\omega_r t+\theta))+\gamma)-\mathrm{s}$
$(\beta+\omega_p t)/\tan(\alpha+\omega_r t+\theta)/(1+\mathrm{s}(\beta+\omega_p t)^2/\tan(\alpha+\omega_r t+\theta)^2)^{1/2}\mathrm{s}(\mathrm{at}(\mathrm{s}(\beta+\omega_p t)/$
$\tan(\alpha+\omega_r t+\theta))+\gamma))+\mathrm{s}(\gamma+\omega_y t)(-\mathrm{s}(\beta+\omega_p t)/\tan(\alpha+\omega_r t+\theta)/(1+\mathrm{s}(\beta+\omega_p t)^2/$
$\tan(\alpha+\omega_r t+\theta)^2)^{1/2}\mathrm{c}(\mathrm{at}(\mathrm{s}(\beta+\omega_p t)/\tan(\alpha+\omega_r t+\theta))+\gamma)-1/(1+\mathrm{s}(\beta+\omega_p t)^2/$
$\tan(\alpha+\omega_r t+\theta)^2)^{1/2}\mathrm{s}(\mathrm{at}(\mathrm{s}(\beta+\omega_p t)/\tan(\alpha+\omega_r t+\theta))+\gamma)))+\mathrm{s}(\gamma+\omega_y t)(-\mathrm{s}(\gamma+$
$\omega_y t)(1/(1+\mathrm{s}(\beta+\omega_p t)^2/\tan(\alpha+\omega_r t+\theta)^2)^{1/2}\mathrm{c}(\mathrm{at}(\mathrm{s}(\beta+\omega_p t)/\tan(\alpha+\omega_r t+\theta))+$
$\gamma)-\mathrm{s}(\beta+\omega_p t)/\tan(\alpha+\omega_r t+\theta)/(1+\mathrm{s}(\beta+\omega_p t)^2/\tan(\alpha+\omega_r t+\theta)^2)^{1/2}\mathrm{s}(\mathrm{at}(\mathrm{s}(\beta+$
$\omega_p t)/\tan(\alpha+\omega_r t+\theta))+\gamma))+\mathrm{c}(\gamma+\omega_y t)(-\mathrm{s}(\beta+\omega_p t)/\tan(\alpha+\omega_r t+\theta)/(1+\mathrm{s}(\beta+$
$\omega_p t)^2/\tan(\alpha+\omega_r t+\theta)^2)^{1/2}\mathrm{c}(\mathrm{at}(\mathrm{s}(\beta+\omega_p t)/\tan(\alpha+\omega_r t+\theta))+\gamma)-1/(1+\mathrm{s}(\beta+\omega_p$
$t)^2/\tan(\alpha+\omega_r t+\theta)^2)^{1/2}\mathrm{s}(\mathrm{at}(\mathrm{s}(\beta+\omega_p t)/\tan(\alpha+\omega_r t+\theta))+\gamma)))))+\mathrm{c}(\theta)(-\mathrm{s}$
$(\alpha+\omega_r t)(-\mathrm{s}(\gamma+\omega_y t)(\mathrm{c}(\gamma+\omega_y t)(1/(1+\mathrm{s}(\beta+\omega_p t)^2/\tan(\alpha+\omega_r t+\theta)^2)^{1/2}\mathrm{c}(\mathrm{at}(\mathrm{s}$
$(\beta+\omega_p t)/\tan(\alpha+\omega_r t+\theta))+\gamma)-\mathrm{s}(\beta+\omega_p t)/\tan(\alpha+\omega_r t+\theta)/(1+\mathrm{s}(\beta+\omega_p t)^2/\tan$
$(\alpha+\omega_r t+\theta)^2)^{1/2}\mathrm{s}(\mathrm{at}(\mathrm{s}(\beta+\omega_p t)/\tan(\alpha+\omega_r t+\theta))+\gamma))+\mathrm{s}(\gamma+\omega_y t)(-\mathrm{s}(\beta+\omega_p t)/$
$\tan(\alpha+\omega_r t+\theta)/(1+\mathrm{s}(\beta+\omega_p t)^2/\tan(\alpha+\omega_r t+\theta)^2)^{1/2}\mathrm{c}(\mathrm{at}(\mathrm{s}(\beta+\omega_p t)/\tan(\alpha+$
$\omega_r t+\theta))+\gamma)-1/(1+\mathrm{s}(\beta+\omega_p t)^2/\tan(\alpha+\omega_r t+\theta)^2)^{1/2}\mathrm{s}(\mathrm{at}(\mathrm{s}(\beta+\omega_p t)/\tan(\alpha+$
$\omega_r t+\theta))+\gamma)))+\mathrm{c}(\gamma+\omega_y t)(-\mathrm{s}(\gamma+\omega_y t)(1/(1+\mathrm{s}(\beta+\omega_p t)^2/\tan(\alpha+\omega_r t+\theta)^2)^{1/2}$
$\mathrm{c}(\mathrm{at}(\mathrm{s}(\beta+\omega_p t)/\tan(\alpha+\omega_r t+\theta))+\gamma)-\mathrm{s}(\beta+\omega_p t)/\tan(\alpha+\omega_r t+\theta)/(1+\mathrm{s}(\beta+$
$\omega_p t)^2/\tan(\alpha+\omega_r t+\theta)^2)^{1/2}\mathrm{s}(\mathrm{at}(\mathrm{s}(\beta+\omega_p t)/\tan(\alpha+\omega_r t+\theta))+\gamma))+\mathrm{c}(\gamma+\omega_y t)(-\mathrm{s}$
$(\beta+\omega_p t)/\tan(\alpha+\omega_r t+\theta)/(1+\mathrm{s}(\beta+\omega_p t)^2/\tan(\alpha+\omega_r t+\theta)^2)^{1/2}\mathrm{c}(\mathrm{at}(\mathrm{s}(\beta+\omega_p t)/$
$\tan(\alpha+\omega_r t+\theta))+\gamma)-1/(1+\mathrm{s}(\beta+\omega_p t)^2/\tan(\alpha+\omega_r t+\theta)^2)^{1/2}\mathrm{s}(\mathrm{at}(\mathrm{s}(\beta+\omega_p t)/\tan$
$(\alpha+\omega_r t+\theta))+\gamma))))+\mathrm{c}(\alpha+\omega_r t)\mathrm{s}(\beta+\omega_p t)(\mathrm{c}(\gamma+\omega_y t)(\mathrm{c}(\gamma+\omega_y t)(1/(1+\mathrm{s}(\beta+$
$\omega_p t)^2/\tan(\alpha+\omega_r t+\theta)^2)^{1/2}\mathrm{c}(\mathrm{at}(\mathrm{s}(\beta+\omega_p t)/\tan(\alpha+\omega_r t+\theta))+\gamma)-\mathrm{s}(\beta+\omega_p t)/\tan$
$(\alpha+\omega_r t+\theta)/(1+\mathrm{s}(\beta+\omega_p t)^2/\tan(\alpha+\omega_r t+\theta)^2)^{1/2}\mathrm{s}(\mathrm{at}(\mathrm{s}(\beta+\omega_p t)/\tan(\alpha+\omega_r t+$
$\theta))+\gamma))+\mathrm{s}(\gamma+\omega_y t)(-\mathrm{s}(\beta+\omega_p t)/\tan(\alpha+\omega_r t+\theta)/(1+\mathrm{s}(\beta+\omega_p t)^2/\tan(\alpha+\omega_r t+$
$\theta)^2)^{1/2}\mathrm{c}(\mathrm{at}(\mathrm{s}(\beta+\omega_p t)/\tan(\alpha+\omega_r t+\theta))+\gamma)-1/(1+\mathrm{s}(\beta+\omega_p t)^2/\tan(\alpha+\omega_r t+$
$\theta)^2)^{1/2}\mathrm{s}(\mathrm{at}(\mathrm{s}(\beta+\omega_p t)/\tan(\alpha+\omega_r t+\theta))+\gamma)))+\mathrm{s}(\gamma+\omega_y t)(-\mathrm{s}(\gamma+\omega_y t)(1/(1+$
$\mathrm{s}(\beta+\omega_p t)^2/\tan(\alpha+\omega_r t+\theta)^2)^{1/2}\mathrm{c}(\mathrm{at}(\mathrm{s}(\beta+\omega_p t)/\tan(\alpha+\omega_r t+\theta))+\gamma)-\mathrm{s}(\beta+$
$\omega_p t)/\tan(\alpha+\omega_r t+\theta)/(1+\mathrm{s}(\beta+\omega_p t)^2/\tan(\alpha+\omega_r t+\theta)^2)^{1/2}\mathrm{s}(\mathrm{at}(\mathrm{s}(\beta+\omega_p t)/\tan$
$(\alpha+\omega_r t+\theta))+\gamma))+\mathrm{c}(\gamma+\omega_y t)(-\mathrm{s}(\beta+\omega_p t)/\tan(\alpha+\omega_r t+\theta)/(1+\mathrm{s}(\beta+\omega_p t)^2/\tan$
$(\alpha+\omega_r t+\theta)^2)^{1/2}\mathrm{c}(\mathrm{at}(\mathrm{s}(\beta+\omega_p t)/\tan(\alpha+\omega_r t+\theta))+\gamma)-1/(1+\mathrm{s}(\beta+\omega_p t)^2/\tan$
$(\alpha+\omega_r t+\theta)^2)^{1/2}\mathrm{s}(\mathrm{at}(\mathrm{s}(\beta+\omega_p t)/\tan(\alpha+\omega_r t+\theta))+\gamma))))))$

$$
\begin{aligned}
&m_{32}=-f\mathrm{c}(\alpha+\omega_r t+\theta)\mathrm{c}(\beta+\omega_p t)/(H\cdot-(x^2+y^2)^{1/2}\mathrm{s}(-\mathrm{at}(\mathrm{s}(\beta+\omega_p t)/\tan(\alpha+\\
&\omega_r t+\theta))+\gamma-\mathrm{at}(y/x))\mathrm{c}(\alpha+\omega_r t+\theta)\mathrm{c}(\beta+\omega_p t)(1-\mathrm{c}(\beta+\omega_p t)^2\mathrm{c}(\alpha+\omega_r t+\theta)^2)^{1/2})\\
&(-\mathrm{s}(\theta)(\mathrm{c}(\alpha+\omega_r t)(-\mathrm{s}(\gamma+\omega_y t)(\mathrm{c}(\gamma+\omega_y t)(1/(1+\mathrm{s}(\beta+\omega_p t)^2/\tan(\alpha+\omega_r t+\\
&\theta)^2)^{1/2}\mathrm{s}(\mathrm{at}(\mathrm{s}(\beta+\omega_p t)/\tan(\alpha+\omega_r t+\theta))+\gamma)+\mathrm{s}(\beta+\omega_p t)/\tan(\alpha+\omega_r t+\theta)/(1+\\
&\mathrm{s}(\beta+\omega_p t)^2/\tan(\alpha+\omega_r t+\theta)^2)^{1/2}\mathrm{c}(\mathrm{at}(\mathrm{s}(\beta+\omega_p t)/\tan(\alpha+\omega_r t+\theta))+\gamma))+\mathrm{s}(\gamma+\\
&\omega_y t)(1/(1+\mathrm{s}(\beta+\omega_p t)^2/\tan(\alpha+\omega_r t+\theta)^2)^{1/2}\mathrm{c}(\mathrm{at}(\mathrm{s}(\beta+\omega_p t)/\tan(\alpha+\omega_r t+\theta))+\\
&\gamma)-\mathrm{s}(\beta+\omega_p t)/\tan(\alpha+\omega_r t+\theta)/(1+\mathrm{s}(\beta+\omega_p t)^2/\tan(\alpha+\omega_r t+\theta)^2)^{1/2}\mathrm{s}(\mathrm{at}(\mathrm{s}(\beta+\\
&\omega_p t)/\tan(\alpha+\omega_r t+\theta))+\gamma)))+\mathrm{c}(\gamma+\omega_y t)(-\mathrm{s}(\gamma+\omega_y t)(1/(1+\mathrm{s}(\beta+\omega_p t)^2/\tan\\
&(\alpha+\omega_r t+\theta)^2)^{1/2}\mathrm{s}(\mathrm{at}(\mathrm{s}(\beta+\omega_p t)/\tan(\alpha+\omega_r t+\theta))+\gamma)+\mathrm{s}(\beta+\omega_p t)/\tan(\alpha+\omega_r t+\\
&\theta)/(1+\mathrm{s}(\beta+\omega_p t)^2/\tan(\alpha+\omega_r t+\theta)^2)^{1/2}\mathrm{c}(\mathrm{at}(\mathrm{s}(\beta+\omega_p t)/\tan(\alpha+\omega_r t+\theta))+\gamma))+\\
&\mathrm{c}(\gamma+\omega_y t)(1/(1+\mathrm{s}(\beta+\omega_p t)^2/\tan(\alpha+\omega_r t+\theta)^2)^{1/2}\mathrm{c}(\mathrm{at}(\mathrm{s}(\beta+\omega_p t)/\tan(\alpha+\omega_r t+\\
&\theta))+\gamma)-\mathrm{s}(\beta+\omega_p t)/\tan(\alpha+\omega_r t+\theta)/(1+\mathrm{s}(\beta+\omega_p t)^2/\tan(\alpha+\omega_r t+\theta)^2)^{1/2}\mathrm{s}(\mathrm{at}(\mathrm{s}\\
&(\beta+\omega_p t)/\tan(\alpha+\omega_r t+\theta))+\gamma))))+\mathrm{s}(\alpha+\omega_r t)\mathrm{s}(\beta+\omega_p t)(\mathrm{c}(\gamma+\omega_y t)(\mathrm{c}(\gamma+\omega_y t)\\
&(1/(1+\mathrm{s}(\beta+\omega_p t)^2/\tan(\alpha+\omega_r t+\theta)^2)^{1/2}\mathrm{s}(\mathrm{at}(\mathrm{s}(\beta+\omega_p t)/\tan(\alpha+\omega_r t+\theta))+\gamma)+\mathrm{s}\\
&(\beta+\omega_p t)/\tan(\alpha+\omega_r t+\theta)/(1+\mathrm{s}(\beta+\omega_p t)^2/\tan(\alpha+\omega_r t+\theta)^2)^{1/2}\mathrm{c}(\mathrm{at}(\mathrm{s}(\beta+\omega_p t)/\\
&\tan(\alpha+\omega_r t+\theta))+\gamma))+\mathrm{s}(\gamma+\omega_y t)(1/(1+\mathrm{s}(\beta+\omega_p t)^2/\tan(\alpha+\omega_r t+\theta)^2)^{1/2}\mathrm{c}(\mathrm{at}(\mathrm{s}\\
&(\beta+\omega_p t)/\tan(\alpha+\omega_r t+\theta))+\gamma)-\mathrm{s}(\beta+\omega_p t)/\tan(\alpha+\omega_r t+\theta)/(1+\mathrm{s}(\beta+\omega_p t)^2/\tan\\
&(\alpha+\omega_r t+\theta)^2)^{1/2}\mathrm{s}(\mathrm{at}(\mathrm{s}(\beta+\omega_p t)/\tan(\alpha+\omega_r t+\theta))+\gamma)))+\mathrm{s}(\gamma+\omega_y t)(-\mathrm{s}(\gamma+\omega_y t)\\
&(1/(1+\mathrm{s}(\beta+\omega_p t)^2/\tan(\alpha+\omega_r t+\theta)^2)^{1/2}\mathrm{s}(\mathrm{at}(\mathrm{s}(\beta+\omega_p t)/\tan(\alpha+\omega_r t+\theta))+\gamma)+\mathrm{s}\\
&(\beta+\omega_p t)/\tan(\alpha+\omega_r t+\theta)/(1+\mathrm{s}(\beta+\omega_p t)^2/\tan(\alpha+\omega_r t+\theta)^2)^{1/2}\mathrm{c}(\mathrm{at}(\mathrm{s}(\beta+\omega_p t)/\\
&\tan(\alpha+\omega_r t+\theta))+\gamma))+\mathrm{c}(\gamma+\omega_y t)(1/(1+\mathrm{s}(\beta+\omega_p t)^2/\tan(\alpha+\omega_r t+\theta)^2)^{1/2}\mathrm{c}(\mathrm{at}(\mathrm{s}\\
&(\beta+\omega_p t)/\tan(\alpha+\omega_r t+\theta))+\gamma)-\mathrm{s}(\beta+\omega_p t)/\tan(\alpha+\omega_r t+\theta)/(1+\mathrm{s}(\beta+\omega_p t)^2/\tan\\
&(\alpha+\omega_r t+\theta)^2)^{1/2}\mathrm{s}(\mathrm{at}(\mathrm{s}(\beta+\omega_p t)/\tan(\alpha+\omega_r t+\theta))+\gamma)))))+\mathrm{c}(\theta)(-\mathrm{s}(\alpha+\omega_r t)\\
&(-\mathrm{s}(\gamma+\omega_y t)(\mathrm{c}(\gamma+\omega_y t)(1/(1+\mathrm{s}(\beta+\omega_p t)^2/\tan(\alpha+\omega_r t+\theta)^2)^{1/2}\mathrm{s}(\mathrm{at}(\mathrm{s}(\beta+\\
&\omega_p t)/\tan(\alpha+\omega_r t+\theta))+\gamma)+\mathrm{s}(\beta+\omega_p t)/\tan(\alpha+\omega_r t+\theta)/(1+\mathrm{s}(\beta+\omega_p t)^2/\tan(\alpha+\\
&\omega_r t+\theta)^2)^{1/2}\mathrm{c}(\mathrm{at}(\mathrm{s}(\beta+\omega_p t)/\tan(\alpha+\omega_r t+\theta))+\gamma))+\mathrm{s}(\gamma+\omega_y t)(1/(1+\mathrm{s}(\beta+\omega_p\\
&t)^2/\tan(\alpha+\omega_r t+\theta)^2)^{1/2}\mathrm{c}(\mathrm{at}(\mathrm{s}(\beta+\omega_p t)/\tan(\alpha+\omega_r t+\theta))+\gamma)-\mathrm{s}(\beta+\omega_p t)/\tan\\
&(\alpha+\omega_r t+\theta)/(1+\mathrm{s}(\beta+\omega_p t)^2/\tan(\alpha+\omega_r t+\theta)^2)^{1/2}\mathrm{s}(\mathrm{at}(\mathrm{s}(\beta+\omega_p t)/\tan(\alpha+\omega_r t+\\
&\theta))+\gamma)))+\mathrm{c}(\gamma+\omega_y t)(-\mathrm{s}(\gamma+\omega_y t)(1/(1+\mathrm{s}(\beta+\omega_p t)^2/\tan(\alpha+\omega_r t+\theta)^2)^{1/2}\mathrm{s}(\mathrm{at}\\
&(\mathrm{s}(\beta+\omega_p t)/\tan(\alpha+\omega_r t+\theta))+\gamma)+\mathrm{s}(\beta+\omega_p t)/\tan(\alpha+\omega_r t+\theta)/(1+\mathrm{s}(\beta+\omega_p t)^2/\\
&\tan(\alpha+\omega_r t+\theta)^2)^{1/2}\mathrm{c}(\mathrm{at}(\mathrm{s}(\beta+\omega_p t)/\tan(\alpha+\omega_r t+\theta))+\gamma))+\mathrm{c}(\gamma+\omega_y t)(1/(1+\mathrm{s}\\
&(\beta+\omega_p t)^2/\tan(\alpha+\omega_r t+\theta)^2)^{1/2}\mathrm{c}(\mathrm{at}(\mathrm{s}(\beta+\omega_p t)/\tan(\alpha+\omega_r t+\theta))+\gamma)-\mathrm{s}(\beta+\omega_p t)/
\end{aligned}
$$

$$
\tan(\alpha+\omega_r t+\theta)/(1+\mathrm{s}(\beta+\omega_p t)^2/\tan(\alpha+\omega_r t+\theta)^2)^{1/2}\mathrm{s}(\mathrm{at}(\mathrm{s}(\beta+\omega_p t)/\tan(\alpha+
\omega_r t+\theta))+\gamma))))+\mathrm{c}(\alpha+\omega_r t)\mathrm{s}(\beta+\omega_p t)(\mathrm{c}(\gamma+\omega_y t)(\mathrm{c}(\gamma+\omega_y t)(1/(1+\mathrm{s}(\beta+
\omega_p t)^2/\tan(\alpha+\omega_r t+\theta)^2)^{1/2}\mathrm{s}(\mathrm{at}(\mathrm{s}(\beta+\omega_p t)/\tan(\alpha+\omega_r t+\theta))+\gamma)+\mathrm{s}(\beta+\omega_p t)/\tan
(\alpha+\omega_r t+\theta)/(1+\mathrm{s}(\beta+\omega_p t)^2/\tan(\alpha+\omega_r t+\theta)^2)^{1/2}\mathrm{c}(\mathrm{at}(\mathrm{s}(\beta+\omega_p t)/\tan(\alpha+\omega_r t+
\theta))+\gamma))+\mathrm{s}(\gamma+\omega_y t)(1/(1+\mathrm{s}(\beta+\omega_p t)^2/\tan(\alpha+\omega_r t+\theta)^2)^{1/2}\mathrm{c}(\mathrm{at}(\mathrm{s}(\beta+\omega_p t)/
\tan(\alpha+\omega_r t+\theta))+\gamma)-\mathrm{s}(\beta+\omega_p t)/\tan(\alpha+\omega_r t+\theta)/(1+\mathrm{s}(\beta+\omega_p t)^2/\tan(\alpha+\omega_r t+
\theta)^2)^{1/2}\mathrm{s}(\mathrm{at}(\mathrm{s}(\beta+\omega_p t)/\tan(\alpha+\omega_r t+\theta))+\gamma)))+\mathrm{s}(\gamma+\omega_y t)(-\mathrm{s}(\gamma+\omega_y t)(1/(1+
\mathrm{s}(\beta+\omega_p t)^2/\tan(\alpha+\omega_r t+\theta)^2)^{1/2}\mathrm{s}(\mathrm{at}(\mathrm{s}(\beta+\omega_p t)/\tan(\alpha+\omega_r t+\theta))+\gamma)+\mathrm{s}(\beta+
\omega_p t)/\tan(\alpha+\omega_r t+\theta)/(1+\mathrm{s}(\beta+\omega_p t)^2/\tan(\alpha+\omega_r t+\theta)^2)^{1/2}\mathrm{c}(\mathrm{at}(\mathrm{s}(\beta+\omega_p t)/\tan
(\alpha+\omega_r t+\theta))+\gamma))+\mathrm{c}(\gamma+\omega_y t)(1/(1+\mathrm{s}(\beta+\omega_p t)^2/\tan(\alpha+\omega_r t+\theta)^2)^{1/2}\mathrm{c}(\mathrm{at}(\mathrm{s}
(\beta+\omega_p t)/\tan(\alpha+\omega_r t+\theta))+\gamma)-\mathrm{s}(\beta+\omega_p t)/\tan(\alpha+\omega_r t+\theta)/(1+\mathrm{s}(\beta+\omega_p t)^2/\tan
(\alpha+\omega_r t+\theta)^2)^{1/2}\mathrm{s}(\mathrm{at}(\mathrm{s}(\beta+\omega_p t)/\tan(\alpha+\omega_r t+\theta))+\gamma))))))
$$

$$
m_{33}=-f\mathrm{c}(\alpha+\omega_r t+\theta)\mathrm{c}(\beta+\omega_p t)/(H\cdot-(x^2+y^2)^{1/2}\mathrm{s}(-\mathrm{at}(\mathrm{s}(\beta+\omega_p t)/\tan(\alpha+
\omega_r t+\theta))+\gamma-\mathrm{at}(y/x))\mathrm{c}(\alpha+\omega_r t+\theta)\mathrm{c}(\beta+\omega_p t)(1-\mathrm{c}(\beta+\omega_p t)^2\mathrm{c}(\alpha+\omega_r t+\theta)^2)^{1/2})
(-\mathrm{s}(\theta)\mathrm{s}(\alpha+\omega_r t)\mathrm{c}(\beta+\omega_p t)+\mathrm{c}(\theta)\mathrm{c}(\alpha+\omega_r t)\mathrm{c}(\beta+\omega_p t))
$$

$$
m_{34}=-f\mathrm{c}(\alpha+\omega_r t+\theta)\mathrm{c}(\beta+\omega_p t)/(H\cdot-(x^2+y^2)^{1/2}\mathrm{s}(-\mathrm{at}(\mathrm{s}(\beta+\omega_p t)/\tan(\alpha+
\omega_r t+\theta))+\gamma-\mathrm{at}(y/x))\mathrm{c}(\alpha+\omega_r t+\theta)\mathrm{c}(\beta+\omega_p t)(1-\mathrm{c}(\beta+\omega_p t)^2\mathrm{c}(\alpha+\omega_r t+\theta)^2)^{1/2})
(-\mathrm{s}(\theta)(\mathrm{c}(\alpha+\omega_r t)(-\mathrm{s}(\gamma+\omega_y t)(-\mathrm{c}(\gamma+\omega_y t)H\cdot\tan(\beta+\omega_p t)+\mathrm{s}(\gamma+\omega_y t)(-H\cdot
(\tan(\alpha+\omega_r t+\theta)-\tan(\alpha+\omega_r t))/\mathrm{c}(\beta+\omega_p t)-H\cdot\tan(\alpha+\omega_r t)/\mathrm{c}(\beta+\omega_p t))-vt)+
\mathrm{c}(\gamma+\omega_y t)(\mathrm{s}(\gamma+\omega_y t)H\cdot\tan(\beta+\omega_p t)+\mathrm{c}(\gamma+\omega_y t)(-H\cdot(\tan(\alpha+\omega_r t+\theta)-\tan(\alpha+
\omega_r t))/\mathrm{c}(\beta+\omega_p t)-H\cdot\tan(\alpha+\omega_r t)/\mathrm{c}(\beta+\omega_p t))))+\mathrm{s}(\alpha+\omega_r t)(\mathrm{s}(\beta+\omega_p t)(\mathrm{c}(\gamma+
\omega_y t)(-\mathrm{c}(\gamma+\omega_y t)H\cdot\tan(\beta+\omega_p t)+\mathrm{s}(\gamma+\omega_y t)(-H\cdot(\tan(\alpha+\omega_r t+\theta)-\tan(\alpha+
\omega_r t))/\mathrm{c}(\beta+\omega_p t)-H\cdot\tan(\alpha+\omega_r t)/\mathrm{c}(\beta+\omega_p t))-vt)+\mathrm{s}(\gamma+\omega_y t)(\mathrm{s}(\gamma+\omega_y t)H\cdot
\tan(\beta+\omega_p t)+\mathrm{c}(\gamma+\omega_y t)(-H\cdot(\tan(\alpha+\omega_r t+\theta)-\tan(\alpha+\omega_r t))/\mathrm{c}(\beta+\omega_p t)-H\cdot\tan
(\alpha+\omega_r t)/\mathrm{c}(\beta+\omega_p t))))-\mathrm{c}(\beta+\omega_p t)H))+\mathrm{c}(\theta)(-\mathrm{s}(\alpha+\omega_r t)(-\mathrm{s}(\gamma+\omega_y t)(-\mathrm{c}(\gamma+
\omega_y t)H\cdot\tan(\beta+\omega_p t)+\mathrm{s}(\gamma+\omega_y t)(-H\cdot(\tan(\alpha+\omega_r t+\theta)-\tan(\alpha+\omega_r t))/\mathrm{c}(\beta+\omega_p t)
-H\cdot\tan(\alpha+\omega_r t)/\mathrm{c}(\beta+\omega_p t))-vt)+\mathrm{c}(\gamma+\omega_y t)(\mathrm{s}(\gamma+\omega_y t)H\cdot\tan(\beta+\omega_p t)+\mathrm{c}(\gamma+
\omega_y t)(-H\cdot(\tan(\alpha+\omega_r t+\theta)-\tan(\alpha+\omega_r t))/\mathrm{c}(\beta+\omega_p t)-H\cdot\tan(\alpha+\omega_r t)/\mathrm{c}(\beta+
\omega_p t))))+\mathrm{c}(\alpha+\omega_r t)(\mathrm{s}(\beta+\omega_p t)(\mathrm{c}(\gamma+\omega_y t)(-\mathrm{c}(\gamma+\omega_y t)H\cdot\tan(\beta+\omega_p t)+\mathrm{s}(\gamma+\omega_y t)
(-H\cdot(\tan(\alpha+\omega_r t+\theta)-\tan(\alpha+\omega_r t))/\mathrm{c}(\beta+\omega_p t)-H\cdot\tan(\alpha+\omega_r t)/\mathrm{c}(\beta+\omega_p t))-
vt)+\mathrm{s}(\gamma+\omega_y t)(\mathrm{s}(\gamma+\omega_y t)H\cdot\tan(\beta+\omega_p t)+\mathrm{c}(\gamma+\omega_y t)(-H\cdot(\tan(\alpha+\omega_r t+\theta)-\tan
(\alpha+\omega_r t))/\mathrm{c}(\beta+\omega_p t)-H\cdot\tan(\alpha+\omega_r t)/\mathrm{c}(\beta+\omega_p t))))-\mathrm{c}(\beta+\omega_p t)H)))-f
$$

$$
m_{41}=m_{42}=m_{43}=0
$$

$m_{44}=1$

求出齐次坐标成像变换矩阵 $\boldsymbol{M}$ 即建立了由物点坐标到对应像点坐标的机载面阵相机成像模型。模型可表达为物点和像点的齐次坐标向量运算形式,即

$$\begin{bmatrix} X \\ Y \\ Z \\ 1 \end{bmatrix} = \begin{bmatrix} m_{11} & m_{12} & m_{13} & m_{14} \\ m_{21} & m_{22} & m_{23} & m_{24} \\ m_{31} & m_{32} & m_{33} & m_{34} \\ m_{41} & m_{42} & m_{43} & m_{44} \end{bmatrix} \cdot \begin{bmatrix} x \\ y \\ 0 \\ 1 \end{bmatrix} \tag{5-9}$$

按照理想化条件,被考察的物点和像点分别位于物平面和像平面内,所以令物点和像点齐次坐标列向量$[x \quad y \quad z \quad 1]^{\mathrm{T}}$和$[X \quad Y \quad Z \quad 1]^{\mathrm{T}}$的竖轴坐标均为0。

5.4 本章小结

在建立成像模型的过程中,为了把从地表目标坐标系到像面坐标系的平移、旋转和缩放变换统一在相同维数的变换矩阵中以便进行相同格式的运算,这里采用了齐次坐标变换矩阵来描述各转换矩阵,所采用的坐标变换顺序模拟了自然成像过程,即遵循了从物面到像面的顺序。如果从工程实现的角度出发,为了简化面阵成像器件像移补偿分区的划分,也可以采用从像面到物面的变换顺序,则运算过程为从物面到像面的逆运算。但是在侧视成像状态下,像面上各像移补偿分区所对应的地表目标区域各不相同,按照分区内的平均像移速度确定各像移补偿分区电荷转移速度都会产生像移补偿分区边缘效应。从对像面像移规律进行理论分析的角度出发,这里建立了从物点到像点的理想成像模型,为进一步分析面阵相机的像面像移规律打下了基础。

第6章　像点运动方程及误差分析

物点坐标由地表目标区域坐标系 S 到像面坐标系 I 的变换过程，在本质上就是根据曝光瞬时载机姿态角对与其相应的成像参考基准所进行的一系列变换。在第5章，为了建立由物点到对应像点的成像模型，定义了一系列描述载机和相机姿态的齐次坐标变换作用矩阵。将这些变换矩阵依次左乘任意物点所对应的齐次坐标列向量，其坐标变换的效果相当于依次以这些坐标系为参照系观察该物点，最后经过从相机坐标系到像面坐标系的转换则完成了由物空间到像空间的转换。归纳整个过程，就是把物面物点坐标乘以相应的平移、旋转及比例缩放作用矩阵后转换至像面上相应像点坐标，即建立起由地物到像面的成像模型。建立面阵相机成像模型的目的是为了分析像平面上的像移规律，即像面上的像移量和像移速度分布随载机姿态变化的规律，因此要以像移模型为基础求出像面上的像点位置方程和像点速度方程。

6.1　像面上像点的位置及速度方程

利用像面成像模型，可以推导出像点坐标系的像点位置方程；把曝光时间和曝光开始瞬时载机飞行参数代入像点位置方程就可以求出任意物点所对应的像点在像面上的终点位置坐标，同理，把时间置零可以得到其初始位置坐标。有了像点在像面上的起点和终点的位置坐标就可以确定在曝光过程中任意物点所对应的像点在像面上的像移量；把像点位置方程对时间求导就可以得到像点的速度方程，然后只要将载机惯导系统提供的飞行参数和相机成像参数代入就能够计算出各像点的移动速度[88-90]。

6.1.1　地物到像面的像点位置方程

设地面物点在地面目标区域中的坐标为$[x\quad y\quad 0]$，则齐次坐标列向量为$[x\quad y\quad 0\quad 1]^{\mathrm{T}}$，齐次坐标变换作用矩阵依次为$\boldsymbol{M}_1,\cdots,\boldsymbol{M}_{12}$，对应的像面像点坐标列向量为$[X\quad Y\quad Z\quad 1]^{\mathrm{T}}$。由物点到像点的成像模型可表示为式(6-1)，即各齐次坐标变换作用矩阵的联乘积左乘任意物点的地表齐次坐标列向量，就得到像面坐标系中对应于该物点的像点坐标列向量。由于像面上像点竖轴坐标为0,所以只需求出包含像点纵轴坐标 X 和横轴 Y 的位置方程组,解得纵轴坐标 X 和横轴 Y 的计算公式分别为式(6-2)和式(6-3)。

$$\begin{bmatrix} X \\ Y \\ Z \\ 1 \end{bmatrix} = \left(\prod_{i=0}^{11} M_{12-i}\right) \cdot \begin{bmatrix} x \\ y \\ 0 \\ 1 \end{bmatrix} \tag{6-1}$$

$$\begin{aligned} X = & -fc(\alpha+\omega_r t+\theta)c(\beta+\omega_p t)/(H\cdot-(x^2+y^2)^{1/2}s(-at(s(\beta+\omega_p t)/\tan(\alpha+\\ & \omega_r t+\theta))+\gamma-at(y/x))c(\alpha+\omega_r t+\theta)c(\beta+\omega_p t)(1-c(\alpha+\omega_r t+\theta)^2 c(\beta+\omega_p t)^2)^{1/2})\\ & (c(\beta+\omega_p t)(c(\gamma+\omega_y t)(c(\gamma+\omega_y t)(1/(1+s(\beta+\omega_p t)^2/\tan(\alpha+\omega_r t+\theta)^2)^{1/2}(c(at\\ & (s(\beta+\omega_p t)/\tan(\alpha+\omega_r t+\theta))+\gamma)x+s(at(s(\beta+\omega_p t)/\tan(\alpha+\omega_r t+\theta))+\gamma)y)+s(\beta\\ & +\omega_p t)/\tan(\alpha+\omega_r t+\theta)/(1+s(\beta+\omega_p t)^2/\tan(\alpha+\omega_r t+\theta)^2)^{1/2}(-s(at(s(\beta+\omega_p t)/\\ & \tan(\alpha+\omega_r t+\theta))+\gamma)x+c(at(s(\beta+\omega_p t)/\tan(\alpha+\omega_r t+\theta))+\gamma)y)-H\cdot\tan(\beta+\omega_p t))\\ & +s(\gamma+\omega_y t)(-s(\beta+\omega_p t)/\tan(\alpha+\omega_r t+\theta)/(1+s(\beta+\omega_p t)^2/\tan(\alpha+\omega_r t+\theta)^2)^{1/2}\\ & (c(at(s(\beta+\omega_p t)/\tan(\alpha+\omega_r t+\theta))+\gamma)x+s(at(s(\beta+\omega_p t)/\tan(\alpha+\omega_r t+\theta))+\gamma)y)+\\ & 1/(1+s(\beta+\omega_p t)^2/\tan(\alpha+\omega_r t+\theta)^2)^{1/2}(-s(at(s(\beta+\omega_p t)/\tan(\alpha+\omega_r t+\theta))+\gamma)x\\ & +c(at(s(\beta+\omega_p t)/\tan(\alpha+\omega_r t+\theta))+\gamma)y)-H\cdot(\tan(\alpha+\omega_r t+\theta)-\tan(\alpha+\omega_r t))/\\ & c(\beta+\omega_p t)-H\cdot\tan(\alpha+\omega_r t)/c(\beta+\omega_p t))-vt)+s(\gamma+\omega_y t)(-s(\gamma+\omega_y t)(1/(1+s(\beta\\ & +\omega_p t)^2/\tan(\alpha+\omega_r t+\theta)^2)^{1/2}(c(at(s(\beta+\omega_p t)/\tan(\alpha+\omega_r t+\theta))+\gamma)x+s(at(s(\beta+\\ & \omega_p t)/\tan(\alpha+\omega_r t+\theta))+\gamma)y)+s(\beta+\omega_p t)/\tan(\alpha+\omega_r t+\theta)/(1+s(\beta+\omega_p t)^2/\tan(\alpha\\ & +\omega_r t+\theta)^2)^{1/2}(-s(at(s(\beta+\omega_p t)/\tan(\alpha+\omega_r t+\theta))+\gamma)x+c(at(s(\beta+\omega_p t)/\tan(\alpha+\\ & \omega_r t+\theta))+\gamma)y)-H\cdot\tan(\beta+\omega_p t))+c(\gamma+\omega_y t)(-s(\beta+\omega_p t)/\tan(\alpha+\omega_r t+\theta)/(1+\\ & s(\beta+\omega_p t)^2/\tan(\alpha+\omega_r t+\theta)^2)^{1/2}(c(at(s(\beta+\omega_p t)/\tan(\alpha+\omega_r t+\theta))+\gamma)x+s(at(s\\ & (\beta+\omega_p t)/\tan(\alpha+\omega_r t+\theta))+\gamma)y)+1/(1+s(\beta+\omega_p t)^2/\tan(\alpha+\omega_r t+\theta)^2)^{1/2}(-s(at\\ & (s(\beta+\omega_p t)/\tan(\alpha+\omega_r t+\theta))+\gamma)x+c(at(s(\beta+\omega_p t)/\tan(\alpha+\omega_r t+\theta))+\gamma)y)-H\cdot\\ & (\tan(\alpha+\omega_r t+\theta)-\tan(\alpha+\omega_r t))/c(\beta+\omega_p t)-H\cdot\tan(\alpha+\omega_r t)/c(\beta+\omega_p t))))+s(\beta\\ & +\omega_p t)H\cdot) \end{aligned} \tag{6-2}$$

$$\begin{aligned} Y = & -fc(\alpha+\omega_r t+\theta)c(\beta+\omega_p t)/(H\cdot-(x^2+y^2)^{1/2}s(-at(s(\beta+\omega_p t)/\tan(\alpha+\\ & \omega_r t+\theta))+\gamma-at(y/x))c(\alpha+\omega_r t+\theta)c(\beta+\omega_p t)(1-c(\alpha+\omega_r t+\theta)^2 c(\beta+\omega_p t)^2)^{1/2})\\ & (c(\theta)(c(\alpha+\omega_r t)(-s(\gamma+\omega_y t)(c(\gamma+\omega_y t)(1/(1+s(\beta+\omega_p t)^2/\tan(\alpha+\omega_r t+\\ & \theta)^2)^{1/2}(c(at(s(\beta+\omega_p t)/\tan(\alpha+\omega_r t+\theta))+\gamma)x+s(at(s(\beta+\omega_p t)/\tan(\alpha+\omega_r t+\\ & \theta))+\gamma)y)+s(\beta+\omega_p t)/\tan(\alpha+\omega_r t+\theta)/(1+s(\beta+\omega_p t)^2/\tan(\alpha+\omega_r t+\theta)^2)^{1/2}\\ & (-s(at(s(\beta+\omega_p t)/\tan(\alpha+\omega_r t+\theta))+\gamma)x+c(at(s(\beta+\omega_p t)/\tan(\alpha+\omega_r t+\theta))+\gamma)y)- \end{aligned}$$

$H \cdot \tan(\beta+\omega_p t))+s(\gamma+\omega_y t)(-s(\beta+\omega_p t)/\tan(\alpha+\omega_r t+\theta)/(1+s(\beta+\omega_p t)^2/\tan$
$(\alpha+\omega_r t+\theta)^2)^{1/2}(c(at(s(\beta+\omega_p t)/\tan(\alpha+\omega_r t+\theta))+\gamma)x+s(at(s(\beta+\omega_p t)/\tan(\alpha$
$+\omega_r t+\theta))+\gamma)y)+1/(1+s(\beta+\omega_p t)^2/\tan(\alpha+\omega_r t+\theta)^2)^{1/2}(-s(at(s(\beta+\omega_p t)/\tan$
$(\alpha+\omega_r t+\theta))+\gamma)x+c(at(s(\beta+\omega_p t)/\tan(\alpha+\omega_r t+\theta))+\gamma)y)-H \cdot (\tan(\alpha+\omega_r t+\theta)$
$-\tan(\alpha+\omega_r t))/c(\beta+\omega_p t)-H \cdot \tan(\alpha+\omega_r t)/c(\beta+\omega_p t))-vt)+c(\gamma+\omega_y t)(-s(\gamma+$
$\omega_y t)(1/(1+s(\beta+\omega_p t)^2/\tan(\alpha+\omega_r t+\theta)^2)^{1/2}(c(at(s(\beta+\omega_p t)/\tan(\alpha+\omega_r t+\theta))$
$+\gamma)x+s(at(s(\beta+\omega_p t)/\tan(\alpha+\omega_r t+\theta))+\gamma)y)+s(\beta+\omega_p t)/\tan(\alpha+\omega_r t+\theta)/(1+$
$s(\beta+\omega_p t)^2/\tan(\alpha+\omega_r t+\theta)^2)^{1/2}(-s(at(s(\beta+\omega_p t)/\tan(\alpha+\omega_r t+\theta))+\gamma)x+c(at$
$(s(\beta+\omega_p t)/\tan(\alpha+\omega_r t+\theta))+\gamma)y)-H \cdot \tan(\beta+\omega_p t))+c(\gamma+\omega_y t)(-s(\beta+\omega_p t)/\tan$
$(\alpha+\omega_r t+\theta)/(1+s(\beta+\omega_p t)^2/\tan(\alpha+\omega_r t+\theta)^2)^{1/2}(c(at(s(\beta+\omega_p t)/\tan(\alpha+\omega_r t+$
$\theta))+\gamma)x+s(at(s(\beta+\omega_p t)/\tan(\alpha+\omega_r t+\theta))+\gamma)y)+1/(1+s(\beta+\omega_p t)^2/\tan(\alpha+$
$\omega_r t+\theta)^2)^{1/2}(-s(at(s(\beta+\omega_p t)/\tan(\alpha+\omega_r t+\theta))+\gamma)x+c(at(s(\beta+\omega_p t)/\tan(\alpha+$
$\omega_r t+\theta))+\gamma)y)-H \cdot (\tan(\alpha+\omega_r t+\theta)-\tan(\alpha+\omega_r t))/c(\beta+\omega_p t)-H \cdot \tan(\alpha+\omega_r t)/$
$c(\beta+\omega_p t))))+s(\alpha+\omega_r t)(s(\beta+\omega_p t)(c(\gamma+\omega_y t)(c(\gamma+\omega_y t)(1/(1+s(\beta+\omega_p t)^2/$
$\tan(\alpha+\omega_r t+\theta)^2)^{1/2}(c(at(s(\beta+\omega_p t)/\tan(\alpha+\omega_r t+\theta))+\gamma)x+s(at(s(\beta+\omega_p t)/\tan$
$(\alpha+\omega_r t+\theta))+\gamma)y)+s(\beta+\omega_p t)/\tan(\alpha+\omega_r t+\theta)/(1+s(\beta+\omega_p t)^2/\tan(\alpha+\omega_r t+$
$\theta)^2)^{1/2}(-s(at(s(\beta+\omega_p t)/\tan(\alpha+\omega_r t+\theta))+\gamma)x+c(at(s(\beta+\omega_p t)/\tan(\alpha+\omega_r t+$
$\theta))+\gamma)y)-H \cdot \tan(\beta+\omega_p t))+s(\gamma+\omega_y t)(-s(\beta+\omega_p t)/\tan(\alpha+\omega_r t+\theta)/(1+s(\beta+$
$\omega_p t)^2/\tan(\alpha+\omega_r t+\theta)^2)^{1/2}(c(at(s(\beta+\omega_p t)/\tan(\alpha+\omega_r t+\theta))+\gamma)x+s(at(s(\beta+$
$\omega_p t)/\tan(\alpha+\omega_r t+\theta))+\gamma)y)+1/(1+s(\beta+\omega_p t)^2/\tan(\alpha+\omega_r t+\theta)^2)^{1/2}(-s(at$
$(s(\beta+\omega_p t)/\tan(\alpha+\omega_r t+\theta))+\gamma)x+c(at(s(\beta+\omega_p t)/\tan(\alpha+\omega_r t+\theta))+\gamma)y)-H \cdot$
$(\tan(\alpha+\omega_r t+\theta)-\tan(\alpha+\omega_r t))/c(\beta+\omega_p t)-H \cdot \tan(\alpha+\omega_r t)/c(\beta+\omega_p t))-vt)+$
$s(\gamma+\omega_y t)(-s(\gamma+\omega_y t)(1/(1+s(\beta+\omega_p t)^2/\tan(\alpha+\omega_r t+\theta)^2)^{1/2}(c(at(s(\beta+\omega_p t)/$
$\tan(\alpha+\omega_r t+\theta))+\gamma)x+s(at(s(\beta+\omega_p t)/\tan(\alpha+\omega_r t+\theta))+\gamma)y)+s(\beta+\omega_p t)/\tan(\alpha$
$+\omega_r t+\theta)/(1+s(\beta+\omega_p t)^2/\tan(\alpha+\omega_r t+\theta)^2)^{1/2}(-s(at(s(\beta+\omega_p t)/\tan(\alpha+\omega_r t+$
$\theta))+\gamma)x+c(at(s(\beta+\omega_p t)/\tan(\alpha+\omega_r t+\theta))+\gamma)y)-H \cdot \tan(\beta+\omega_p t))+c(\gamma+\omega_y t)$
$(-s(\beta+\omega_p t)/\tan(\alpha+\omega_r t+\theta)/(1+s(\beta+\omega_p t)^2/\tan(\alpha+\omega_r t+\theta)^2)^{1/2}(c(at(s(\beta+$
$\omega_p t)/\tan(\alpha+\omega_r t+\theta))+\gamma)x+s(at(s(\beta+\omega_p t)/\tan(\alpha+\omega_r t+\theta))+\gamma)y)+1/(1+s(\beta$
$+\omega_p t)^2/\tan(\alpha+\omega_r t+\theta)^2)^{1/2}(-s(at(s(\beta+\omega_p t)/\tan(\alpha+\omega_r t+\theta))+\gamma)x+c(at(s(\beta$
$+\omega_p t)/\tan(\alpha+\omega_r t+\theta))+\gamma)y)-H \cdot (\tan(\alpha+\omega_r t+\theta)-\tan(\alpha+\omega_r t))/c(\beta+\omega_p t)-H$
$\cdot \tan(\alpha+\omega_r t)/c(\beta+\omega_p t))))-c(\beta+\omega_p t)H \cdot))+s(\theta)(-s(\alpha+\omega_r t)(-s(\gamma+\omega_y t)$
$(c(\gamma+\omega_y t)(1/(1+s(\beta+\omega_p t)^2/\tan(\alpha+\omega_r t+\theta)^2)^{1/2}(c(at(s(\beta+\omega_p t)/\tan(\alpha+$

$$\omega_r t+\theta))+\gamma)x+\mathrm{s}(\mathrm{at}(\mathrm{s}(\beta+\omega_p t)/\tan(\alpha+\omega_r t+\theta))+\gamma)y)+\mathrm{s}(\beta+\omega_p t)/\tan(\alpha+\omega_r t+$$

$$\theta)/(1+\mathrm{s}(\beta+\omega_p t)^2/\tan(\alpha+\omega_r t+\theta)^2)^{1/2}(-\mathrm{s}(\mathrm{at}(\mathrm{s}(\beta+\omega_p t)/\tan(\alpha+\omega_r t+\theta))+\gamma)$$

$$x+\mathrm{c}(\mathrm{at}(\mathrm{s}(\beta+\omega_p t)/\tan(\alpha+\omega_r t+\theta))+\gamma)y)-H\cdot\tan(\beta+\omega_p t))+\mathrm{s}(\gamma+\omega_y t)(-\mathrm{s}(\beta+$$

$$\omega_p t)/\tan(\alpha+\omega_r t+\theta)/(1+\mathrm{s}(\beta+\omega_p t)^2/\tan(\alpha+\omega_r t+\theta)^2)^{1/2}(\mathrm{c}(\mathrm{at}(\mathrm{s}(\beta+\omega_p t)/$$

$$\tan(\alpha+\omega_r t+\theta))+\gamma)x+\mathrm{s}(\mathrm{at}(\mathrm{s}(\beta+\omega_p t)/\tan(\alpha+\omega_r t+\theta))+\gamma)y)+1/(1+\mathrm{s}(\beta+\omega_p t)^2/$$

$$\tan(\alpha+\omega_r t+\theta)^2)^{1/2}(-\mathrm{s}(\mathrm{at}(\mathrm{s}(\beta+\omega_p t)/\tan(\alpha+\omega_r t+\theta))+\gamma)x+\mathrm{c}(\mathrm{at}(\mathrm{s}(\beta+\omega_p t)/$$

$$\tan(\alpha+\omega_r t+\theta))+\gamma)y)-H\cdot(\tan(\alpha+\omega_r t+\theta)-\tan(\alpha+\omega_r t))/\mathrm{c}(\beta+\omega_p t)-H\cdot\tan(\alpha$$

$$+\omega_r t)/\mathrm{c}(\beta+\omega_p t))-vt)+\mathrm{c}(\gamma+\omega_y t)(-\mathrm{s}(\gamma+\omega_y t)(1/(1+\mathrm{s}(\beta+\omega_p t)^2/\tan(\alpha+\omega_r t+$$

$$\theta)^2)^{1/2}(\mathrm{c}(\mathrm{at}(\mathrm{s}(\beta+\omega_p t)/\tan(\alpha+\omega_r t+\theta))+\gamma)x+\mathrm{s}(\mathrm{at}(\mathrm{s}(\beta+\omega_p t)/\tan(\alpha+\omega_r t+$$

$$\theta))+\gamma)y)+\mathrm{s}(\beta+\omega_p t)/\tan(\alpha+\omega_r t+\theta)/(1+\mathrm{s}(\beta+\omega_p t)^2/\tan(\alpha+\omega_r t+\theta)^2)^{1/2}$$

$$(-\mathrm{s}(\mathrm{at}(\mathrm{s}(\beta+\omega_p t)/\tan(\alpha+\omega_r t+\theta))+\gamma)x+\mathrm{c}(\mathrm{at}(\mathrm{s}(\beta+\omega_p t)/\tan(\alpha+\omega_r t+\theta))+\gamma)y)-$$

$$H\cdot\tan(\beta+\omega_p t))+\mathrm{c}(\gamma+\omega_y t)(-\mathrm{s}(\beta+\omega_p t)/\tan(\alpha+\omega_r t+\theta)/(1+\mathrm{s}(\beta+\omega_p t)^2/\tan$$

$$(\alpha+\omega_r t+\theta)^2)^{1/2}(\mathrm{c}(\mathrm{at}(\mathrm{s}(\beta+\omega_p t)/\tan(\alpha+\omega_r t+\theta))+\gamma)x+\mathrm{s}(\mathrm{at}(\mathrm{s}(\beta+\omega_p t)/\tan(\alpha$$

$$+\omega_r t+\theta))+\gamma)y)+1/(1+\mathrm{s}(\beta+\omega_p t)^2/\tan(\alpha+\omega_r t+\theta)^2)^{1/2}(-\mathrm{s}(\mathrm{at}(\mathrm{s}(\beta+\omega_p t)/\tan$$

$$(\alpha+\omega_r t+\theta))+\gamma)x+\mathrm{c}(\mathrm{at}(\mathrm{s}(\beta+\omega_p t)/\tan(\alpha+\omega_r t+\theta))+\gamma)y)-H\cdot(\tan(\alpha+\omega_r t+\theta)$$

$$-\tan(\alpha+\omega_r t))/\mathrm{c}(\beta+\omega_p t)-H\cdot\tan(\alpha+\omega_r t)/\mathrm{c}(\beta+\omega_p t))))+\mathrm{c}(\alpha+\omega_r t)(\mathrm{s}(\beta+$$

$$\omega_p t)(\mathrm{c}(\gamma+\omega_y t)(\mathrm{c}(\gamma+\omega_y t)(1/(1+\mathrm{s}(\beta+\omega_p t)^2/\tan(\alpha+\omega_r t+\theta)^2)^{1/2}(\mathrm{c}(\mathrm{at}(\mathrm{s}(\beta+$$

$$\omega_p t)/\tan(\alpha+\omega_r t+\theta))+\gamma)x+\mathrm{s}(\mathrm{at}(\mathrm{s}(\beta+\omega_p t)/\tan(\alpha+\omega_r t+\theta))+\gamma)y)+\mathrm{s}(\beta+\omega_p t)/$$

$$\tan(\alpha+\omega_r t+\theta)/(1+\mathrm{s}(\beta+\omega_p t)^2/\tan(\alpha+\omega_r t+\theta)^2)^{1/2}(-\mathrm{s}(\mathrm{at}(\mathrm{s}(\beta+\omega_p t)/\tan(\alpha+$$

$$\omega_r t+\theta))+\gamma)x+\mathrm{c}(\mathrm{at}(\mathrm{s}(\beta+\omega_p t)/\tan(\alpha+\omega_r t+\theta))+\gamma)y)-H\cdot\tan(\beta+\omega_p t))+\mathrm{s}(\gamma+$$

$$\omega_y t)(-\mathrm{s}(\beta+\omega_p t)/\tan(\alpha+\omega_r t+\theta)/(1+\mathrm{s}(\beta+\omega_p t)^2/\tan(\alpha+\omega_r t+\theta)^2)^{1/2}(\mathrm{c}(\mathrm{at}$$

$$(\mathrm{s}(\beta+\omega_p t)/\tan(\alpha+\omega_r t+\theta))+\gamma)x+\mathrm{s}(\mathrm{at}(\mathrm{s}(\beta+\omega_p t)/\tan(\alpha+\omega_r t+\theta))+\gamma)y)+1/(1$$

$$+\mathrm{s}(\beta+\omega_p t)^2/\tan(\alpha+\omega_r t+\theta)^2)^{1/2}(-\mathrm{s}(\mathrm{at}(\mathrm{s}(\beta+\omega_p t)/\tan(\alpha+\omega_r t+\theta))+\gamma)x+\mathrm{c}(\mathrm{at}$$

$$(\mathrm{s}(\beta+\omega_p t)/\tan(\alpha+\omega_r t+\theta))+\gamma)y)-H\cdot(\tan(\alpha+\omega_r t+\theta)-\tan(\alpha+\omega_r t))/\mathrm{c}(\beta+$$

$$\omega_p t)-H\cdot\tan(\alpha+\omega_r t)/\mathrm{c}(\beta+\omega_p t))-vt)+\mathrm{s}(\gamma+\omega_y t)(-\mathrm{s}(\gamma+\omega_y t)(1/(1+\mathrm{s}(\beta+$$

$$\omega_p t)^2/\tan(\alpha+\omega_r t+\theta)^2)^{1/2}(\mathrm{c}(\mathrm{at}(\mathrm{s}(\beta+\omega_p t)/\tan(\alpha+\omega_r t+\theta))+\gamma)x+\mathrm{s}(\mathrm{at}(\mathrm{s}(\beta+$$

$$\omega_p t)/\tan(\alpha+\omega_r t+\theta))+\gamma)y)+\mathrm{s}(\beta+\omega_p t)/\tan(\alpha+\omega_r t+\theta)/(1+\mathrm{s}(\beta+\omega_p t)^2/\tan(\alpha$$

$$+\omega_r t+\theta)^2)^{1/2}(-\mathrm{s}(\mathrm{at}(\mathrm{s}(\beta+\omega_p t)/\tan(\alpha+\omega_r t+\theta))+\gamma)x+\mathrm{c}(\mathrm{at}(\mathrm{s}(\beta+\omega_p t)/\tan(\alpha+$$

$$\omega_r t+\theta))+\gamma)y)-H\cdot\tan(\beta+\omega_p t))+\mathrm{c}(\gamma+\omega_y t)(-\mathrm{s}(\beta+\omega_p t)/\tan(\alpha+\omega_r t+\theta)/(1+$$

$$\mathrm{s}(\beta+\omega_p t)^2/\tan(\alpha+\omega_r t+\theta)^2)^{1/2}(\mathrm{c}(\mathrm{at}(\mathrm{s}(\beta+\omega_p t)/\tan(\alpha+\omega_r t+\theta))+\gamma)x+\mathrm{s}(\mathrm{at}$$

$$(\mathrm{s}(\beta+\omega_p t)/\tan(\alpha+\omega_r t+\theta))+\gamma)y)+1/(1+\mathrm{s}(\beta+\omega_p t)^2/\tan(\alpha+\omega_r t+\theta)^2)^{1/2}(-\mathrm{s}(\mathrm{at}$$

$$(\mathrm{s}(\beta+\omega_p t)/\tan(\alpha+\omega_r t+\theta))+\gamma)x+\mathrm{c}(\mathrm{at}(\mathrm{s}(\beta+\omega_p t)/\tan(\alpha+\omega_r t+\theta))+\gamma)y)-H\cdot$$

$(\tan(\alpha+\omega_r t+\theta)-\tan(\alpha+\omega_r t))/\mathrm{c}(\beta+\omega_p t)-H\cdot\tan(\alpha+\omega_r t)/\mathrm{c}(\beta+\omega_p t))))-\mathrm{c}(\beta+\omega_p t)H\cdot)))$ (6-3)

应用式(6-2)、式(6-3)就可以求出由地面目标区域内物点在地表目标坐标系中的坐标到对应像点在像面坐标系中的坐标,所以式(6-2)和式(6-3)即构成了像点的像面位置方程组。由于认为像面是理想平面,所以只考虑像点在像面坐标系 I 中 $X_I O_I Y_I$ 坐标平面上的坐标,则在曝光期间内任意物点对应的像点在像面坐标系中的横轴和纵轴坐标 X,Y 分别由式(6-2)和式(6-3)计算,任意像点在曝光期间横轴和纵轴的位移量 M_X 和 M_Y 分别为

$$M_X = X(\tau) - X(0) \tag{6-4}$$

$$M_Y = Y(\tau) - Y(0) \tag{6-5}$$

6.1.2 像点移动瞬时速度方程

根据设定的条件,在相机曝光期间载机的飞行参数和相机的成像参数不变[91,92]。载机的航高、航速、航向、姿态角及其角速度都确定为曝光开始时刻的数值。相关参数的取值有两种方案:一是取载机惯导系统提供的实时数值;二是对本次曝光之前的一段时间内的飞行参数按照特定的预测算法进行估算。总之,除时间外的其他参数都在曝光起始时刻确定,所以像点在像面上的横轴和纵轴坐标都是时间的函数,即式(6-2)和式(6-3)可写成时间函数的形式 $X(t)$ 和 $Y(t)$。把两个时间函数分别对时间变量 t 求一阶导数,然后取 $t=0$ 就可以得到曝光开始时刻任意像点在像面上的瞬时移动速度方程组为

$$v_X=\left.\frac{\mathrm{d}X(t)}{\mathrm{d}t}\right|_{t=0}=f\mathrm{s}(\alpha+\theta)\omega_r\mathrm{c}(\beta)/(H\cdot-(x^2+y^2)^{1/2}\mathrm{s}(-\mathrm{at}(\mathrm{s}(\beta)/\tan(\alpha+\theta))+\gamma-\mathrm{at}(y/x))\mathrm{c}(\alpha+\theta)\mathrm{c}(\beta)(1-\mathrm{c}(\alpha+\theta)^2\mathrm{c}(\beta)^2)^{1/2})(\mathrm{c}(\beta)(\mathrm{c}(\gamma)(\mathrm{c}(\gamma)(1/(1+\mathrm{s}(\beta)^2/\tan(\alpha+\theta)^2)^{1/2}(\mathrm{c}(\mathrm{at}(\mathrm{s}(\beta)/\tan(\alpha+\theta))+\gamma)x+\mathrm{s}(\mathrm{at}(\mathrm{s}(\beta)/\tan(\alpha+\theta))+\gamma)y)+\mathrm{s}(\beta)/\tan(\alpha+\theta)/(1+\mathrm{s}(\beta)^2/\tan(\alpha+\theta)^2)^{1/2}(-\mathrm{s}(\mathrm{at}(\mathrm{s}(\beta)/\tan(\alpha+\theta))+\gamma)x+\mathrm{c}(\mathrm{at}(\mathrm{s}(\beta)/\tan(\alpha+\theta))+\gamma)y)-H\cdot\tan(\beta))+\mathrm{s}(\gamma)(-\mathrm{s}(\beta)/\tan(\alpha+\theta)/(1+\mathrm{s}(\beta)^2/\tan(\alpha+\theta)^2)^{1/2}(\mathrm{c}(\mathrm{at}(\mathrm{s}(\beta)/\tan(\alpha+\theta))+\gamma)x+\mathrm{s}(\mathrm{at}(\mathrm{s}(\beta)/\tan(\alpha+\theta))+\gamma)y)+1/(1+\mathrm{s}(\beta)^2/\tan(\alpha+\theta)^2)^{1/2}(-\mathrm{s}(\mathrm{at}(\mathrm{s}(\beta)/\tan(\alpha+\theta))+\gamma)x+\mathrm{c}(\mathrm{at}(\mathrm{s}(\beta)/\tan(\alpha+\theta))+\gamma)y)-H\cdot(\tan(\alpha+\theta)-\tan(\alpha))/\mathrm{c}(\beta)-H\cdot\tan(\alpha)/\mathrm{c}(\beta)))+\mathrm{s}(\gamma)(-\mathrm{s}(\gamma)(1/(1+\mathrm{s}(\beta)^2/\tan(\alpha+\theta)^2)^{1/2}(\mathrm{c}(\mathrm{at}(\mathrm{s}(\beta)/\tan(\alpha+\theta))+\gamma)x+\mathrm{s}(\mathrm{at}(\mathrm{s}(\beta)/\tan(\alpha+\theta))+\gamma)y)+\mathrm{s}(\beta)/\tan(\alpha+\theta)/(1+\mathrm{s}(\beta)^2/\tan(\alpha+\theta)^2)^{1/2}(-\mathrm{s}(\mathrm{at}(\mathrm{s}(\beta)/\tan(\alpha+\theta))+\gamma)x+\mathrm{c}(\mathrm{at}(\mathrm{s}(\beta)/\tan(\alpha+\theta))+\gamma)y)-H\cdot\tan(\beta))+\mathrm{c}(\gamma)(-\mathrm{s}(\beta)/\tan(\alpha+\theta)/(1+\mathrm{s}(\beta)^2/\tan(\alpha+\theta)^2)^{1/2}(\mathrm{c}(\mathrm{at}(\mathrm{s}(\beta)/\tan(\alpha+\theta))+\gamma)x+\mathrm{s}(\mathrm{at}(\mathrm{s}(\beta)/\tan(\alpha+\theta))+\gamma)y)+1/(1+\mathrm{s}(\beta)^2/\tan(\alpha+\theta)^2)^{1/2}(-\mathrm{s}(\mathrm{at}(\mathrm{s}(\beta)/$$

$\tan(\alpha+\theta))+\gamma)x+\mathrm{c}(\mathrm{at}(\mathrm{s}(\beta)/\tan(\alpha+\theta))+\gamma)y)-H\cdot(\tan(\alpha+\theta)-\tan(\alpha))/\mathrm{c}(\beta)-$

$H\cdot\tan(\alpha)/\mathrm{c}(\beta)))))+\mathrm{s}(\beta)H\cdot)+f\mathrm{c}(\alpha+\theta)\mathrm{s}(\beta)\omega_p/(H\cdot-(x^2+y^2)^{1/2}\mathrm{s}(-\mathrm{at}$

$(\mathrm{s}(\beta)/\tan(\alpha+\theta))+\gamma-\mathrm{at}(y/x))\mathrm{c}(\alpha+\theta)\mathrm{c}(\beta)(1-\mathrm{c}(\alpha+\theta)^2\mathrm{c}(\beta)^2)^{1/2})(\mathrm{c}(\beta)$

$(\mathrm{c}(\gamma)(\mathrm{c}(\gamma)(1/(1+\mathrm{s}(\beta)^2/\tan(\alpha+\theta)^2)^{1/2}(\mathrm{c}(\mathrm{at}(\mathrm{s}(\beta)/\tan(\alpha+\theta))+\gamma)x+\mathrm{s}(\mathrm{at}$

$(\mathrm{s}(\beta)/\tan(\alpha+\theta))+\gamma)y)+\mathrm{s}(\beta)/\tan(\alpha+\theta)/(1+\mathrm{s}(\beta)^2/\tan(\alpha+\theta)^2)^{1/2}(-\mathrm{s}(\mathrm{at}$

$(\mathrm{s}(\beta)/\tan(\alpha+\theta))+\gamma)x+\mathrm{c}(\mathrm{at}(\mathrm{s}(\beta)/\tan(\alpha+\theta))+\gamma)y)-H\cdot\tan(\beta))+\mathrm{s}(\gamma)$

$(-\mathrm{s}(\beta)/\tan(\alpha+\theta)/(1+\mathrm{s}(\beta)^2/\tan(\alpha+\theta)^2)^{1/2}(\mathrm{c}(\mathrm{at}(\mathrm{s}(\beta)/\tan(\alpha+\theta))+\gamma)x+$

$\mathrm{s}(\mathrm{at}(\mathrm{s}(\beta)/\tan(\alpha+\theta))+\gamma)y)+1/(1+\mathrm{s}(\beta)^2/\tan(\alpha+\theta)^2)^{1/2}(-\mathrm{s}(\mathrm{at}(\mathrm{s}(\beta)/\tan$

$(\alpha+\theta))+\gamma)x+\mathrm{c}(\mathrm{at}(\mathrm{s}(\beta)/\tan(\alpha+\theta))+\gamma)y)-H\cdot(\tan(\alpha+\theta)-\tan(\alpha))/\mathrm{c}(\beta)-$

$H\cdot\tan(\alpha)/\mathrm{c}(\beta)))+\mathrm{s}(\gamma)(-\mathrm{s}(\gamma)(1/(1+\mathrm{s}(\beta)^2/\tan(\alpha+\theta)^2)^{1/2}(\mathrm{c}(\mathrm{at}(\mathrm{s}(\beta)/$

$\tan(\alpha+\theta))+\gamma)x+\mathrm{s}(\mathrm{at}(\mathrm{s}(\beta)/\tan(\alpha+\theta))+\gamma)y)+\mathrm{s}(\beta)/\tan(\alpha+\theta)/(1+\mathrm{s}(\beta)^2/$

$\tan(\alpha+\theta)^2)^{1/2}(-\mathrm{s}(\mathrm{at}(\mathrm{s}(\beta)/\tan(\alpha+\theta))+\gamma)x+\mathrm{c}(\mathrm{at}(\mathrm{s}(\beta)/\tan(\alpha+\theta))+\gamma)y)-$

$H\cdot\tan(\beta))+\mathrm{c}(\gamma)(-\mathrm{s}(\beta)/\tan(\alpha+\theta)/(1+\mathrm{s}(\beta)^2/\tan(\alpha+\theta)^2)^{1/2}(\mathrm{c}(\mathrm{at}(\mathrm{s}(\beta)/$

$\tan(\alpha+\theta))+\gamma)x+\mathrm{s}(\mathrm{at}(\mathrm{s}(\beta)/\tan(\alpha+\theta))+\gamma)y)+1/(1+\mathrm{s}(\beta)^2/\tan(\alpha+\theta)^2)^{1/2}$

$(-\mathrm{s}(\mathrm{at}(\mathrm{s}(\beta)/\tan(\alpha+\theta))+\gamma)x+\mathrm{c}(\mathrm{at}(\mathrm{s}(\beta)/\tan(\alpha+\theta))+\gamma)y)-H\cdot(\tan(\alpha+\theta)$

$-\tan(\alpha))/\mathrm{c}(\beta)-H\cdot\tan(\alpha)/\mathrm{c}(\beta))))+\mathrm{s}(\beta)H\cdot)+f\mathrm{c}(\alpha+\theta)\mathrm{c}(\beta)/(H\cdot-(x^2$

$+y^2)^{1/2}\mathrm{s}(-\mathrm{at}(\mathrm{s}(\beta)/\tan(\alpha+\theta))+\gamma-\mathrm{at}(y/x))\mathrm{c}(\alpha+\theta)\mathrm{c}(\beta)(1-\mathrm{c}(\alpha+\theta)^2$

$\mathrm{c}(\beta)^2)^{1/2})^2(\mathrm{c}(\beta)(\mathrm{c}(\gamma)(\mathrm{c}(\gamma)(1/(1+\mathrm{s}(\beta)^2/\tan(\alpha+\theta)^2)^{1/2}(\mathrm{c}(\mathrm{at}(\mathrm{s}(\beta)/$

$\tan(\alpha+\theta))+\gamma)x+\mathrm{s}(\mathrm{at}(\mathrm{s}(\beta)/\tan(\alpha+\theta))+\gamma)y)+\mathrm{s}(\beta)/\tan(\alpha+\theta)/(1+\mathrm{s}(\beta)^2/$

$\tan(\alpha+\theta)^2)^{1/2}(-\mathrm{s}(\mathrm{at}(\mathrm{s}(\beta)/\tan(\alpha+\theta))+\gamma)x+\mathrm{c}(\mathrm{at}(\mathrm{s}(\beta)/\tan(\alpha+\theta))+\gamma)y)-$

$H\cdot\tan(\beta))+\mathrm{s}(\gamma)(-\mathrm{s}(\beta)/\tan(\alpha+\theta)/(1+\mathrm{s}(\beta)^2/\tan(\alpha+\theta)^2)^{1/2}(\mathrm{c}(\mathrm{at}(\mathrm{s}(\beta)/$

$\tan(\alpha+\theta))+\gamma)x+\mathrm{s}(\mathrm{at}(\mathrm{s}(\beta)/\tan(\alpha+\theta))+\gamma)y)+1/(1+\mathrm{s}(\beta)^2/\tan(\alpha+\theta)^2)^{1/2}$

$(-\mathrm{s}(\mathrm{at}(\mathrm{s}(\beta)/\tan(\alpha+\theta))+\gamma)x+\mathrm{c}(\mathrm{at}(\mathrm{s}(\beta)/\tan(\alpha+\theta))+\gamma)y)-H\cdot(\tan(\alpha+\theta)$

$-\tan(\alpha))/\mathrm{c}(\beta)-H\cdot\tan(\alpha)/\mathrm{c}(\beta))-vt)+\mathrm{s}(\gamma)(-\mathrm{s}(\gamma)(1/(1+\mathrm{s}(\beta)^2/\tan(\alpha+$

$\theta)^2)^{1/2}(\mathrm{c}(\mathrm{at}(\mathrm{s}(\beta)/\tan(\alpha+\theta))+\gamma)x+\mathrm{s}(\mathrm{at}(\mathrm{s}(\beta)/\tan(\alpha+\theta))+\gamma)y)+\mathrm{s}(\beta)/$

$\tan(\alpha+\theta)/(1+\mathrm{s}(\beta)^2/\tan(\alpha+\theta)^2)^{1/2}(-\mathrm{s}(\mathrm{at}(\mathrm{s}(\beta)/\tan(\alpha+\theta))+\gamma)x+\mathrm{c}(\mathrm{at}$

$(\mathrm{s}(\beta)/\tan(\alpha+\theta))+\gamma)y)-H\cdot\tan(\beta))+\mathrm{c}(\gamma)(-\mathrm{s}(\beta)/\tan(\alpha+\theta)/(1+\mathrm{s}(\beta)^2/$

$\tan(\alpha+\theta)^2)^{1/2}(\mathrm{c}(\mathrm{at}(\mathrm{s}(\beta)/\tan(\alpha+\theta))+\gamma)x+\mathrm{s}(\mathrm{at}(\mathrm{s}(\beta)/\tan(\alpha+\theta))+\gamma)y)+$

$1/(1+\mathrm{s}(\beta)^2/\tan(\alpha+\theta)^2)^{1/2}(-\mathrm{s}(\mathrm{at}(\mathrm{s}(\beta)/\tan(\alpha+\theta))+\gamma)x+\mathrm{c}(\mathrm{at}(\mathrm{s}(\beta)/\tan$

$(\alpha+\theta))+\gamma)y)-H\cdot(\tan(\alpha+\theta)-\tan(\alpha))/\mathrm{c}(\beta)-H\cdot\tan(\alpha)/\mathrm{c}(\beta))))+\mathrm{s}(\beta)H\cdot)$

$((x^2+y^2)^{1/2}\mathrm{c}(-\mathrm{at}(\mathrm{s}(\beta)/\tan(\alpha+\theta))+\gamma-\mathrm{at}(y/x))(\mathrm{c}(\beta)\omega_p/\tan(\alpha+\theta)-\mathrm{s}(\beta)/$

$\tan(\alpha+\theta)^2(1+\tan(\alpha+\theta)^2)\omega_r)/(1+\mathrm{s}(\beta)^2/\tan(\alpha+\theta)^2)\mathrm{c}(\alpha+\theta)\mathrm{c}(\beta)(1-\mathrm{c}(\alpha+$

$\theta)^2\mathrm{c}(\beta)^2)^{1/2}+(x^2+y^2)^{1/2}\mathrm{s}(-\mathrm{at}(\mathrm{s}(\beta)/\tan(\alpha+\theta))+\gamma-\mathrm{at}(y/x))\mathrm{s}(\alpha+\theta)\omega_r$

$\mathrm{c}(\beta)(1-\mathrm{c}(\alpha+\theta)^2\mathrm{c}(\beta)^2)^{1/2}+(x^2+y^2)^{1/2}\mathrm{s}(-\mathrm{at}(\mathrm{s}(\beta)/\tan(\alpha+\theta))+\gamma-\mathrm{at}(y/x))$

$c(\alpha+\theta)s(\beta)\omega_p(1-c(\alpha+\theta)^2c(\beta)^2)^{1/2}-1/2(x^2+y^2)^{1/2}s(-\mathrm{at}(s(\beta)/\tan(\alpha+$

$\theta))+\gamma-\mathrm{at}(y/x))c(\alpha+\theta)c(\beta)/(1-c(\alpha+\theta)^2c(\beta)^2)^{1/2}(2c(\alpha+\theta)c(\beta)^2s(\alpha+$

$\theta)\omega_r+2c(\alpha+\theta)^2c(\beta)s(\beta)\omega_p))-fc(\alpha+\theta)c(\beta)/(H\cdot-(x^2+y^2)^{1/2}s(-\mathrm{at}(s(\beta)/$

$\tan(\alpha+\theta))+\gamma-\mathrm{at}(y/x))c(\alpha+\theta)c(\beta)(1-c(\alpha+\theta)^2c(\beta)^2)^{1/2})(-s(\beta)\omega_p(c(\gamma)$

$(c(\gamma)(1/(1+s(\beta)^2/\tan(\alpha+\theta)^2)^{1/2}(c(\mathrm{at}(s(\beta)/\tan(\alpha+\theta))+\gamma)x+s(\mathrm{at}$

$(s(\beta)/\tan(\alpha+\theta))+\gamma)y)+s(\beta)/\tan(\alpha+\theta)/(1+s(\beta)^2/\tan(\alpha+\theta)^2)^{1/2}(-s(\mathrm{at}$

$(s(\beta)/\tan(\alpha+\theta))+\gamma)x+c(\mathrm{at}(s(\beta)/\tan(\alpha+\theta))+\gamma)y)-H\cdot\tan(\beta))+s(\gamma)$

$(-s(\beta)/\tan(\alpha+\theta)/(1+s(\beta)^2/\tan(\alpha+\theta)^2)^{1/2}(c(\mathrm{at}(s(\beta)/\tan(\alpha+\theta))+\gamma)x+$

$s(\mathrm{at}(s(\beta)/\tan(\alpha+\theta))+\gamma)y)+1/(1+s(\beta)^2/\tan(\alpha+\theta)^2)^{1/2}(-s(\mathrm{at}(s(\beta)/\tan$

$(\alpha+\theta))+\gamma)x+c(\mathrm{at}(s(\beta)/\tan(\alpha+\theta))+\gamma)y)-H\cdot(\tan(\alpha+\theta)-\tan(\alpha))/c(\beta)-$

$H\cdot\tan(\alpha)/c(\beta)))+s(\gamma)(-s(\gamma)(1/(1+s(\beta)^2/\tan(\alpha+\theta)^2)^{1/2}(c(\mathrm{at}(s(\beta)/$

$\tan(\alpha+\theta))+\gamma)x+s(\mathrm{at}(s(\beta)/\tan(\alpha+\theta))+\gamma)y)+s(\beta)/\tan(\alpha+\theta)/(1+s(\beta)^2/$

$\tan(\alpha+\theta)^2)^{1/2}(-s(\mathrm{at}(s(\beta)/\tan(\alpha+\theta))+\gamma)x+c(\mathrm{at}(s(\beta)/\tan(\alpha+\theta))+\gamma)y)-$

$H\cdot\tan(\beta))+c(\gamma)(-s(\beta)/\tan(\alpha+\theta)/(1+s(\beta)^2/\tan(\alpha+\theta)^2)^{1/2}(c(\mathrm{at}(s(\beta)/$

$\tan(\alpha+\theta))+\gamma)x+s(\mathrm{at}(s(\beta)/\tan(\alpha+\theta))+\gamma)y)+1/(1+s(\beta)^2/\tan(\alpha+\theta)^2)^{1/2}$

$(-s(\mathrm{at}(s(\beta)/\tan(\alpha+\theta))+\gamma)x+c(\mathrm{at}(s(\beta)/\tan(\alpha+\theta))+\gamma)y)-H\cdot(\tan(\alpha+\theta)$

$-\tan(\alpha))/c(\beta)-H\cdot\tan(\alpha)/c(\beta))))+c(\beta)(-s(\gamma)\omega_y(c(\gamma)(1/(1+s(\beta)^2/$

$\tan(\alpha+\theta)^2)^{1/2}(c(\mathrm{at}(s(\beta)/\tan(\alpha+\theta))+\gamma)x+s(\mathrm{at}(s(\beta)/\tan(\alpha+\theta))+\gamma)y)+$

$s(\beta)/\tan(\alpha+\theta)/(1+s(\beta)^2/\tan(\alpha+\theta)^2)^{1/2}(-s(\mathrm{at}(s(\beta)/\tan(\alpha+\theta))+\gamma)x+$

$c(\mathrm{at}(s(\beta)/\tan(\alpha+\theta))+\gamma)y)-H\cdot\tan(\beta))+s(\gamma)(-s(\beta)/\tan(\alpha+\theta)/(1+$

$s(\beta)^2/\tan(\alpha+\theta)^2)^{1/2}(c(\mathrm{at}(s(\beta)/\tan(\alpha+\theta))+\gamma)x+s(\mathrm{at}(s(\beta)/\tan(\alpha+\theta))+$

$\gamma)y)+1/(1+s(\beta)^2/\tan(\alpha+\theta)^2)^{1/2}(-s(\mathrm{at}(s(\beta)/\tan(\alpha+\theta))+\gamma)x+c(\mathrm{at}$

$(s(\beta)/\tan(\alpha+\theta))+\gamma)y)-H\cdot(\tan(\alpha+\theta)-\tan(\alpha))/c(\beta)-H\cdot\tan(\alpha)/$

$c(\beta)))+c(\gamma)(-s(\gamma)\omega_y(1/(1+s(\beta)^2/\tan(\alpha+\theta)^2)^{1/2}(c(\mathrm{at}(s(\beta)/\tan(\alpha+$

$\theta))+\gamma)x+s(\mathrm{at}(s(\beta)/\tan(\alpha+\theta))+\gamma)y)+s(\beta)/\tan(\alpha+\theta)/(1+s(\beta)^2/\tan(\alpha+$

$\theta)^2)^{1/2}(-s(\mathrm{at}(s(\beta)/\tan(\alpha+\theta))+\gamma)x+c(\mathrm{at}(s(\beta)/\tan(\alpha+\theta))+\gamma)y)-H\cdot$

$\tan(\beta))+c(\gamma)(-1/2/(1+s(\beta)^2/\tan(\alpha+\theta)^2)^{3/2}(c(\mathrm{at}(s(\beta)/\tan(\alpha+\theta))+\gamma)$

$x+s(\mathrm{at}(s(\beta)/\tan(\alpha+\theta))+\gamma)y)(2s(\beta)/\tan(\alpha+\theta)^2c(\beta)\omega_p-2s(\beta)^2/\tan(\alpha+$

$\theta)^3(1+\tan(\alpha+\theta)^2)\omega_r)+1/(1+s(\beta)^2/\tan(\alpha+\theta)^2)^{1/2}(-s(\mathrm{at}(s(\beta)/\tan(\alpha+$

$\theta))+\gamma)(c(\beta)\omega_p/\tan(\alpha+\theta)-s(\beta)/\tan(\alpha+\theta)^2(1+\tan(\alpha+\theta)^2)\omega_r)/(1+s(\beta)^2/$

$\tan(\alpha+\theta)^2)x+c(\mathrm{at}(s(\beta)/\tan(\alpha+\theta))+\gamma)(c(\beta)\omega_p/\tan(\alpha+\theta)-s(\beta)/\tan(\alpha+$

$\theta)^2(1+\tan(\alpha+\theta)^2)\omega_r)/(1+s(\beta)^2/\tan(\alpha+\theta)^2)y)+c(\beta)\omega_p/\tan(\alpha+\theta)/(1+$

$s(\beta)^2/\tan(\alpha+\theta)^2)^{1/2}(-s(\mathrm{at}(s(\beta)/\tan(\alpha+\theta))+\gamma)x+c(\mathrm{at}(s(\beta)/\tan(\alpha+\theta))$

$+\gamma)y)-s(\beta)/\tan(\alpha+\theta)^2/(1+s(\beta)^2/\tan(\alpha+\theta)^2)^{1/2}(-s(\mathrm{at}(s(\beta)/\tan(\alpha+$
$\theta))+\gamma)x+c(\mathrm{at}(s(\beta)/\tan(\alpha+\theta))+\gamma)y)(1+\tan(\alpha+\theta)^2)\omega_r-1/2s(\beta)/\tan(\alpha+$
$\theta)/(1+s(\beta)^2/\tan(\alpha+\theta)^2)^{3/2}(-s(\mathrm{at}(s(\beta)/\tan(\alpha+\theta))+\gamma)x+c(\mathrm{at}(s(\beta)/$
$\tan(\alpha+\theta))+\gamma)y)(2s(\beta)/\tan(\alpha+\theta)^2c(\beta)\omega_p-2s(\beta)^2/\tan(\alpha+\theta)^3(1+\tan(\alpha+$
$\theta)^2)\omega_r)+s(\beta)/\tan(\alpha+\theta)/(1+s(\beta)^2/\tan(\alpha+\theta)^2)^{1/2}(-c(\mathrm{at}(s(\beta)/\tan(\alpha+$
$\theta))+\gamma)(c(\beta)\omega_p/\tan(\alpha+\theta)-s(\beta)/\tan(\alpha+\theta)^2(1+\tan(\alpha+\theta)^2)\omega_r)/(1+s(\beta)^2/$
$\tan(\alpha+\theta)^2)x-s(\mathrm{at}(s(\beta)/\tan(\alpha+\theta))+\gamma)(c(\beta)\omega_p/\tan(\alpha+\theta)-s(\beta)/\tan(\alpha+$
$\theta)^2(1+\tan(\alpha+\theta)^2)\omega_r)/(1+s(\beta)^2/\tan(\alpha+\theta)^2)y)-H\cdot(1+\tan(\beta)^2)\omega_p)+$
$c(\gamma)\omega_y(-s(\beta)/\tan(\alpha+\theta)/(1+s(\beta)^2/\tan(\alpha+\theta)^2)^{1/2}(c(\mathrm{at}(s(\beta)/\tan(\alpha+$
$\theta))+\gamma)x+s(\mathrm{at}(s(\beta)/\tan(\alpha+\theta))+\gamma)y)+1/(1+s(\beta)^2/\tan(\alpha+\theta)^2)^{1/2}(-s(\mathrm{at}$
$(s(\beta)/\tan(\alpha+\theta))+\gamma)x+c(\mathrm{at}(s(\beta)/\tan(\alpha+\theta))+\gamma)y)-H\cdot(\tan(\alpha+\theta)-$
$\tan(\alpha))/c(\beta)-H\cdot\tan(\alpha)/c(\beta))+s(\gamma)(-c(\beta)\omega_p/\tan(\alpha+\theta)/(1+s(\beta)^2/$
$\tan(\alpha+\theta)^2)^{1/2}(c(\mathrm{at}(s(\beta)/\tan(\alpha+\theta))+\gamma)x+s(\mathrm{at}(s(\beta)/\tan(\alpha+\theta))+\gamma)y)+$
$s(\beta)/\tan(\alpha+\theta)^2/(1+s(\beta)^2/\tan(\alpha+\theta)^2)^{1/2}(c(\mathrm{at}(s(\beta)/\tan(\alpha+\theta))+\gamma)x+$
$s(\mathrm{at}(s(\beta)/\tan(\alpha+\theta))+\gamma)y)(1+\tan(\alpha+\theta)^2)\omega_r+1/2s(\beta)/\tan(\alpha+\theta)/(1+$
$s(\beta)^2/\tan(\alpha+\theta)^2)^{3/2}(c(\mathrm{at}(s(\beta)/\tan(\alpha+\theta))+\gamma)x+s(\mathrm{at}(s(\beta)/\tan(\alpha+\theta))+$
$\gamma)y)(2s(\beta)/\tan(\alpha+\theta)^2c(\beta)\omega_p-2s(\beta)^2/\tan(\alpha+\theta)^3(1+\tan(\alpha+\theta)^2)\omega_r)-$
$s(\beta)/\tan(\alpha+\theta)/(1+s(\beta)^2/\tan(\alpha+\theta)^2)^{1/2}(-s(\mathrm{at}(s(\beta)/\tan(\alpha+\theta))+\gamma)$
$(c(\beta)\omega_p/\tan(\alpha+\theta)-s(\beta)/\tan(\alpha+\theta)^2(1+\tan(\alpha+\theta)^2)\omega_r)/(1+s(\beta)^2/\tan(\alpha+$
$\theta)^2)x+c(\mathrm{at}(s(\beta)/\tan(\alpha+\theta))+\gamma)(c(\beta)\omega_p/\tan(\alpha+\theta)-s(\beta)/\tan(\alpha+\theta)^2(1+$
$\tan(\alpha+\theta)^2)\omega_r)/(1+s(\beta)^2/\tan(\alpha+\theta)^2)y)-1/2/(1+s(\beta)^2/\tan(\alpha+\theta)^2)^{3/2}$
$(-s(\mathrm{at}(s(\beta)/\tan(\alpha+\theta))+\gamma)x+c(\mathrm{at}(s(\beta)/\tan(\alpha+\theta))+\gamma)y)(2s(\beta)/\tan(\alpha+$
$\theta)^2c(\beta)\omega_p-2s(\beta)^2/\tan(\alpha+\theta)^3(1+\tan(\alpha+\theta)^2)\omega_r)+1/(1+s(\beta)^2/\tan(\alpha+$
$\theta)^2)^{1/2}(-c(\mathrm{at}(s(\beta)/\tan(\alpha+\theta))+\gamma)(c(\beta)\omega_p/\tan(\alpha+\theta)-s(\beta)/\tan(\alpha+\theta)^2$
$(1+\tan(\alpha+\theta)^2)\omega_r)/(1+s(\beta)^2/\tan(\alpha+\theta)^2)x-s(\mathrm{at}(s(\beta)/\tan(\alpha+\theta))+\gamma)$
$(c(\beta)\omega_p/\tan(\alpha+\theta)-s(\beta)/\tan(\alpha+\theta)^2(1+\tan(\alpha+\theta)^2)\omega_r)/(1+s(\beta)^2/\tan(\alpha+$
$\theta)^2)y)-H\cdot((1+\tan(\alpha+\theta)^2)\omega_r-(1+\tan(\alpha)^2)\omega_r)/c(\beta)-H\cdot(\tan(\alpha+\theta)-\tan$
$(\alpha))/c(\beta)^2s(\beta)\omega_p-H\cdot(1+\tan(\alpha)^2)\omega_r/c(\beta)-H\cdot\tan(\alpha)/c(\beta)^2s(\beta)\omega_p)-$
$v)+c(\gamma)\omega_y(-s(\gamma)(1/(1+s(\beta)^2/\tan(\alpha+\theta)^2)^{1/2}(c(\mathrm{at}(s(\beta)/\tan(\alpha+\theta))+\gamma)$
$x+s(\mathrm{at}(s(\beta)/\tan(\alpha+\theta))+\gamma)y)+s(\beta)/\tan(\alpha+\theta)/(1+s(\beta)^2/\tan(\alpha+\theta)^2)^{1/2}$
$(-s(\mathrm{at}(s(\beta)/\tan(\alpha+\theta))+\gamma)x+c(\mathrm{at}(s(\beta)/\tan(\alpha+\theta))+\gamma)y)-H\cdot\tan(\beta))+$
$c(\gamma)(-s(\beta)/\tan(\alpha+\theta)/(1+s(\beta)^2/\tan(\alpha+\theta)^2)^{1/2}(c(\mathrm{at}(s(\beta)/\tan(\alpha+\theta))+$

$\gamma)x+\mathrm{s}(\mathrm{at}(\mathrm{s}(\beta)/\tan(\alpha+\theta))+\gamma)y)+1/(1+\mathrm{s}(\beta)^2/\tan(\alpha+\theta)^2)^{1/2}(-\mathrm{s}(\mathrm{at}$
$(\mathrm{s}(\beta)/\tan(\alpha+\theta))+\gamma)x+\mathrm{c}(\mathrm{at}(\mathrm{s}(\beta)/\tan(\alpha+\theta))+\gamma)y)-H\cdot(\tan(\alpha+\theta)-$
$\tan(\alpha))/\mathrm{c}(\beta)-H\cdot\tan(\alpha)/\mathrm{c}(\beta)))+\mathrm{s}(\gamma)(-\mathrm{c}(\gamma)\omega_y(1/(1+\mathrm{s}(\beta)^2/\tan(\alpha+$
$\theta)^2)^{1/2}(\mathrm{c}(\mathrm{at}(\mathrm{s}(\beta)/\tan(\alpha+\theta))+\gamma)x+\mathrm{s}(\mathrm{at}(\mathrm{s}(\beta)/\tan(\alpha+\theta))+\gamma)y)+\mathrm{s}(\beta)/$
$\tan(\alpha+\theta)/(1+\mathrm{s}(\beta)^2/\tan(\alpha+\theta)^2)^{1/2}(-\mathrm{s}(\mathrm{at}(\mathrm{s}(\beta)/\tan(\alpha+\theta))+\gamma)x+\mathrm{c}(\mathrm{at}$
$(\mathrm{s}(\beta)/\tan(\alpha+\theta))+\gamma)y)-H\cdot\tan(\beta))-\mathrm{s}(\gamma)(-1/2/(1+\mathrm{s}(\beta)^2/\tan(\alpha+$
$\theta)^2)^{3/2}(\mathrm{c}(\mathrm{at}(\mathrm{s}(\beta)/\tan(\alpha+\theta))+\gamma)x+\mathrm{s}(\mathrm{at}(\mathrm{s}(\beta)/\tan(\alpha+\theta))+\gamma)y)(2\mathrm{s}(\beta)/$
$\tan(\alpha+\theta)^2\mathrm{c}(\beta)\omega_p-2\mathrm{s}(\beta)^2/\tan(\alpha+\theta)^3(1+\tan(\alpha+\theta)^2)\omega_r)+1/(1+\mathrm{s}(\beta)^2/$
$\tan(\alpha+\theta)^2)^{1/2}(-\mathrm{s}(\mathrm{at}(\mathrm{s}(\beta)/\tan(\alpha+\theta))+\gamma)(\mathrm{c}(\beta)\omega_p/\tan(\alpha+\theta)-\mathrm{s}(\beta)/$
$\tan(\alpha+\theta)^2(1+\tan(\alpha+\theta)^2)\omega_r)/(1+\mathrm{s}(\beta)^2/\tan(\alpha+\theta)^2)x+\mathrm{c}(\mathrm{at}(\mathrm{s}(\beta)/\tan(\alpha+$
$\theta))+\gamma)(\mathrm{c}(\beta)\omega_p/\tan(\alpha+\theta)-\mathrm{s}(\beta)/\tan(\alpha+\theta)^2(1+\tan(\alpha+\theta)^2)\omega_r)/(1+\mathrm{s}(\beta)^2/$
$\tan(\alpha+\theta)^2)y)+\mathrm{c}(\beta)\omega_p/\tan(\alpha+\theta)/(1+\mathrm{s}(\beta)^2/\tan(\alpha+\theta)^2)^{1/2}(-\mathrm{s}(\mathrm{at}(\mathrm{s}(\beta)/$
$\tan(\alpha+\theta))+\gamma)x+\mathrm{c}(\mathrm{at}(\mathrm{s}(\beta)/\tan(\alpha+\theta))+\gamma)y)-\mathrm{s}(\beta)/\tan(\alpha+\theta)^2/(1+\mathrm{s}(\beta)^2/$
$\tan(\alpha+\theta)^2)^{1/2}(-\mathrm{s}(\mathrm{at}(\mathrm{s}(\beta)/\tan(\alpha+\theta))+\gamma)x+\mathrm{c}(\mathrm{at}(\mathrm{s}(\beta)/\tan(\alpha+\theta))+\gamma)y)$
$(1+\tan(\alpha+\theta)^2)\omega_r-1/2\mathrm{s}(\beta)/\tan(\alpha+\theta)/(1+\mathrm{s}(\beta)^2/\tan(\alpha+\theta)^2)^{3/2}(-\mathrm{s}(\mathrm{at}$
$(\mathrm{s}(\beta)/\tan(\alpha+\theta))+\gamma)x+\mathrm{c}(\mathrm{at}(\mathrm{s}(\beta)/\tan(\alpha+\theta))+\gamma)y)(2\mathrm{s}(\beta)/\tan(\alpha+\theta)^2$
$\mathrm{c}(\beta)\omega_p-2\mathrm{s}(\beta)^2/\tan(\alpha+\theta)^3(1+\tan(\alpha+\theta)^2)\omega_r)+\mathrm{s}(\beta)/\tan(\alpha+\theta)/(1+\mathrm{s}(\beta)^2/$
$\tan(\alpha+\theta)^2)^{1/2}(-\mathrm{c}(\mathrm{at}(\mathrm{s}(\beta)/\tan(\alpha+\theta))+\gamma)(\mathrm{c}(\beta)\omega_p/\tan(\alpha+\theta)-\mathrm{s}(\beta)/\tan(\alpha+$
$\theta)^2(1+\tan(\alpha+\theta)^2)\omega_r)/(1+\mathrm{s}(\beta)^2/\tan(\alpha+\theta)^2)x-\mathrm{s}(\mathrm{at}(\mathrm{s}(\beta)/\tan(\alpha+\theta))+\gamma)$
$(\mathrm{c}(\beta)\omega_p/\tan(\alpha+\theta)-\mathrm{s}(\beta)/\tan(\alpha+\theta)^2(1+\tan(\alpha+\theta)^2)\omega_r)/(1+\mathrm{s}(\beta)^2/\tan(\alpha+$
$\theta)^2)y)-H\cdot(1+\tan(\beta)^2)\omega_p)-\mathrm{s}(\gamma)\omega_y(-\mathrm{s}(\beta)/\tan(\alpha+\theta)/(1+\mathrm{s}(\beta)^2/\tan(\alpha+$
$\theta)^2)^{1/2}(\mathrm{c}(\mathrm{at}(\mathrm{s}(\beta)/\tan(\alpha+\theta))+\gamma)x+\mathrm{s}(\mathrm{at}(\mathrm{s}(\beta)/\tan(\alpha+\theta))+\gamma)y)+1/(1+$
$\mathrm{s}(\beta)^2/\tan(\alpha+\theta)^2)^{1/2}(-\mathrm{s}(\mathrm{at}(\mathrm{s}(\beta)/\tan(\alpha+\theta))+\gamma)x+\mathrm{c}(\mathrm{at}(\mathrm{s}(\beta)/\tan(\alpha+\theta))$
$+\gamma)y)-H\cdot(\tan(\alpha+\theta)-\tan(\alpha))/\mathrm{c}(\beta)-H\cdot\tan(\alpha)/\mathrm{c}(\beta))+\mathrm{c}(\gamma)(-\mathrm{c}(\beta)\omega_p/$
$\tan(\alpha+\theta)/(1+\mathrm{s}(\beta)^2/\tan(\alpha+\theta)^2)^{1/2}(\mathrm{c}(\mathrm{at}(\mathrm{s}(\beta)/\tan(\alpha+\theta))+\gamma)x+\mathrm{s}(\mathrm{at}$
$(\mathrm{s}(\beta)/\tan(\alpha+\theta))+\gamma)y)+\mathrm{s}(\beta)/\tan(\alpha+\theta)^2/(1+\mathrm{s}(\beta)^2/\tan(\alpha+\theta)^2)^{1/2}(\mathrm{c}(\mathrm{at}$
$(\mathrm{s}(\beta)/\tan(\alpha+\theta))+\gamma)x+\mathrm{s}(\mathrm{at}(\mathrm{s}(\beta)/\tan(\alpha+\theta))+\gamma)y)(1+\tan(\alpha+\theta)^2)\omega_r+1/$
$2\mathrm{s}(\beta)/\tan(\alpha+\theta)/(1+\mathrm{s}(\beta)^2/\tan(\alpha+\theta)^2)^{3/2}(\mathrm{c}(\mathrm{at}(\mathrm{s}(\beta)/\tan(\alpha+\theta))+\gamma)x+$
$\mathrm{s}(\mathrm{at}(\mathrm{s}(\beta)/\tan(\alpha+\theta))+\gamma)y)(2\mathrm{s}(\beta)/\tan(\alpha+\theta)^2\mathrm{c}(\beta)\omega_p-2\mathrm{s}(\beta)^2/\tan(\alpha+\theta)^3$
$(1+\tan(\alpha+\theta)^2)\omega_r)-\mathrm{s}(\beta)/\tan(\alpha+\theta)/(1+\mathrm{s}(\beta)^2/\tan(\alpha+\theta)^2)^{1/2}(-\mathrm{s}(\mathrm{at}$
$(\mathrm{s}(\beta)/\tan(\alpha+\theta))+\gamma)(\mathrm{c}(\beta)\omega_p/\tan(\alpha+\theta)-\mathrm{s}(\beta)/\tan(\alpha+\theta)^2(1+\tan(\alpha+\theta)^2)$
$\omega_r)/(1+\mathrm{s}(\beta)^2/\tan(\alpha+\theta)^2)x+\mathrm{c}(\mathrm{at}(\mathrm{s}(\beta)/\tan(\alpha+\theta))+\gamma)(\mathrm{c}(\beta)\omega_p/\tan(\alpha+\theta)$

$$-\mathrm{s}(\beta)/\tan(\alpha+\theta)^2(1+\tan(\alpha+\theta)^2)\omega_r)/(1+\mathrm{s}(\beta)^2/\tan(\alpha+\theta)^2)y)-1/2/(1+$$
$$\mathrm{s}(\beta)^2/\tan(\alpha+\theta)^2)^{3/2}(-\mathrm{s}(\mathrm{at}(\mathrm{s}(\beta)/\tan(\alpha+\theta))+\gamma)x+\mathrm{c}(\mathrm{at}(\mathrm{s}(\beta)/\tan(\alpha+\theta))+$$
$$\gamma)y)(2\mathrm{s}(\beta)/\tan(\alpha+\theta)^2\mathrm{c}(\beta)\omega_p-2\mathrm{s}(\beta)^2/\tan(\alpha+\theta)^3(1+\tan(\alpha+\theta)^2)\omega_r)+1/$$
$$(1+\mathrm{s}(\beta)^2/\tan(\alpha+\theta)^2)^{1/2}(-\mathrm{c}(\mathrm{at}(\mathrm{s}(\beta)/\tan(\alpha+\theta))+\gamma)(\mathrm{c}(\beta)\omega_p/\tan(\alpha+\theta)-$$
$$\mathrm{s}(\beta)/\tan(\alpha+\theta)^2(1+\tan(\alpha+\theta)^2)\omega_r)/(1+\mathrm{s}(\beta)^2/\tan(\alpha+\theta)^2)x-\mathrm{s}(\mathrm{at}(\mathrm{s}(\beta)/$$
$$\tan(\alpha+\theta))+\gamma)(\mathrm{c}(\beta)\omega_p/\tan(\alpha+\theta)-\mathrm{s}(\beta)/\tan(\alpha+\theta)^2(1+\tan(\alpha+\theta)^2)\omega_r)/(1+$$
$$\mathrm{s}(\beta)^2/\tan(\alpha+\theta)^2)y)-H\cdot((1+\tan(\alpha+\theta)^2)\omega_r-(1+\tan(\alpha)^2)\omega_r)/\mathrm{c}(\beta)-H\cdot(\tan$$
$$(\alpha+\theta)-\tan(\alpha))/\mathrm{c}(\beta)^2\mathrm{s}(\beta)\omega_p-H\cdot(1+\tan(\alpha)^2)\omega_r/\mathrm{c}(\beta)-H\cdot\tan(\alpha)/\mathrm{c}(\beta)^2$$
$$\mathrm{s}(\beta)\omega_p)))+\mathrm{c}(\beta)\omega_p H\cdot)$$

(6-6)

$$v_Y=\left.\frac{\mathrm{d}Y(t)}{\mathrm{d}t}\right|_{t=0}=f\mathrm{s}(\alpha+\theta)\omega_r\mathrm{c}(\beta)/(H-(x^2+y^2)^{1/2}\mathrm{s}(-\mathrm{at}(\mathrm{s}(\beta)/t(\alpha+\theta))+\gamma-$$
$$\mathrm{at}(y/x))\mathrm{c}(\alpha+\theta)\mathrm{c}(\beta)(1-\mathrm{c}(\alpha+\theta)^2\mathrm{c}(\beta)^2)^{1/2})(\mathrm{c}(\theta)(\mathrm{c}(\alpha)(-\mathrm{s}(\gamma)(\mathrm{c}(\gamma)(1/$$
$$(1+\mathrm{s}(\beta)^2/t(\alpha+\theta)^2)^{1/2}(\mathrm{c}(\mathrm{at}(\mathrm{s}(\beta)/t(\alpha+\theta))+\gamma)x+\mathrm{s}(\mathrm{at}(\mathrm{s}(\beta)/t(\alpha+\theta))+\gamma)$$
$$y)+\mathrm{s}(\beta)/t(\alpha+\theta)/(1+\mathrm{s}(\beta)^2/t(\alpha+\theta)^2)^{1/2}(-\mathrm{s}(\mathrm{at}(\mathrm{s}(\beta)/t(\alpha+\theta))+\gamma)x+\mathrm{c}(\mathrm{at}$$
$$(\mathrm{s}(\beta)/t(\alpha+\theta))+\gamma)y)-H\cdot t(\beta))+\mathrm{s}(\gamma)(-\mathrm{s}(\beta)/t(\alpha+\theta)/(1+\mathrm{s}(\beta)^2/t(\alpha+$$
$$\theta)^2)^{1/2}(\mathrm{c}(\mathrm{at}(\mathrm{s}(\beta)/t(\alpha+\theta))+\gamma)x+\mathrm{s}(\mathrm{at}(\mathrm{s}(\beta)/t(\alpha+\theta))+\gamma)y)+1/(1+$$
$$\mathrm{s}(\beta)^2/t(\alpha+\theta)^2)^{1/2}(-\mathrm{s}(\mathrm{at}(\mathrm{s}(\beta)/t(\alpha+\theta))+\gamma)x+\mathrm{c}(\mathrm{at}(\mathrm{s}(\beta)/t(\alpha+\theta))+\gamma)y)$$
$$-H(t(\alpha+\theta)-t(\alpha))/\mathrm{c}(\beta)-H\cdot t(\alpha)/\mathrm{c}(\beta)))+\mathrm{c}(\gamma)(-\mathrm{s}(\gamma)(1/(1+\mathrm{s}(\beta)^2/$$
$$t(\alpha+\theta)^2)^{1/2}(\mathrm{c}(\mathrm{at}(\mathrm{s}(\beta)/t(\alpha+\theta))+\gamma)x+\mathrm{s}(\mathrm{at}(\mathrm{s}(\beta)/t(\alpha+\theta))+\gamma)y)+\mathrm{s}(\beta)/$$
$$t(\alpha+\theta)/(1+\mathrm{s}(\beta)^2/t(\alpha+\theta)^2)^{1/2}(-\mathrm{s}(\mathrm{at}(\mathrm{s}(\beta)/t(\alpha+\theta))+\gamma)x+\mathrm{c}(\mathrm{at}(\mathrm{s}(\beta)/$$
$$t(\alpha+\theta))+\gamma)y)-H\cdot t(\beta))+\mathrm{c}(\gamma)(-\mathrm{s}(\beta)/t(\alpha+\theta)/(1+\mathrm{s}(\beta)^2/t(\alpha+\theta)^2)^{1/2}$$
$$(\mathrm{c}(\mathrm{at}(\mathrm{s}(\beta)/t(\alpha+\theta))+\gamma)x+\mathrm{s}(\mathrm{at}(\mathrm{s}(\beta)/t(\alpha+\theta))+\gamma)y)+1/(1+\mathrm{s}(\beta)^2/t(\alpha+$$
$$\theta)^2)^{1/2}(-\mathrm{s}(\mathrm{at}(\mathrm{s}(\beta)/t(\alpha+\theta))+\gamma)x+\mathrm{c}(\mathrm{at}(\mathrm{s}(\beta)/t(\alpha+\theta))+\gamma)y)-H(t(\alpha+\theta)-$$
$$t(\alpha))/\mathrm{c}(\beta)-H\cdot t(\alpha)/\mathrm{c}(\beta))))+\mathrm{s}(\alpha)(\mathrm{s}(\beta)(\mathrm{c}(\gamma)(\mathrm{c}(\gamma)(1/(1+\mathrm{s}(\beta)^2/$$
$$t(\alpha+\theta)^2)^{1/2}(\mathrm{c}(\mathrm{at}(\mathrm{s}(\beta)/t(\alpha+\theta))+\gamma)x+\mathrm{s}(\mathrm{at}(\mathrm{s}(\beta)/t(\alpha+\theta))+\gamma)y)+\mathrm{s}(\beta)/$$
$$t(\alpha+\theta)/(1+\mathrm{s}(\beta)^2/t(\alpha+\theta)^2)^{1/2}(-\mathrm{s}(\mathrm{at}(\mathrm{s}(\beta)/t(\alpha+\theta))+\gamma)x+\mathrm{c}(\mathrm{at}(\mathrm{s}(\beta)/$$
$$t(\alpha+\theta))+\gamma)y)-H\cdot t(\beta))+\mathrm{s}(\gamma)(-\mathrm{s}(\beta)/t(\alpha+\theta)/(1+\mathrm{s}(\beta)^2/t(\alpha+\theta)^2)^{1/2}$$
$$(\mathrm{c}(\mathrm{at}(\mathrm{s}(\beta)/t(\alpha+\theta))+\gamma)x+\mathrm{s}(\mathrm{at}(\mathrm{s}(\beta)/t(\alpha+\theta))+\gamma)y)+1/(1+\mathrm{s}(\beta)^2/t(\alpha+$$
$$\theta)^2)^{1/2}(-\mathrm{s}(\mathrm{at}(\mathrm{s}(\beta)/t(\alpha+\theta))+\gamma)x+\mathrm{c}(\mathrm{at}(\mathrm{s}(\beta)/t(\alpha+\theta))+\gamma)y)-H(t(\alpha+\theta)-$$
$$t(\alpha))/\mathrm{c}(\beta)-H\cdot t(\alpha)/\mathrm{c}(\beta)))+\mathrm{s}(\gamma)(-\mathrm{s}(\gamma)(1/(1+\mathrm{s}(\beta)^2/t(\alpha+\theta)^2)^{1/2}$$
$$(\mathrm{c}(\mathrm{at}(\mathrm{s}(\beta)/t(\alpha+\theta))+\gamma)x+\mathrm{s}(\mathrm{at}(\mathrm{s}(\beta)/t(\alpha+\theta))+\gamma)y)+\mathrm{s}(\beta)/t(\alpha+\theta)/(1+$$
$$\mathrm{s}(\beta)^2/t(\alpha+\theta)^2)^{1/2}(-\mathrm{s}(\mathrm{at}(\mathrm{s}(\beta)/t(\alpha+\theta))+\gamma)x+\mathrm{c}(\mathrm{at}(\mathrm{s}(\beta)/t(\alpha+\theta))+\gamma)y)$$

$-H\cdot t(\beta))+\mathrm{c}(\gamma)(-\mathrm{s}(\beta)/t(\alpha+\theta)/(1+\mathrm{s}(\beta)^2/t(\alpha+\theta)^2)^{1/2}(\mathrm{c}(\mathrm{at}(\mathrm{s}(\beta)/$
$t(\alpha+\theta))+\gamma)x+\mathrm{s}(\mathrm{at}(\mathrm{s}(\beta)/t(\alpha+\theta))+\gamma)y)+1/(1+\mathrm{s}(\beta)^2/t(\alpha+\theta)^2)^{1/2}(-\mathrm{s}(\mathrm{at}$
$(\mathrm{s}(\beta)/t(\alpha+\theta))+\gamma)x+\mathrm{c}(\mathrm{at}(\mathrm{s}(\beta)/t(\alpha+\theta))+\gamma)y)-H(t(\alpha+\theta)-t(\alpha))/\mathrm{c}(\beta)-$
$H\cdot t(\alpha)/\mathrm{c}(\beta))))-\mathrm{c}(\beta)H))+\mathrm{s}(\theta)(-\mathrm{s}(\alpha)(-\mathrm{s}(\gamma)(\mathrm{c}(\gamma)(1/(1+\mathrm{s}(\beta)^2/t(\alpha+$
$\theta)^2)^{1/2}(\mathrm{c}(\mathrm{at}(\mathrm{s}(\beta)/t(\alpha+\theta))+\gamma)x+\mathrm{s}(\mathrm{at}(\mathrm{s}(\beta)/t(\alpha+\theta))+\gamma)y)+\mathrm{s}(\beta)/t(\alpha+$
$\theta)/(1+\mathrm{s}(\beta)^2/t(\alpha+\theta)^2)^{1/2}(-\mathrm{s}(\mathrm{at}(\mathrm{s}(\beta)/t(\alpha+\theta))+\gamma)x+\mathrm{c}(\mathrm{at}(\mathrm{s}(\beta)/t(\alpha+$
$\theta))+\gamma)y)-H\cdot t(\beta))+\mathrm{s}(\gamma)(-\mathrm{s}(\beta)/t(\alpha+\theta)/(1+\mathrm{s}(\beta)^2/t(\alpha+\theta)^2)^{1/2}(\mathrm{c}(\mathrm{at}$
$(\mathrm{s}(\beta)/t(\alpha+\theta))+\gamma)x+\mathrm{s}(\mathrm{at}(\mathrm{s}(\beta)/t(\alpha+\theta))+\gamma)y)+1/(1+\mathrm{s}(\beta)^2/t(\alpha+$
$\theta)^2)^{1/2}(-\mathrm{s}(\mathrm{at}(\mathrm{s}(\beta)/t(\alpha+\theta))+\gamma)x+\mathrm{c}(\mathrm{at}(\mathrm{s}(\beta)/t(\alpha+\theta))+\gamma)y)-H(t(\alpha+\theta)-$
$t(\alpha))/\mathrm{c}(\beta)-H\cdot t(\alpha)/\mathrm{c}(\beta)))+\mathrm{c}(\gamma)(-\mathrm{s}(\gamma)(1/(1+\mathrm{s}(\beta)^2/t(\alpha+\theta)^2)^{1/2}$
$(\mathrm{c}(\mathrm{at}(\mathrm{s}(\beta)/t(\alpha+\theta))+\gamma)x+\mathrm{s}(\mathrm{at}(\mathrm{s}(\beta)/t(\alpha+\theta))+\gamma)y)+\mathrm{s}(\beta)/t(\alpha+\theta)/(1+$
$\mathrm{s}(\beta)^2/t(\alpha+\theta)^2)^{1/2}(-\mathrm{s}(\mathrm{at}(\mathrm{s}(\beta)/t(\alpha+\theta))+\gamma)x+\mathrm{c}(\mathrm{at}(\mathrm{s}(\beta)/t(\alpha+\theta))+\gamma)y)$
$-H\cdot t(\beta))+\mathrm{c}(\gamma)(-\mathrm{s}(\beta)/t(\alpha+\theta)/(1+\mathrm{s}(\beta)^2/t(\alpha+\theta)^2)^{1/2}(\mathrm{c}(\mathrm{at}(\mathrm{s}(\beta)/$
$t(\alpha+\theta))+\gamma)x+\mathrm{s}(\mathrm{at}(\mathrm{s}(\beta)/t(\alpha+\theta))+\gamma)y)+1/(1+\mathrm{s}(\beta)^2/t(\alpha+\theta)^2)^{1/2}(-\mathrm{s}(\mathrm{at}$
$(\mathrm{s}(\beta)/t(\alpha+\theta))+\gamma)x+\mathrm{c}(\mathrm{at}(\mathrm{s}(\beta)/t(\alpha+\theta))+\gamma)y)-H(t(\alpha+\theta)-t(\alpha))/\mathrm{c}(\beta)-$
$H\cdot t(\alpha)/\mathrm{c}(\beta))))+\mathrm{c}(\alpha)(\mathrm{s}(\beta)(\mathrm{c}(\gamma)(\mathrm{c}(\gamma)(1/(1+\mathrm{s}(\beta)^2/t(\alpha+\theta)^2)^{1/2}$
$(\mathrm{c}(\mathrm{at}(\mathrm{s}(\beta)/t(\alpha+\theta))+\gamma)x+\mathrm{s}(\mathrm{at}(\mathrm{s}(\beta)/t(\alpha+\theta))+\gamma)y)+\mathrm{s}(\beta)/t(\alpha+\theta)/(1+$
$\mathrm{s}(\beta)^2/t(\alpha+\theta)^2)^{1/2}(-\mathrm{s}(\mathrm{at}(\mathrm{s}(\beta)/t(\alpha+\theta))+\gamma)x+\mathrm{c}(\mathrm{at}(\mathrm{s}(\beta)/t(\alpha+\theta))+\gamma)y)$
$-H\cdot t(\beta))+\mathrm{s}(\gamma)(-\mathrm{s}(\beta)/t(\alpha+\theta)/(1+\mathrm{s}(\beta)^2/t(\alpha+\theta)^2)^{1/2}(\mathrm{c}(\mathrm{at}(\mathrm{s}(\beta)/t(\alpha$
$+\theta))+\gamma)x+\mathrm{s}(\mathrm{at}(\mathrm{s}(\beta)/t(\alpha+\theta))+\gamma)y)+1/(1+\mathrm{s}(\beta)^2/t(\alpha+\theta)^2)^{1/2}(-\mathrm{s}(\mathrm{at}$
$(\mathrm{s}(\beta)/t(\alpha+\theta))+\gamma)x+\mathrm{c}(\mathrm{at}(\mathrm{s}(\beta)/t(\alpha+\theta))+\gamma)y)-H(t(\alpha+\theta)-t(\alpha))/\mathrm{c}(\beta)-$
$H\cdot t(\alpha)/\mathrm{c}(\beta)))+\mathrm{s}(\gamma)(-\mathrm{s}(\gamma)(1/(1+\mathrm{s}(\beta)^2/t(\alpha+\theta)^2)^{1/2}(\mathrm{c}(\mathrm{at}(\mathrm{s}(\beta)/t(\alpha$
$+\theta))+\gamma)x+\mathrm{s}(\mathrm{at}(\mathrm{s}(\beta)/t(\alpha+\theta))+\gamma)y)+\mathrm{s}(\beta)/t(\alpha+\theta)/(1+\mathrm{s}(\beta)^2/t(\alpha+$
$\theta)^2)^{1/2}(-\mathrm{s}(\mathrm{at}(\mathrm{s}(\beta)/t(\alpha+\theta))+\gamma)x+\mathrm{c}(\mathrm{at}(\mathrm{s}(\beta)/t(\alpha+\theta))+\gamma)y)-H\cdot t(\beta))+$
$\mathrm{c}(\gamma)(-\mathrm{s}(\beta)/t(\alpha+\theta)/(1+\mathrm{s}(\beta)^2/t(\alpha+\theta)^2)^{1/2}(\mathrm{c}(\mathrm{at}(\mathrm{s}(\beta)/t(\alpha+\theta))+\gamma)x+$
$\mathrm{s}(\mathrm{at}(\mathrm{s}(\beta)/t(\alpha+\theta))+\gamma)y)+1/(1+\mathrm{s}(\beta)^2/t(\alpha+\theta)^2)^{1/2}(-\mathrm{s}(\mathrm{at}(\mathrm{s}(\beta)/t(\alpha+$
$\theta))+\gamma)x+\mathrm{c}(\mathrm{at}(\mathrm{s}(\beta)/t(\alpha+\theta))+\gamma)y)-H(t(\alpha+\theta)-t(\alpha))/\mathrm{c}(\beta)-H\cdot t(\alpha)/$
$\mathrm{c}(\beta))))-\mathrm{c}(\beta)H)))+f\mathrm{c}(\alpha+\theta)\mathrm{s}(\beta)\omega_p/(H-(x^2+y^2)^{1/2}\mathrm{s}(-\mathrm{at}(\mathrm{s}(\beta)/t(\alpha+\theta))$
$+\gamma-\mathrm{at}(y/x))\mathrm{c}(\alpha+\theta)\mathrm{c}(\beta)(1-\mathrm{c}(\alpha+\theta)^2\mathrm{c}(\beta)^2)^{1/2})(\mathrm{c}(\theta)(\mathrm{c}(\alpha)(-\mathrm{s}(\gamma)(\mathrm{c}(\gamma)$
$(1/(1+\mathrm{s}(\beta)^2/t(\alpha+\theta)^2)^{1/2}(\mathrm{c}(\mathrm{at}(\mathrm{s}(\beta)/t(\alpha+\theta))+\gamma)x+\mathrm{s}(\mathrm{at}(\mathrm{s}(\beta)/t(\alpha+\theta))$
$+\gamma)y)+\mathrm{s}(\beta)/t(\alpha+\theta)/(1+\mathrm{s}(\beta)^2/t(\alpha+\theta)^2)^{1/2}(-\mathrm{s}(\mathrm{at}(\mathrm{s}(\beta)/t(\alpha+\theta))+\gamma)x+$
$\mathrm{c}(\mathrm{at}(\mathrm{s}(\beta)/t(\alpha+\theta))+\gamma)y)-H\cdot t(\beta))+\mathrm{s}(\gamma)(-\mathrm{s}(\beta)/t(\alpha+\theta)/(1+\mathrm{s}(\beta)^2/t(\alpha$
$+\theta)^2)^{1/2}(\mathrm{c}(\mathrm{at}(\mathrm{s}(\beta)/t(\alpha+\theta))+\gamma)x+\mathrm{s}(\mathrm{at}(\mathrm{s}(\beta)/t(\alpha+\theta))+\gamma)y)+1/(1+$
$\mathrm{s}(\beta)^2/t(\alpha+\theta)^2)^{1/2}(-\mathrm{s}(\mathrm{at}(\mathrm{s}(\beta)/t(\alpha+\theta))+\gamma)x+\mathrm{c}(\mathrm{at}(\mathrm{s}(\beta)/t(\alpha+\theta))+\gamma)y)$

$$-H(t(\alpha+\theta)-t(\alpha))/\mathrm{c}(\beta)-H\cdot t(\alpha)/\mathrm{c}(\beta)))+\mathrm{c}(\gamma)(-\mathrm{s}(\gamma)(1/(1+\mathrm{s}(\beta)^2/$$

$$t(\alpha+\theta)^2)^{1/2}(\mathrm{c}(\mathrm{at}(\mathrm{s}(\beta)/t(\alpha+\theta))+\gamma)x+\mathrm{s}(\mathrm{at}(\mathrm{s}(\beta)/t(\alpha+\theta))+\gamma)y)+\mathrm{s}(\beta)/$$

$$t(\alpha+\theta)/(1+\mathrm{s}(\beta)^2/t(\alpha+\theta)^2)^{1/2}(-\mathrm{s}(\mathrm{at}(\mathrm{s}(\beta)/t(\alpha+\theta))+\gamma)x+\mathrm{c}(\mathrm{at}(\mathrm{s}(\beta)/$$

$$t(\alpha+\theta))+\gamma)y)-H\cdot t(\beta))+\mathrm{c}(\gamma)(-\mathrm{s}(\beta)/t(\alpha+\theta)/(1+\mathrm{s}(\beta)^2/t(\alpha+\theta)^2)^{1/2}$$

$$(\mathrm{c}(\mathrm{at}(\mathrm{s}(\beta)/t(\alpha+\theta))+\gamma)x+\mathrm{s}(\mathrm{at}(\mathrm{s}(\beta)/t(\alpha+\theta))+\gamma)y)+1/(1+\mathrm{s}(\beta)^2/t(\alpha+$$

$$\theta)^2)^{1/2}(-\mathrm{s}(\mathrm{at}(\mathrm{s}(\beta)/t(\alpha+\theta))+\gamma)x+\mathrm{c}(\mathrm{at}(\mathrm{s}(\beta)/t(\alpha+\theta))+\gamma)y)-H(t(\alpha+\theta)-$$

$$t(\alpha))/\mathrm{c}(\beta)-H\cdot t(\alpha)/\mathrm{c}(\beta))))+\mathrm{s}(\alpha)(\mathrm{s}(\beta)(\mathrm{c}(\gamma)(\mathrm{c}(\gamma)(1/(1+\mathrm{s}(\beta)^2/$$

$$t(\alpha+\theta)^2)^{1/2}(\mathrm{c}(\mathrm{at}(\mathrm{s}(\beta)/t(\alpha+\theta))+\gamma)x+\mathrm{s}(\mathrm{at}(\mathrm{s}(\beta)/t(\alpha+\theta))+\gamma)y)+\mathrm{s}(\beta)/$$

$$t(\alpha+\theta)/(1+\mathrm{s}(\beta)^2/t(\alpha+\theta)^2)^{1/2}(-\mathrm{s}(\mathrm{at}(\mathrm{s}(\beta)/t(\alpha+\theta))+\gamma)x+\mathrm{c}(\mathrm{at}(\mathrm{s}(\beta)/$$

$$t(\alpha+\theta))+\gamma)y)-H\cdot t(\beta))+\mathrm{s}(\gamma)(-\mathrm{s}(\beta)/t(\alpha+\theta)/(1+\mathrm{s}(\beta)^2/t(\alpha+\theta)^2)^{1/2}$$

$$(\mathrm{c}(\mathrm{at}(\mathrm{s}(\beta)/t(\alpha+\theta))+\gamma)x+\mathrm{s}(\mathrm{at}(\mathrm{s}(\beta)/t(\alpha+\theta))+\gamma)y)+1/(1+\mathrm{s}(\beta)^2/t(\alpha+$$

$$\theta)^2)^{1/2}(-\mathrm{s}(\mathrm{at}(\mathrm{s}(\beta)/t(\alpha+\theta))+\gamma)x+\mathrm{c}(\mathrm{at}(\mathrm{s}(\beta)/t(\alpha+\theta))+\gamma)y)-H(t(\alpha+\theta)-$$

$$t(\alpha))/\mathrm{c}(\beta)-H\cdot t(\alpha)/\mathrm{c}(\beta)))+\mathrm{s}(\gamma)(-\mathrm{s}(\gamma)(1/(1+\mathrm{s}(\beta)^2/t(\alpha+\theta)^2)^{1/2}$$

$$(\mathrm{c}(\mathrm{at}(\mathrm{s}(\beta)/t(\alpha+\theta))+\gamma)x+\mathrm{s}(\mathrm{at}(\mathrm{s}(\beta)/t(\alpha+\theta))+\gamma)y)+\mathrm{s}(\beta)/t(\alpha+\theta)/(1+$$

$$\mathrm{s}(\beta)^2/t(\alpha+\theta)^2)^{1/2}(-\mathrm{s}(\mathrm{at}(\mathrm{s}(\beta)/t(\alpha+\theta))+\gamma)x+\mathrm{c}(\mathrm{at}(\mathrm{s}(\beta)/t(\alpha+\theta))+\gamma)y)$$

$$-H\cdot t(\beta))+\mathrm{c}(\gamma)(-\mathrm{s}(\beta)/t(\alpha+\theta)/(1+\mathrm{s}(\beta)^2/t(\alpha+\theta)^2)^{1/2}(\mathrm{c}(\mathrm{at}(\mathrm{s}(\beta)/t(\alpha$$

$$+\theta))+\gamma)x+\mathrm{s}(\mathrm{at}(\mathrm{s}(\beta)/t(\alpha+\theta))+\gamma)y)+1/(1+\mathrm{s}(\beta)^2/t(\alpha+\theta)^2)^{1/2}(-\mathrm{s}(\mathrm{at}$$

$$(\mathrm{s}(\beta)/t(\alpha+\theta))+\gamma)x+\mathrm{c}(\mathrm{at}(\mathrm{s}(\beta)/t(\alpha+\theta))+\gamma)y)-H(t(\alpha+\theta)-t(\alpha))/\mathrm{c}(\beta)-$$

$$H\cdot t(\alpha)/\mathrm{c}(\beta))))-\mathrm{c}(\beta)H))+\mathrm{s}(\theta)(-\mathrm{s}(\alpha)(-\mathrm{s}(\gamma)(\mathrm{c}(\gamma)(1/(1+\mathrm{s}(\beta)^2/t(\alpha$$

$$+\theta)^2)^{1/2}(\mathrm{c}(\mathrm{at}(\mathrm{s}(\beta)/t(\alpha+\theta))+\gamma)x+\mathrm{s}(\mathrm{at}(\mathrm{s}(\beta)/t(\alpha+\theta))+\gamma)y)+\mathrm{s}(\beta)/t(\alpha+$$

$$\theta)/(1+\mathrm{s}(\beta)^2/t(\alpha+\theta)^2)^{1/2}(-\mathrm{s}(\mathrm{at}(\mathrm{s}(\beta)/t(\alpha+\theta))+\gamma)x+\mathrm{c}(\mathrm{at}(\mathrm{s}(\beta)/t(\alpha+$$

$$\theta))+\gamma)y)-H\cdot t(\beta))+\mathrm{s}(\gamma)(-\mathrm{s}(\beta)/t(\alpha+\theta)/(1+\mathrm{s}(\beta)^2/t(\alpha+\theta)^2)^{1/2}(\mathrm{c}(\mathrm{at}$$

$$(\mathrm{s}(\beta)/t(\alpha+\theta))+\gamma)x+\mathrm{s}(\mathrm{at}(\mathrm{s}(\beta)/t(\alpha+\theta))+\gamma)y)+1/(1+\mathrm{s}(\beta)^2/t(\alpha+$$

$$\theta)^2)^{1/2}(-\mathrm{s}(\mathrm{at}(\mathrm{s}(\beta)/t(\alpha+\theta))+\gamma)x+\mathrm{c}(\mathrm{at}(\mathrm{s}(\beta)/t(\alpha+\theta))+\gamma)y)-H(t(\alpha+\theta)-$$

$$t(\alpha))/\mathrm{c}(\beta)-H\cdot t(\alpha)/\mathrm{c}(\beta)))+\mathrm{c}(\gamma)(-\mathrm{s}(\gamma)(1/(1+\mathrm{s}(\beta)^2/t(\alpha+\theta)^2)^{1/2}$$

$$(\mathrm{c}(\mathrm{at}(\mathrm{s}(\beta)/t(\alpha+\theta))+\gamma)x+\mathrm{s}(\mathrm{at}(\mathrm{s}(\beta)/t(\alpha+\theta))+\gamma)y)+\mathrm{s}(\beta)/t(\alpha+\theta)/(1+$$

$$\mathrm{s}(\beta)^2/t(\alpha+\theta)^2)^{1/2}(-\mathrm{s}(\mathrm{at}(\mathrm{s}(\beta)/t(\alpha+\theta))+\gamma)x+\mathrm{c}(\mathrm{at}(\mathrm{s}(\beta)/t(\alpha+\theta))+\gamma)y)$$

$$-H\cdot t(\beta))+\mathrm{c}(\gamma)(-\mathrm{s}(\beta)/t(\alpha+\theta)/(1+\mathrm{s}(\beta)^2/t(\alpha+\theta)^2)^{1/2}(\mathrm{c}(\mathrm{at}(\mathrm{s}(\beta)/t(\alpha$$

$$+\theta))+\gamma)x+\mathrm{s}(\mathrm{at}(\mathrm{s}(\beta)/t(\alpha+\theta))+\gamma)y)+1/(1+\mathrm{s}(\beta)^2/t(\alpha+\theta)^2)^{1/2}(-\mathrm{s}(\mathrm{at}$$

$$(\mathrm{s}(\beta)/t(\alpha+\theta))+\gamma)x+\mathrm{c}(\mathrm{at}(\mathrm{s}(\beta)/t(\alpha+\theta))+\gamma)y)-H(t(\alpha+\theta)-t(\alpha))/\mathrm{c}(\beta)-$$

$$H\cdot t(\alpha)/\mathrm{c}(\beta))))+\mathrm{c}(\alpha)(\mathrm{s}(\beta)(\mathrm{c}(\gamma)(\mathrm{c}(\gamma)(1/(1+\mathrm{s}(\beta)^2/t(\alpha+\theta)^2)^{1/2}$$

$$(\mathrm{c}(\mathrm{at}(\mathrm{s}(\beta)/t(\alpha+\theta))+\gamma)x+\mathrm{s}(\mathrm{at}(\mathrm{s}(\beta)/t(\alpha+\theta))+\gamma)y)+\mathrm{s}(\beta)/t(\alpha+\theta)/(1+$$

$$\mathrm{s}(\beta)^2/t(\alpha+\theta)^2)^{1/2}(-\mathrm{s}(\mathrm{at}(\mathrm{s}(\beta)/t(\alpha+\theta))+\gamma)x+\mathrm{c}(\mathrm{at}(\mathrm{s}(\beta)/t(\alpha+\theta))+\gamma)y)$$

$$-H\cdot t(\beta))+\mathrm{s}(\gamma)(-\mathrm{s}(\beta)/t(\alpha+\theta)/(1+\mathrm{s}(\beta)^2/t(\alpha+\theta)^2)^{1/2}(\mathrm{c}(\mathrm{at}(\mathrm{s}(\beta)/t(\alpha$$

$+\theta))+\gamma)x+s(at(s(\beta)/t(\alpha+\theta))+\gamma)y)+1/(1+s(\beta)^2/t(\alpha+\theta)^2)^{1/2}(-s(at$
$(s(\beta)/t(\alpha+\theta))+\gamma)x+c(at(s(\beta)/t(\alpha+\theta))+\gamma)y)-H(t(\alpha+\theta)-t(\alpha))/c(\beta)-$
$H\cdot t(\alpha)/c(\beta)))+s(\gamma)(-s(\gamma)(1/(1+s(\beta)^2/t(\alpha+\theta)^2)^{1/2}(c(at(s(\beta)/t(\alpha$
$+\theta))+\gamma)x+s(at(s(\beta)/t(\alpha+\theta))+\gamma)y)+s(\beta)/t(\alpha+\theta)/(1+s(\beta)^2/t(\alpha+$
$\theta)^2)^{1/2}(-s(at(s(\beta)/t(\alpha+\theta))+\gamma)x+c(at(s(\beta)/t(\alpha+\theta))+\gamma)y)-H\cdot t(\beta))+$
$c(\gamma)(-s(\beta)/t(\alpha+\theta)/(1+s(\beta)^2/t(\alpha+\theta)^2)^{1/2}(c(at(s(\beta)/t(\alpha+\theta))+\gamma)x+$
$s(at(s(\beta)/t(\alpha+\theta))+\gamma)y)+1/(1+s(\beta)^2/t(\alpha+\theta)^2)^{1/2}(-s(at(s(\beta)/t(\alpha+$
$\theta))+\gamma)x+c(at(s(\beta)/t(\alpha+\theta))+\gamma)y)-H(t(\alpha+\theta)-t(\alpha))/c(\beta)-H\cdot t(\alpha)/$
$c(\beta))))-c(\beta)H)))+fc(\alpha+\theta)c(\beta)/(H-(x^2+y^2)^{1/2}s(-at(s(\beta)/t(\alpha+\theta))+\gamma$
$-at(y/x))c(\alpha+\theta)c(\beta)(1-c(\alpha+\theta)^2c(\beta)^2)^{1/2})^2(c(\theta)(c(\alpha)(-s(\gamma)(c(\gamma)$
$(1/(1+s(\beta)^2/t(\alpha+\theta)^2)^{1/2}(c(at(s(\beta)/t(\alpha+\theta))+\gamma)x+s(at(s(\beta)/t(\alpha+\theta))$
$+\gamma)y)+s(\beta)/t(\alpha+\theta)/(1+s(\beta)^2/t(\alpha+\theta)^2)^{1/2}(-s(at(s(\beta)/t(\alpha+\theta))+\gamma)x+$
$c(at(s(\beta)/t(\alpha+\theta))+\gamma)y)-H\cdot t(\beta))+s(\gamma)(-s(\beta)/t(\alpha+\theta)/(1+s(\beta)^2/t(\alpha$
$+\theta)^2)^{1/2}(c(at(s(\beta)/t(\alpha+\theta))+\gamma)x+s(at(s(\beta)/t(\alpha+\theta))+\gamma)y)+1/(1+$
$s(\beta)^2/t(\alpha+\theta)^2)^{1/2}(-s(at(s(\beta)/t(\alpha+\theta))+\gamma)x+c(at(s(\beta)/t(\alpha+\theta))+\gamma)y)$
$-H(t(\alpha+\theta)-t(\alpha))/c(\beta)-H\cdot t(\alpha)/c(\beta)))+c(\gamma)(-s(\gamma)(1/(1+s(\beta)^2/$
$t(\alpha+\theta)^2)^{1/2}(c(at(s(\beta)/t(\alpha+\theta))+\gamma)x+s(at(s(\beta)/t(\alpha+\theta))+\gamma)y)+s(\beta)/$
$t(\alpha+\theta)/(1+s(\beta)^2/t(\alpha+\theta)^2)^{1/2}(-s(at(s(\beta)/t(\alpha+\theta))+\gamma)x+c(at(s(\beta)/$
$t(\alpha+\theta))+\gamma)y)-H\cdot t(\beta))+c(\gamma)(-s(\beta)/t(\alpha+\theta)/(1+s(\beta)^2/t(\alpha+\theta)^2)^{1/2}(c$
$(at(s(\beta)/t(\alpha+\theta))+\gamma)x+s(at(s(\beta)/t(\alpha+\theta))+\gamma)y)+1/(1+s(\beta)^2/t(\alpha+$
$\theta)^2)^{1/2}(-s(at(s(\beta)/t(\alpha+\theta))+\gamma)x+c(at(s(\beta)/t(\alpha+\theta))+\gamma)y)-H(t(\alpha+\theta)-$
$t(\alpha))/c(\beta)-H\cdot t(\alpha)/c(\beta))))+s(\alpha)(s(\beta)(c(\gamma)(c(\gamma)(1/(1+s(\beta)^2/$
$t(\alpha+\theta)^2)^{1/2}(c(at(s(\beta)/t(\alpha+\theta))+\gamma)x+s(at(s(\beta)/t(\alpha+\theta))+\gamma)y)+s(\beta)/$
$t(\alpha+\theta)/(1+s(\beta)^2/t(\alpha+\theta)^2)^{1/2}(-s(at(s(\beta)/t(\alpha+\theta))+\gamma)x+c(at(s(\beta)/$
$t(\alpha+\theta))+\gamma)y)-H\cdot t(\beta))+s(\gamma)(-s(\beta)/t(\alpha+\theta)/(1+s(\beta)^2/t(\alpha+\theta)^2)^{1/2}$
$(c(at(s(\beta)/t(\alpha+\theta))+\gamma)x+s(at(s(\beta)/t(\alpha+\theta))+\gamma)y)+1/(1+s(\beta)^2/t(\alpha+$
$\theta)^2)^{1/2}(-s(at(s(\beta)/t(\alpha+\theta))+\gamma)x+c(at(s(\beta)/t(\alpha+\theta))+\gamma)y)-H(t(\alpha+\theta)-$
$t(\alpha))/c(\beta)-H\cdot t(\alpha)/c(\beta)))+s(\gamma)(-s(\gamma)(1/(1+s(\beta)^2/t(\alpha+\theta)^2)^{1/2}$
$(c(at(s(\beta)/t(\alpha+\theta))+\gamma)x+s(at(s(\beta)/t(\alpha+\theta))+\gamma)y)+s(\beta)/t(\alpha+\theta)/(1+$
$s(\beta)^2/t(\alpha+\theta)^2)^{1/2}(-s(at(s(\beta)/t(\alpha+\theta))+\gamma)x+c(at(s(\beta)/t(\alpha+\theta))+\gamma)y)$
$-H\cdot t(\beta))+c(\gamma)(-s(\beta)/t(\alpha+\theta)/(1+s(\beta)^2/t(\alpha+\theta)^2)^{1/2}(c(at(s(\beta)/t(\alpha$
$+\theta))+\gamma)x+s(at(s(\beta)/t(\alpha+\theta))+\gamma)y)+1/(1+s(\beta)^2/t(\alpha+\theta)^2)^{1/2}(-s(at$
$(s(\beta)/t(\alpha+\theta))+\gamma)x+c(at(s(\beta)/t(\alpha+\theta))+\gamma)y)-H(t(\alpha+\theta)-t(\alpha))/c(\beta)-$
$H\cdot t(\alpha)/c(\beta))))-c(\beta)H))+s(\theta)(-s(\alpha)(-s(\gamma)(c(\gamma)(1/(1+s(\beta)^2/t(\alpha$

$+\theta)^2)^{1/2}(\mathrm{c}(\mathrm{at}(\mathrm{s}(\beta)/t(\alpha+\theta))+\gamma)x+\mathrm{s}(\mathrm{at}(\mathrm{s}(\beta)/t(\alpha+\theta))+\gamma)y)+\mathrm{s}(\beta)/t(\alpha+$

$\theta)/(1+\mathrm{s}(\beta)^2/t(\alpha+\theta)^2)^{1/2}(-\mathrm{s}(\mathrm{at}(\mathrm{s}(\beta)/t(\alpha+\theta))+\gamma)x+\mathrm{c}(\mathrm{at}(\mathrm{s}(\beta)/t(\alpha+$

$\theta))+\gamma)y)-H\cdot t(\beta))+\mathrm{s}(\gamma)(-\mathrm{s}(\beta)/t(\alpha+\theta)/(1+\mathrm{s}(\beta)^2/t(\alpha+\theta)^2)^{1/2}(\mathrm{c}(\mathrm{at}$

$(\mathrm{s}(\beta)/t(\alpha+\theta))+\gamma)x+\mathrm{s}(\mathrm{at}(\mathrm{s}(\beta)/t(\alpha+\theta))+\gamma)y)+1/(1+\mathrm{s}(\beta)^2/t(\alpha+$

$\theta)^2)^{1/2}(-\mathrm{s}(\mathrm{at}(\mathrm{s}(\beta)/t(\alpha+\theta))+\gamma)x+\mathrm{c}(\mathrm{at}(\mathrm{s}(\beta)/t(\alpha+\theta))+\gamma)y)-H(t(\alpha+\theta)-$

$t(\alpha))/\mathrm{c}(\beta)-H\cdot t(\alpha)/\mathrm{c}(\beta)))+\mathrm{c}(\gamma)(-\mathrm{s}(\gamma)(1/(1+\mathrm{s}(\beta)^2/t(\alpha+\theta)^2)^{1/2}$

$(\mathrm{c}(\mathrm{at}(\mathrm{s}(\beta)/t(\alpha+\theta))+\gamma)x+\mathrm{s}(\mathrm{at}(\mathrm{s}(\beta)/t(\alpha+\theta))+\gamma)y)+\mathrm{s}(\beta)/t(\alpha+\theta)/(1+$

$\mathrm{s}(\beta)^2/t(\alpha+\theta)^2)^{1/2}(-\mathrm{s}(\mathrm{at}(\mathrm{s}(\beta)/t(\alpha+\theta))+\gamma)x+\mathrm{c}(\mathrm{at}(\mathrm{s}(\beta)/t(\alpha+\theta))+\gamma)y)$

$-H\cdot t(\beta))+\mathrm{c}(\gamma)(-\mathrm{s}(\beta)/t(\alpha+\theta)/(1+\mathrm{s}(\beta)^2/t(\alpha+\theta)^2)^{1/2}(\mathrm{c}(\mathrm{at}(\mathrm{s}(\beta)/t(\alpha$

$+\theta))+\gamma)x+\mathrm{s}(\mathrm{at}(\mathrm{s}(\beta)/t(\alpha+\theta))+\gamma)y)+1/(1+\mathrm{s}(\beta)^2/t(\alpha+\theta)^2)^{1/2}(-\mathrm{s}(\mathrm{at}$

$(\mathrm{s}(\beta)/t(\alpha+\theta))+\gamma)x+\mathrm{c}(\mathrm{at}(\mathrm{s}(\beta)/t(\alpha+\theta))+\gamma)y)-H(t(\alpha+\theta)-t(\alpha))/\mathrm{c}(\beta)-$

$H\cdot t(\alpha)/\mathrm{c}(\beta))))+\mathrm{c}(\alpha)(\mathrm{s}(\beta)(\mathrm{c}(\gamma)(\mathrm{c}(\gamma)(1/(1+\mathrm{s}(\beta)^2/t(\alpha+\theta)^2)^{1/2}$

$(\mathrm{c}(\mathrm{at}(\mathrm{s}(\beta)/t(\alpha+\theta))+\gamma)x+\mathrm{s}(\mathrm{at}(\mathrm{s}(\beta)/t(\alpha+\theta))+\gamma)y)+\mathrm{s}(\beta)/t(\alpha+\theta)/(1+$

$\mathrm{s}(\beta)^2/t(\alpha+\theta)^2)^{1/2}(-\mathrm{s}(\mathrm{at}(\mathrm{s}(\beta)/t(\alpha+\theta))+\gamma)x+\mathrm{c}(\mathrm{at}(\mathrm{s}(\beta)/t(\alpha+\theta))+\gamma)y)$

$-H\cdot t(\beta))+\mathrm{s}(\gamma)(-\mathrm{s}(\beta)/t(\alpha+\theta)/(1+\mathrm{s}(\beta)^2/t(\alpha+\theta)^2)^{1/2}(\mathrm{c}(\mathrm{at}(\mathrm{s}(\beta)/t(\alpha$

$+\theta))+\gamma)x+\mathrm{s}(\mathrm{at}(\mathrm{s}(\beta)/t(\alpha+\theta))+\gamma)y)+1/(1+\mathrm{s}(\beta)^2/t(\alpha+\theta)^2)^{1/2}(-\mathrm{s}(\mathrm{at}$

$(\mathrm{s}(\beta)/t(\alpha+\theta))+\gamma)x+\mathrm{c}(\mathrm{at}(\mathrm{s}(\beta)/t(\alpha+\theta))+\gamma)y)-H(t(\alpha+\theta)-t(\alpha))/\mathrm{c}(\beta)-$

$H\cdot t(\alpha)/\mathrm{c}(\beta)))+\mathrm{s}(\gamma)(-\mathrm{s}(\gamma)(1/(1+\mathrm{s}(\beta)^2/t(\alpha+\theta)^2)^{1/2}(\mathrm{c}(\mathrm{at}(\mathrm{s}(\beta)/t(\alpha$

$+\theta))+\gamma)x+\mathrm{s}(\mathrm{at}(\mathrm{s}(\beta)/t(\alpha+\theta))+\gamma)y)+\mathrm{s}(\beta)/t(\alpha+\theta)/(1+\mathrm{s}(\beta)^2/t(\alpha+$

$\theta)^2)^{1/2}(-\mathrm{s}(\mathrm{at}(\mathrm{s}(\beta)/t(\alpha+\theta))+\gamma)x+\mathrm{c}(\mathrm{at}(\mathrm{s}(\beta)/t(\alpha+\theta))+\gamma)y)-H\cdot t(\beta))+$

$\mathrm{c}(\gamma)(-\mathrm{s}(\beta)/t(\alpha+\theta)/(1+\mathrm{s}(\beta)^2/t(\alpha+\theta)^2)^{1/2}(\mathrm{c}(\mathrm{at}(\mathrm{s}(\beta)/t(\alpha+\theta))+\gamma)x+$

$\mathrm{s}(\mathrm{at}(\mathrm{s}(\beta)/t(\alpha+\theta))+\gamma)y)+1/(1+\mathrm{s}(\beta)^2/t(\alpha+\theta)^2)^{1/2}(-\mathrm{s}(\mathrm{at}(\mathrm{s}(\beta)/t(\alpha+$

$\theta))+\gamma)x+\mathrm{c}(\mathrm{at}(\mathrm{s}(\beta)/t(\alpha+\theta))+\gamma)y)-H(t(\alpha+\theta)-t(\alpha))/\mathrm{c}(\beta)-H\cdot t(\alpha)/$

$\mathrm{c}(\beta))))-\mathrm{c}(\beta)H)))((x^2+y^2)^{1/2}\mathrm{c}(-\mathrm{at}(\mathrm{s}(\beta)/t(\alpha+\theta))+\gamma-\mathrm{at}(y/x))(\mathrm{c}(\beta)$

$\omega_p/t(\alpha+\theta)-\mathrm{s}(\beta)/t(\alpha+\theta)^2(1+t(\alpha+\theta)^2)\omega_r)/(1+\mathrm{s}(\beta)^2/t(\alpha+\theta)^2)\mathrm{c}(\alpha+\theta)$

$\mathrm{c}(\beta)(1-\mathrm{c}(\alpha+\theta)^2\mathrm{c}(\beta)^2)^{1/2}+(x^2+y^2)^{1/2}\mathrm{s}(-\mathrm{at}(\mathrm{s}(\beta)/t(\alpha+\theta))+\gamma-\mathrm{at}(y/x))$

$\mathrm{s}(\alpha+\theta)\omega_r\mathrm{c}(\beta)(1-\mathrm{c}(\alpha+\theta)^2\mathrm{c}(\beta)^2)^{1/2}+(x^2+y^2)^{1/2}\mathrm{s}(-\mathrm{at}(\mathrm{s}(\beta)/t(\alpha+\theta))+\gamma-\mathrm{at}$

$(y/x))\mathrm{c}(\alpha+\theta)\mathrm{s}(\beta)\omega_p(1-\mathrm{c}(\alpha+\theta)^2\mathrm{c}(\beta)^2)^{1/2}-1/2(x^2+y^2)^{1/2}\mathrm{s}(-\mathrm{at}(\mathrm{s}(\beta)/$

$t(\alpha+\theta))+\gamma-\mathrm{at}(y/x))\mathrm{c}(\alpha+\theta)\mathrm{c}(\beta)/(1-\mathrm{c}(\alpha+\theta)^2\mathrm{c}(\beta)^2)^{1/2}(2\mathrm{c}(\alpha+\theta)\mathrm{c}(\beta)^2$

$\mathrm{s}(\alpha+\theta)\omega_r+2\mathrm{c}(\alpha+\theta)^2\mathrm{c}(\beta)\mathrm{s}(\beta)\omega_p))-f\mathrm{c}(\alpha+\theta)\mathrm{c}(\beta)/(H-(x^2+y^2)^{1/2}\mathrm{s}(-\mathrm{at}$

$(\mathrm{s}(\beta)/t(\alpha+\theta))+\gamma-\mathrm{at}(y/x))\mathrm{c}(\alpha+\theta)\mathrm{c}(\beta)(1-\mathrm{c}(\alpha+\theta)^2\mathrm{c}(\beta)^2)^{1/2})(\mathrm{c}(\theta)$

$(-\mathrm{s}(\alpha)\omega_r(-\mathrm{s}(\gamma)(\mathrm{c}(\gamma)(1/(1+\mathrm{s}(\beta)^2/t(\alpha+\theta)^2)^{1/2}(\mathrm{c}(\mathrm{at}(\mathrm{s}(\beta)/t(\alpha+\theta))+$

$\gamma)x+\mathrm{s}(\mathrm{at}(\mathrm{s}(\beta)/t(\alpha+\theta))+\gamma)y)+\mathrm{s}(\beta)/t(\alpha+\theta)/(1+\mathrm{s}(\beta)^2/t(\alpha+\theta)^2)^{1/2}$

$$(-s(at(s(\beta)/t(\alpha+\theta))+\gamma)x+c(at(s(\beta)/t(\alpha+\theta))+\gamma)y)-H\cdot t(\beta))+s(\gamma)$$
$$(-s(\beta)/t(\alpha+\theta)/(1+s(\beta)^2/t(\alpha+\theta)^2)^{1/2}(c(at(s(\beta)/t(\alpha+\theta))+\gamma)x+s(at$$
$$(s(\beta)/t(\alpha+\theta))+\gamma)y)+1/(1+s(\beta)^2/t(\alpha+\theta)^2)^{1/2}(-s(at(s(\beta)/t(\alpha+\theta))+$$
$$\gamma)x+c(at(s(\beta)/t(\alpha+\theta))+\gamma)y)-H(t(\alpha+\theta)-t(\alpha))/c(\beta)-H\cdot t(\alpha)/c(\beta)))$$
$$+c(\gamma)(-s(\gamma)(1/(1+s(\beta)^2/t(\alpha+\theta)^2)^{1/2}(c(at(s(\beta)/t(\alpha+\theta))+\gamma)x+s(at$$
$$(s(\beta)/t(\alpha+\theta))+\gamma)y)+s(\beta)/t(\alpha+\theta)/(1+s(\beta)^2/t(\alpha+\theta)^2)^{1/2}(-s(at$$
$$(s(\beta)/t(\alpha+\theta))+\gamma)x+c(at(s(\beta)/t(\alpha+\theta))+\gamma)y)-H\cdot t(\beta))+c(\gamma)(-s(\beta)/$$
$$t(\alpha+\theta)/(1+s(\beta)^2/t(\alpha+\theta)^2)^{1/2}(c(at(s(\beta)/t(\alpha+\theta))+\gamma)x+s(at(s(\beta)/t(\alpha$$
$$+\theta))+\gamma)y)+1/(1+s(\beta)^2/t(\alpha+\theta)^2)^{1/2}(-s(at(s(\beta)/t(\alpha+\theta))+\gamma)x+c(at$$
$$(s(\beta)/t(\alpha+\theta))+\gamma)y)-H(t(\alpha+\theta)-t(\alpha))/c(\beta)-H\cdot t(\alpha)/c(\beta))))+c(\alpha)$$
$$(-c(\gamma)\omega_y(c(\gamma)(1/(1+s(\beta)^2/t(\alpha+\theta)^2)^{1/2}(c(at(s(\beta)/t(\alpha+\theta))+\gamma)x+s(at$$
$$(s(\beta)/t(\alpha+\theta))+\gamma)y)+s(\beta)/t(\alpha+\theta)/(1+s(\beta)^2/t(\alpha+\theta)^2)^{1/2}(-s(at$$
$$(s(\beta)/t(\alpha+\theta))+\gamma)x+c(at(s(\beta)/t(\alpha+\theta))+\gamma)y)-H\cdot t(\beta))+s(\gamma)(-s(\beta)/$$
$$t(\alpha+\theta)/(1+s(\beta)^2/t(\alpha+\theta)^2)^{1/2}(c(at(s(\beta)/t(\alpha+\theta))+\gamma)x+s(at(s(\beta)/$$
$$t(\alpha+\theta))+\gamma)y)+1/(1+s(\beta)^2/t(\alpha+\theta)^2)^{1/2}(-s(at(s(\beta)/t(\alpha+\theta))+\gamma)x+c(at$$
$$(s(\beta)/t(\alpha+\theta))+\gamma)y)-H(t(\alpha+\theta)-t(\alpha))/c(\beta)-H\cdot t(\alpha)/c(\beta)))-s(\gamma)$$
$$(-s(\gamma)\omega_y(1/(1+s(\beta)^2/t(\alpha+\theta)^2)^{1/2}(c(at(s(\beta)/t(\alpha+\theta))+\gamma)x+s(at$$
$$(s(\beta)/t(\alpha+\theta))+\gamma)y)+s(\beta)/t(\alpha+\theta)/(1+s(\beta)^2/t(\alpha+\theta)^2)^{1/2}(-s(at$$
$$(s(\beta)/t(\alpha+\theta))+\gamma)x+c(at(s(\beta)/t(\alpha+\theta))+\gamma)y)-H\cdot t(\beta))+c(\gamma)(-1/2/$$
$$(1+s(\beta)^2/t(\alpha+\theta)^2)^{3/2}(c(at(s(\beta)/t(\alpha+\theta))+\gamma)x+s(at(s(\beta)/t(\alpha+\theta))+\gamma)$$
$$y)(2s(\beta)/t(\alpha+\theta)^2c(\beta)\omega_p-2s(\beta)^2/t(\alpha+\theta)^3(1+t(\alpha+\theta)^2)\omega_r)+1/(1+s(\beta)^2/$$
$$t(\alpha+\theta)^2)^{1/2}(-s(at(s(\beta)/t(\alpha+\theta))+\gamma)(c(\beta)\omega_p/t(\alpha+\theta)-s(\beta)/t(\alpha+\theta)^2(1+$$
$$t(\alpha+\theta)^2)\omega_r)/(1+s(\beta)^2/t(\alpha+\theta)^2)x+c(at(s(\beta)/t(\alpha+\theta))+\gamma)(c(\beta)\omega_p/t(\alpha$$
$$+\theta)-s(\beta)/t(\alpha+\theta)^2(1+t(\alpha+\theta)^2)\omega_r)/(1+s(\beta)^2/t(\alpha+\theta)^2)y)+c(\beta)\omega_p/t(\alpha+$$
$$\theta)/(1+s(\beta)^2/t(\alpha+\theta)^2)^{1/2}(-s(at(s(\beta)/t(\alpha+\theta))+\gamma)x+c(at(s(\beta)/t(\alpha+$$
$$\theta))+\gamma)y)-s(\beta)/t(\alpha+\theta)^2/(1+s(\beta)^2/t(\alpha+\theta)^2)^{1/2}(-s(at(s(\beta)/t(\alpha+\theta))+$$
$$\gamma)x+c(at(s(\beta)/t(\alpha+\theta))+\gamma)y)(1+t(\alpha+\theta)^2)\omega_r-1/2s(\beta)/t(\alpha+\theta)/(1+$$
$$s(\beta)^2/t(\alpha+\theta)^2)^{3/2}(-s(at(s(\beta)/t(\alpha+\theta))+\gamma)x+c(at(s(\beta)/t(\alpha+\theta))+\gamma)y)$$
$$(2s(\beta)/t(\alpha+\theta)^2c(\beta)\omega_p-2s(\beta)^2/t(\alpha+\theta)^3(1+t(\alpha+\theta)^2)\omega_r)+s(\beta)/t(\alpha+\theta)/$$
$$(1+s(\beta)^2/t(\alpha+\theta)^2)^{1/2}(-c(at(s(\beta)/t(\alpha+\theta))+\gamma)(c(\beta)\omega_p/t(\alpha+\theta)-s(\beta)/$$
$$t(\alpha+\theta)^2(1+t(\alpha+\theta)^2)\omega_r)/(1+s(\beta)^2/t(\alpha+\theta)^2)x-s(at(s(\beta)/t(\alpha+\theta))+\gamma)$$
$$(c(\beta)\omega_p/t(\alpha+\theta)-s(\beta)/t(\alpha+\theta)^2(1+t(\alpha+\theta)^2)\omega_r)/(1+s(\beta)^2/t(\alpha+\theta)^2)y)-$$
$$H(1+t(\beta)^2)\omega_p)+c(\gamma)\omega_y(-s(\beta)/t(\alpha+\theta)/(1+s(\beta)^2/t(\alpha+\theta)^2)^{1/2}(c(at$$

$(\mathrm{s}(\beta)/t(\alpha+\theta))+\gamma)x+\mathrm{s}(\mathrm{at}(\mathrm{s}(\beta)/t(\alpha+\theta))+\gamma)y)+1/(1+\mathrm{s}(\beta)^2/t(\alpha+$
$\theta)^2)^{1/2}(-\mathrm{s}(\mathrm{at}(\mathrm{s}(\beta)/t(\alpha+\theta))+\gamma)x+\mathrm{c}(\mathrm{at}(\mathrm{s}(\beta)/t(\alpha+\theta))+\gamma)y)-H(t(\alpha+\theta)-$
$t(\alpha))/\mathrm{c}(\beta)-H\cdot t(\alpha)/\mathrm{c}(\beta))+\mathrm{s}(\gamma)(-\mathrm{c}(\beta)\omega_p/t(\alpha+\theta)/(1+\mathrm{s}(\beta)^2/t(\alpha+$
$\theta)^2)^{1/2}(\mathrm{c}(\mathrm{at}(\mathrm{s}(\beta)/t(\alpha+\theta))+\gamma)x+\mathrm{s}(\mathrm{at}(\mathrm{s}(\beta)/t(\alpha+\theta))+\gamma)y)+\mathrm{s}(\beta)/t(\alpha+$
$\theta)^2/(1+\mathrm{s}(\beta)^2/t(\alpha+\theta)^2)^{1/2}(\mathrm{c}(\mathrm{at}(\mathrm{s}(\beta)/t(\alpha+\theta))+\gamma)x+\mathrm{s}(\mathrm{at}(\mathrm{s}(\beta)/t(\alpha+$
$\theta))+\gamma)y)(1+t(\alpha+\theta)^2)\omega_r+1/2\mathrm{s}(\beta)/t(\alpha+\theta)/(1+\mathrm{s}(\beta)^2/t(\alpha+\theta)^2)^{3/2}(\mathrm{c}(\mathrm{at}$
$(\mathrm{s}(\beta)/t(\alpha+\theta))+\gamma)x+\mathrm{s}(\mathrm{at}(\mathrm{s}(\beta)/t(\alpha+\theta))+\gamma)y)(2\mathrm{s}(\beta)/t(\alpha+\theta)^2\mathrm{c}(\beta)\omega_p-$
$2\mathrm{s}(\beta)^2/t(\alpha+\theta)^3(1+t(\alpha+\theta)^2)\omega_r)-\mathrm{s}(\beta)/t(\alpha+\theta)/(1+\mathrm{s}(\beta)^2/t(\alpha+\theta)^2)^{1/2}$
$(-\mathrm{s}(\mathrm{at}(\mathrm{s}(\beta)/t(\alpha+\theta))+\gamma)(\mathrm{c}(\beta)\omega_p/t(\alpha+\theta)-\mathrm{s}(\beta)/t(\alpha+\theta)^2(1+t(\alpha+\theta)^2)$
$\omega_r)/(1+\mathrm{s}(\beta)^2/t(\alpha+\theta)^2)x+\mathrm{c}(\mathrm{at}(\mathrm{s}(\beta)/t(\alpha+\theta))+\gamma)(\mathrm{c}(\beta)\omega_p/t(\alpha+\theta)-$
$\mathrm{s}(\beta)/t(\alpha+\theta)^2(1+t(\alpha+\theta)^2)\omega_r)/(1+\mathrm{s}(\beta)^2/t(\alpha+\theta)^2)y)-1/2/(1+\mathrm{s}(\beta)^2/$
$t(\alpha+\theta)^2)^{3/2}(-\mathrm{s}(\mathrm{at}(\mathrm{s}(\beta)/t(\alpha+\theta))+\gamma)x+\mathrm{c}(\mathrm{at}(\mathrm{s}(\beta)/t(\alpha+\theta))+\gamma)y)(2\mathrm{s}(\beta)/$
$t(\alpha+\theta)^2\mathrm{c}(\beta)\omega_p-2\mathrm{s}(\beta)^2/t(\alpha+\theta)^3(1+t(\alpha+\theta)^2)\omega_r)+1/(1+\mathrm{s}(\beta)^2/t(\alpha+$
$\theta)^2)^{1/2}(-\mathrm{c}(\mathrm{at}(\mathrm{s}(\beta)/t(\alpha+\theta))+\gamma)(\mathrm{c}(\beta)\omega_p/t(\alpha+\theta)-\mathrm{s}(\beta)/t(\alpha+\theta)^2(1+t(\alpha+$
$\theta)^2)\omega_r)/(1+\mathrm{s}(\beta)^2/t(\alpha+\theta)^2)x-\mathrm{s}(\mathrm{at}(\mathrm{s}(\beta)/t(\alpha+\theta))+\gamma)(\mathrm{c}(\beta)\omega_p/t(\alpha+\theta)-$
$\mathrm{s}(\beta)/t(\alpha+\theta)^2(1+t(\alpha+\theta)^2)\omega_r)/(1+\mathrm{s}(\beta)^2/t(\alpha+\theta)^2)y)-H((1+t(\alpha+\theta)^2)\omega_r$
$-(1+t(\alpha)^2)\omega_r)/\mathrm{c}(\beta)-H(t(\alpha+\theta)-t(\alpha))/\mathrm{c}(\beta)^2\mathrm{s}(\beta)\omega_p-H(1+t(\alpha)^2)\omega_r/$
$\mathrm{c}(\beta)-H\cdot t(\alpha)/\mathrm{c}(\beta)^2\mathrm{s}(\beta)\omega_p)-v)-\mathrm{s}(\gamma)\omega_y(-\mathrm{s}(\gamma)(1/(1+\mathrm{s}(\beta)^2/t(\alpha+$
$\theta)^2)^{1/2}(\mathrm{c}(\mathrm{at}(\mathrm{s}(\beta)/t(\alpha+\theta))+\gamma)x+\mathrm{s}(\mathrm{at}(\mathrm{s}(\beta)/t(\alpha+\theta))+\gamma)y)+\mathrm{s}(\beta)/t(\alpha+$
$\theta)/(1+\mathrm{s}(\beta)^2/t(\alpha+\theta)^2)^{1/2}(-\mathrm{s}(\mathrm{at}(\mathrm{s}(\beta)/t(\alpha+\theta))+\gamma)x+\mathrm{c}(\mathrm{at}(\mathrm{s}(\beta)/t(\alpha+$
$\theta))+\gamma)y)-H\cdot t(\beta))+\mathrm{c}(\gamma)(-\mathrm{s}(\beta)/t(\alpha+\theta)/(1+\mathrm{s}(\beta)^2/t(\alpha+\theta)^2)^{1/2}(\mathrm{c}(\mathrm{at}$
$(\mathrm{s}(\beta)/t(\alpha+\theta))+\gamma)x+\mathrm{s}(\mathrm{at}(\mathrm{s}(\beta)/t(\alpha+\theta))+\gamma)y)+1/(1+\mathrm{s}(\beta)^2/t(\alpha+$
$\theta)^2)^{1/2}(-\mathrm{s}(\mathrm{at}(\mathrm{s}(\beta)/t(\alpha+\theta))+\gamma)x+\mathrm{c}(\mathrm{at}(\mathrm{s}(\beta)/t(\alpha+\theta))+\gamma)y)-H(t(\alpha+\theta)-$
$t(\alpha))/\mathrm{c}(\beta)-H\cdot t(\alpha)/\mathrm{c}(\beta)))+\mathrm{c}(\gamma)(-\mathrm{c}(\gamma)\omega_y(1/(1+\mathrm{s}(\beta)^2/t(\alpha+\theta)^2)^{1/2}$
$(\mathrm{c}(\mathrm{at}(\mathrm{s}(\beta)/t(\alpha+\theta))+\gamma)x+\mathrm{s}(\mathrm{at}(\mathrm{s}(\beta)/t(\alpha+\theta))+\gamma)y)+\mathrm{s}(\beta)/t(\alpha+\theta)/(1+$
$\mathrm{s}(\beta)^2/t(\alpha+\theta)^2)^{1/2}(-\mathrm{s}(\mathrm{at}(\mathrm{s}(\beta)/t(\alpha+\theta))+\gamma)x+\mathrm{c}(\mathrm{at}(\mathrm{s}(\beta)/t(\alpha+\theta))+\gamma)y)$
$-H\cdot t(\beta))-\mathrm{s}(\gamma)(-1/2/(1+\mathrm{s}(\beta)^2/t(\alpha+\theta)^2)^{3/2}(\mathrm{c}(\mathrm{at}(\mathrm{s}(\beta)/t(\alpha+\theta))+\gamma)x$
$+\mathrm{s}(\mathrm{at}(\mathrm{s}(\beta)/t(\alpha+\theta))+\gamma)y)(2\mathrm{s}(\beta)/t(\alpha+\theta)^2\mathrm{c}(\beta)\omega_p-2\mathrm{s}(\beta)^2/t(\alpha+\theta)^3(1+t$
$(\alpha+\theta)^2)\omega_r)+1/(1+\mathrm{s}(\beta)^2/t(\alpha+\theta)^2)^{1/2}(-\mathrm{s}(\mathrm{at}(\mathrm{s}(\beta)/t(\alpha+\theta))+\gamma)(\mathrm{c}(\beta)$
$\omega_p/t(\alpha+\theta)-\mathrm{s}(\beta)/t(\alpha+\theta)^2(1+t(\alpha+\theta)^2)\omega_r)/(1+\mathrm{s}(\beta)^2/t(\alpha+\theta)^2)x+\mathrm{c}(\mathrm{at}$
$(\mathrm{s}(\beta)/t(\alpha+\theta))+\gamma)(\mathrm{c}(\beta)\omega_p/t(\alpha+\theta)-\mathrm{s}(\beta)/t(\alpha+\theta)^2(1+t(\alpha+\theta)^2)\omega_r)/(1+$
$\mathrm{s}(\beta)^2/t(\alpha+\theta)^2)y)+\mathrm{c}(\beta)\omega_p/t(\alpha+\theta)/(1+\mathrm{s}(\beta)^2/t(\alpha+\theta)^2)^{1/2}(-\mathrm{s}(\mathrm{at}(\mathrm{s}(\beta)/$
$t(\alpha+\theta))+\gamma)x+\mathrm{c}(\mathrm{at}(\mathrm{s}(\beta)/t(\alpha+\theta))+\gamma)y)-\mathrm{s}(\beta)/t(\alpha+\theta)^2/(1+\mathrm{s}(\beta)^2/t(\alpha+$

$\theta)^2)^{1/2}(-\mathrm{s}(\mathrm{at}(\mathrm{s}(\beta)/t(\alpha+\theta))+\gamma)x+\mathrm{c}(\mathrm{at}(\mathrm{s}(\beta)/t(\alpha+\theta))+\gamma)y)(1+t(\alpha+$

$\theta)^2)\omega_r-1/2\mathrm{s}(\beta)/t(\alpha+\theta)/(1+\mathrm{s}(\beta)^2/t(\alpha+\theta)^2)^{3/2}(-\mathrm{s}(\mathrm{at}(\mathrm{s}(\beta)/t(\alpha+\theta))+$

$\gamma)x+\mathrm{c}(\mathrm{at}(\mathrm{s}(\beta)/t(\alpha+\theta))+\gamma)y)(2\mathrm{s}(\beta)/t(\alpha+\theta)^2\mathrm{c}(\beta)\omega_p-2\mathrm{s}(\beta)^2/t(\alpha+\theta)^3(1$

$+t(\alpha+\theta)^2)\omega_r)+\mathrm{s}(\beta)/t(\alpha+\theta)/(1+\mathrm{s}(\beta)^2/t(\alpha+\theta)^2)^{1/2}(-\mathrm{c}(\mathrm{at}(\mathrm{s}(\beta)/t(\alpha+$

$\theta))+\gamma)(\mathrm{c}(\beta)\omega_p/t(\alpha+\theta)-\mathrm{s}(\beta)/t(\alpha+\theta)^2(1+t(\alpha+\theta)^2)\omega_r)/(1+\mathrm{s}(\beta)^2/t(\alpha+$

$\theta)^2)x-\mathrm{s}(\mathrm{at}(\mathrm{s}(\beta)/t(\alpha+\theta))+\gamma)(\mathrm{c}(\beta)\omega_p/t(\alpha+\theta)-\mathrm{s}(\beta)/t(\alpha+\theta)^2(1+t(\alpha+$

$\theta)^2)\omega_r)/(1+\mathrm{s}(\beta)^2/t(\alpha+\theta)^2)y)-H(1+t(\beta)^2)\omega_p)-\mathrm{s}(\gamma)\omega_y(-\mathrm{s}(\beta)/t(\alpha+\theta)/$

$(1+\mathrm{s}(\beta)^2/t(\alpha+\theta)^2)^{1/2}(\mathrm{c}(\mathrm{at}(\mathrm{s}(\beta)/t(\alpha+\theta))+\gamma)x+\mathrm{s}(\mathrm{at}(\mathrm{s}(\beta)/t(\alpha+\theta))+\gamma)$

$y)+1/(1+\mathrm{s}(\beta)^2/t(\alpha+\theta)^2)^{1/2}(-\mathrm{s}(\mathrm{at}(\mathrm{s}(\beta)/t(\alpha+\theta))+\gamma)x+\mathrm{c}(\mathrm{at}(\mathrm{s}(\beta)/t(\alpha+$

$\theta))+\gamma)y)-H(t(\alpha+\theta)-t(\alpha))/\mathrm{c}(\beta)-H\cdot t(\alpha)/\mathrm{c}(\beta))+\mathrm{c}(\gamma)(-\mathrm{c}(\beta)\omega_p/t(\alpha+$

$\theta)/(1+\mathrm{s}(\beta)^2/t(\alpha+\theta)^2)^{1/2}(\mathrm{c}(\mathrm{at}(\mathrm{s}(\beta)/t(\alpha+\theta))+\gamma)x+\mathrm{s}(\mathrm{at}(\mathrm{s}(\beta)/t(\alpha+\theta))$

$+\gamma)y)+\mathrm{s}(\beta)/t(\alpha+\theta)^2/(1+\mathrm{s}(\beta)^2/t(\alpha+\theta)^2)^{1/2}(\mathrm{c}(\mathrm{at}(\mathrm{s}(\beta)/t(\alpha+\theta))+\gamma)x+$

$\mathrm{s}(\mathrm{at}(\mathrm{s}(\beta)/t(\alpha+\theta))+\gamma)y)(1+t(\alpha+\theta)^2)\omega_r+1/2\mathrm{s}(\beta)/t(\alpha+\theta)/(1+\mathrm{s}(\beta)^2/$

$t(\alpha+\theta)^2)^{3/2}(\mathrm{c}(\mathrm{at}(\mathrm{s}(\beta)/t(\alpha+\theta))+\gamma)x+\mathrm{s}(\mathrm{at}(\mathrm{s}(\beta)/t(\alpha+\theta))+\gamma)y)(2\mathrm{s}(\beta)/$

$t(\alpha+\theta)^2\mathrm{c}(\beta)\omega_p-2\mathrm{s}(\beta)^2/t(\alpha+\theta)^3(1+t(\alpha+\theta)^2)\omega_r)-\mathrm{s}(\beta)/t(\alpha+\theta)/(1+$

$\mathrm{s}(\beta)^2/t(\alpha+\theta)^2)^{1/2}(-\mathrm{s}(\mathrm{at}(\mathrm{s}(\beta)/t(\alpha+\theta))+\gamma)(\mathrm{c}(\beta)\omega_p/t(\alpha+\theta)-\mathrm{s}(\beta)/t(\alpha+$

$\theta)^2(1+t(\alpha+\theta)^2)\omega_r)/(1+\mathrm{s}(\beta)^2/t(\alpha+\theta)^2)x+\mathrm{c}(\mathrm{at}(\mathrm{s}(\beta)/t(\alpha+\theta))+\gamma)(\mathrm{c}(\beta)$

$\omega_p/t(\alpha+\theta)-\mathrm{s}(\beta)/t(\alpha+\theta)^2(1+t(\alpha+\theta)^2)\omega_r)/(1+\mathrm{s}(\beta)^2/t(\alpha+\theta)^2)y)-1/2/$

$(1+\mathrm{s}(\beta)^2/t(\alpha+\theta)^2)^{3/2}(-\mathrm{s}(\mathrm{at}(\mathrm{s}(\beta)/t(\alpha+\theta))+\gamma)x+\mathrm{c}(\mathrm{at}(\mathrm{s}(\beta)/t(\alpha+\theta))+$

$\gamma)y)(2\mathrm{s}(\beta)/t(\alpha+\theta)^2\mathrm{c}(\beta)\omega_p-2\mathrm{s}(\beta)^2/t(\alpha+\theta)^3(1+t(\alpha+\theta)^2)\omega_r)+1/(1+$

$\mathrm{s}(\beta)^2/t(\alpha+\theta)^2)^{1/2}(-\mathrm{c}(\mathrm{at}(\mathrm{s}(\beta)/t(\alpha+\theta))+\gamma)(\mathrm{c}(\beta)\omega_p/t(\alpha+\theta)-\mathrm{s}(\beta)/$

$t(\alpha+\theta)^2(1+t(\alpha+\theta)^2)\omega_r)/(1+\mathrm{s}(\beta)^2/t(\alpha+\theta)^2)x-\mathrm{s}(\mathrm{at}(\mathrm{s}(\beta)/t(\alpha+\theta))+\gamma)$

$(\mathrm{c}(\beta)\omega_p/t(\alpha+\theta)-\mathrm{s}(\beta)/t(\alpha+\theta)^2(1+t(\alpha+\theta)^2)\omega_r)/(1+\mathrm{s}(\beta)^2/t(\alpha+\theta)^2)y)-$

$H((1+t(\alpha+\theta)^2)\omega_r-(1+t(\alpha)^2)\omega_r)/\mathrm{c}(\beta)-H(t(\alpha+\theta)-t(\alpha))/\mathrm{c}(\beta)^2\mathrm{s}(\beta)\omega_p-$

$H(1+t(\alpha)^2)\omega_r/\mathrm{c}(\beta)-H\cdot t(\alpha)/\mathrm{c}(\beta)^2\mathrm{s}(\beta)\omega_p)))+\mathrm{c}(\alpha)\omega_r(\mathrm{s}(\beta)(\mathrm{c}(\gamma)$

$(\mathrm{c}(\gamma)(1/(1+\mathrm{s}(\beta)^2/t(\alpha+\theta)^2)^{1/2}(\mathrm{c}(\mathrm{at}(\mathrm{s}(\beta)/t(\alpha+\theta))+\gamma)x+\mathrm{s}(\mathrm{at}(\mathrm{s}(\beta)/$

$t(\alpha+\theta))+\gamma)y)+\mathrm{s}(\beta)/t(\alpha+\theta)/(1+\mathrm{s}(\beta)^2/t(\alpha+\theta)^2)^{1/2}(-\mathrm{s}(\mathrm{at}(\mathrm{s}(\beta)/t(\alpha+$

$\theta))+\gamma)x+\mathrm{c}(\mathrm{at}(\mathrm{s}(\beta)/t(\alpha+\theta))+\gamma)y)-H\cdot t(\beta))+\mathrm{s}(\gamma)(-\mathrm{s}(\beta)/t(\alpha+\theta)/(1+$

$\mathrm{s}(\beta)^2/t(\alpha+\theta)^2)^{1/2}(\mathrm{c}(\mathrm{at}(\mathrm{s}(\beta)/t(\alpha+\theta))+\gamma)x+\mathrm{s}(\mathrm{at}(\mathrm{s}(\beta)/t(\alpha+\theta))+\gamma)y)+$

$1/(1+\mathrm{s}(\beta)^2/t(\alpha+\theta)^2)^{1/2}(-\mathrm{s}(\mathrm{at}(\mathrm{s}(\beta)/t(\alpha+\theta))+\gamma)x+\mathrm{c}(\mathrm{at}(\mathrm{s}(\beta)/t(\alpha+\theta))$

$+\gamma)y)-H(t(\alpha+\theta)-t(\alpha))/\mathrm{c}(\beta)-H\cdot t(\alpha)/\mathrm{c}(\beta)))+\mathrm{s}(\gamma)(-\mathrm{s}(\gamma)(1/(1+$

$\mathrm{s}(\beta)^2/t(\alpha+\theta)^2)^{1/2}(\mathrm{c}(\mathrm{at}(\mathrm{s}(\beta)/t(\alpha+\theta))+\gamma)x+\mathrm{s}(\mathrm{at}(\mathrm{s}(\beta)/t(\alpha+\theta))+\gamma)y)+$

$\mathrm{s}(\beta)/t(\alpha+\theta)/(1+\mathrm{s}(\beta)^2/t(\alpha+\theta)^2)^{1/2}(-\mathrm{s}(\mathrm{at}(\mathrm{s}(\beta)/t(\alpha+\theta))+\gamma)x+\mathrm{c}(\mathrm{at}$
$(\mathrm{s}(\beta)/t(\alpha+\theta))+\gamma)y)-H\cdot t(\beta))+\mathrm{c}(\gamma)(-\mathrm{s}(\beta)/t(\alpha+\theta)/(1+\mathrm{s}(\beta)^2/t(\alpha+$
$\theta)^2)^{1/2}(\mathrm{c}(\mathrm{at}(\mathrm{s}(\beta)/t(\alpha+\theta))+\gamma)x+\mathrm{s}(\mathrm{at}(\mathrm{s}(\beta)/t(\alpha+\theta))+\gamma)y)+1/(1+$
$\mathrm{s}(\beta)^2/t(\alpha+\theta)^2)^{1/2}(-\mathrm{s}(\mathrm{at}(\mathrm{s}(\beta)/t(\alpha+\theta))+\gamma)x+\mathrm{c}(\mathrm{at}(\mathrm{s}(\beta)/t(\alpha+\theta))+\gamma)y)$
$-H(t(\alpha+\theta)-t(\alpha))/\mathrm{c}(\beta)-H\cdot t(\alpha)/\mathrm{c}(\beta))))-\mathrm{c}(\beta)H)+\mathrm{s}(\alpha)(\mathrm{c}(\beta)\omega_p(\mathrm{c}(\gamma)$
$(\mathrm{c}(\gamma)(1/(1+\mathrm{s}(\beta)^2/t(\alpha+\theta)^2)^{1/2}(\mathrm{c}(\mathrm{at}(\mathrm{s}(\beta)/t(\alpha+\theta))+\gamma)x+\mathrm{s}(\mathrm{at}(\mathrm{s}(\beta)/$
$t(\alpha+\theta))+\gamma)y)+\mathrm{s}(\beta)/t(\alpha+\theta)/(1+\mathrm{s}(\beta)^2/t(\alpha+\theta)^2)^{1/2}(-\mathrm{s}(\mathrm{at}(\mathrm{s}(\beta)/t(\alpha+$
$\theta))+\gamma)x+\mathrm{c}(\mathrm{at}(\mathrm{s}(\beta)/t(\alpha+\theta))+\gamma)y)-H\cdot t(\beta))+\mathrm{s}(\gamma)(-\mathrm{s}(\beta)/t(\alpha+\theta)/(1+$
$\mathrm{s}(\beta)^2/t(\alpha+\theta)^2)^{1/2}(\mathrm{c}(\mathrm{at}(\mathrm{s}(\beta)/t(\alpha+\theta))+\gamma)x+\mathrm{s}(\mathrm{at}(\mathrm{s}(\beta)/t(\alpha+\theta))+\gamma)y)+$
$1/(1+\mathrm{s}(\beta)^2/t(\alpha+\theta)^2)^{1/2}(-\mathrm{s}(\mathrm{at}(\mathrm{s}(\beta)/t(\alpha+\theta))+\gamma)x+\mathrm{c}(\mathrm{at}(\mathrm{s}(\beta)/t(\alpha+\theta))$
$+\gamma)y)-H(t(\alpha+\theta)-t(\alpha))/\mathrm{c}(\beta)-H\cdot t(\alpha)/\mathrm{c}(\beta)))+\mathrm{s}(\gamma)(-\mathrm{s}(\gamma)(1/(1+$
$\mathrm{s}(\beta)^2/t(\alpha+\theta)^2)^{1/2}(\mathrm{c}(\mathrm{at}(\mathrm{s}(\beta)/t(\alpha+\theta))+\gamma)x+\mathrm{s}(\mathrm{at}(\mathrm{s}(\beta)/t(\alpha+\theta))+\gamma)y)+$
$\mathrm{s}(\beta)/t(\alpha+\theta)/(1+\mathrm{s}(\beta)^2/t(\alpha+\theta)^2)^{1/2}(-\mathrm{s}(\mathrm{at}(\mathrm{s}(\beta)/t(\alpha+\theta))+\gamma)x+\mathrm{c}(\mathrm{at}$
$(\mathrm{s}(\beta)/t(\alpha+\theta))+\gamma)y)-H\cdot t(\beta))+\mathrm{c}(\gamma)(-\mathrm{s}(\beta)/t(\alpha+\theta)/(1+\mathrm{s}(\beta)^2/t(\alpha+$
$\theta)^2)^{1/2}(\mathrm{c}(\mathrm{at}(\mathrm{s}(\beta)/t(\alpha+\theta))+\gamma)x+\mathrm{s}(\mathrm{at}(\mathrm{s}(\beta)/t(\alpha+\theta))+\gamma)y)+1/(1+$
$\mathrm{s}(\beta)^2/t(\alpha+\theta)^2)^{1/2}(-\mathrm{s}(\mathrm{at}(\mathrm{s}(\beta)/t(\alpha+\theta))+\gamma)x+\mathrm{c}(\mathrm{at}(\mathrm{s}(\beta)/t(\alpha+\theta))+\gamma)y)$
$-H(t(\alpha+\theta)-t(\alpha))/\mathrm{c}(\beta)-H\cdot t(\alpha)/\mathrm{c}(\beta))))+\mathrm{s}(\beta)(-\mathrm{s}(\gamma)\omega_y(\mathrm{c}(\gamma)(1/(1+$
$\mathrm{s}(\beta)^2/t(\alpha+\theta)^2)^{1/2}(\mathrm{c}(\mathrm{at}(\mathrm{s}(\beta)/t(\alpha+\theta))+\gamma)x+\mathrm{s}(\mathrm{at}(\mathrm{s}(\beta)/t(\alpha+\theta))+\gamma)y)+$
$\mathrm{s}(\beta)/t(\alpha+\theta)/(1+\mathrm{s}(\beta)^2/t(\alpha+\theta)^2)^{1/2}(-\mathrm{s}(\mathrm{at}(\mathrm{s}(\beta)/t(\alpha+\theta))+\gamma)x+\mathrm{c}(\mathrm{at}$
$(\mathrm{s}(\beta)/t(\alpha+\theta))+\gamma)y)-H\cdot t(\beta))+\mathrm{s}(\gamma)(-\mathrm{s}(\beta)/t(\alpha+\theta)/(1+\mathrm{s}(\beta)^2/t(\alpha+$
$\theta)^2)^{1/2}(\mathrm{c}(\mathrm{at}(\mathrm{s}(\beta)/t(\alpha+\theta))+\gamma)x+\mathrm{s}(\mathrm{at}(\mathrm{s}(\beta)/t(\alpha+\theta))+\gamma)y)+1/(1+$
$\mathrm{s}(\beta)^2/t(\alpha+\theta)^2)^{1/2}(-\mathrm{s}(\mathrm{at}(\mathrm{s}(\beta)/t(\alpha+\theta))+\gamma)x+\mathrm{c}(\mathrm{at}(\mathrm{s}(\beta)/t(\alpha+\theta))+\gamma)y)$
$-H(t(\alpha+\theta)-t(\alpha))/\mathrm{c}(\beta)-H\cdot t(\alpha)/\mathrm{c}(\beta)))+\mathrm{c}(\gamma)(-\mathrm{s}(\gamma)\omega_y(1/(1+\mathrm{s}(\beta)^2/$
$t(\alpha+\theta)^2)^{1/2}(\mathrm{c}(\mathrm{at}(\mathrm{s}(\beta)/t(\alpha+\theta))+\gamma)x+\mathrm{s}(\mathrm{at}(\mathrm{s}(\beta)/t(\alpha+\theta))+\gamma)y)+\mathrm{s}(\beta)/$
$t(\alpha+\theta)/(1+\mathrm{s}(\beta)^2/t(\alpha+\theta)^2)^{1/2}(-\mathrm{s}(\mathrm{at}(\mathrm{s}(\beta)/t(\alpha+\theta))+\gamma)x+\mathrm{c}(\mathrm{at}(\mathrm{s}(\beta)/$
$t(\alpha+\theta))+\gamma)y)-H\cdot t(\beta))+\mathrm{c}(\gamma)(-1/2/(1+\mathrm{s}(\beta)^2/t(\alpha+\theta)^2)^{3/2}(\mathrm{c}(\mathrm{at}$
$(\mathrm{s}(\beta)/t(\alpha+\theta))+\gamma)x+\mathrm{s}(\mathrm{at}(\mathrm{s}(\beta)/t(\alpha+\theta))+\gamma)y)(2\mathrm{s}(\beta)/t(\alpha+\theta)^2\mathrm{c}(\beta)\omega_p-$
$2\mathrm{s}(\beta)^2/t(\alpha+\theta)^3(1+t(\alpha+\theta)2)\omega_r)+1/(1+\mathrm{s}(\beta)^2/t(\alpha+\theta)^2)^{1/2}(-\mathrm{s}(\mathrm{at}(\mathrm{s}(\beta)/$
$t(\alpha+\theta))+\gamma)(\mathrm{c}(\beta)\omega_p/t(\alpha+\theta)-\mathrm{s}(\beta)/t(\alpha+\theta)^2(1+t(\alpha+\theta)^2)\omega_r)/(1+\mathrm{s}(\beta)^2/$
$t(\alpha+\theta)^2)x+\mathrm{c}(\mathrm{at}(\mathrm{s}(\beta)/t(\alpha+\theta))+\gamma)(\mathrm{c}(\beta)\omega_p/t(\alpha+\theta)-\mathrm{s}(\beta)/t(\alpha+\theta)^2(1+t(\alpha$
$+\theta)^2)\omega_r)/(1+\mathrm{s}(\beta)^2/t(\alpha+\theta)^2)y)+\mathrm{c}(\beta)\omega_p/t(\alpha+\theta)/(1+\mathrm{s}(\beta)^2/t(\alpha+$
$\theta)^2)^{1/2}(-\mathrm{s}(\mathrm{at}(\mathrm{s}(\beta)/t(\alpha+\theta))+\gamma)x+\mathrm{c}(\mathrm{at}(\mathrm{s}(\beta)/t(\alpha+\theta))+\gamma)y)-\mathrm{s}(\beta)/t(\alpha+$
$\theta)^2/(1+\mathrm{s}(\beta)^2/t(\alpha+\theta)^2)^{1/2}(-\mathrm{s}(\mathrm{at}(\mathrm{s}(\beta)/t(\alpha+\theta))+\gamma)x+\mathrm{c}(\mathrm{at}(\mathrm{s}(\beta)/t(\alpha+$

$$\theta))+\gamma)y)(1+t(\alpha+\theta)^2)\omega_r-1/2\mathrm{s}(\beta)/t(\alpha+\theta)/(1+\mathrm{s}(\beta)^2/t(\alpha+\theta)^2)^{3/2}(-\mathrm{s}(\mathrm{at}$$
$$(\mathrm{s}(\beta)/t(\alpha+\theta))+\gamma)x+\mathrm{c}(\mathrm{at}(\mathrm{s}(\beta)/t(\alpha+\theta))+\gamma)y)(2\mathrm{s}(\beta)/t(\alpha+\theta)^2\mathrm{c}(\beta)\omega_p-$$
$$2\mathrm{s}(\beta)^2/t(\alpha+\theta)^3(1+t(\alpha+\theta)^2)\omega_r)+\mathrm{s}(\beta)/t(\alpha+\theta)/(1+\mathrm{s}(\beta)^2/t(\alpha+\theta)^2)^{1/2}$$
$$(-\mathrm{c}(\mathrm{at}(\mathrm{s}(\beta)/t(\alpha+\theta))+\gamma)(\mathrm{c}(\beta)\omega_p/t(\alpha+\theta)-\mathrm{s}(\beta)/t(\alpha+\theta)^2(1+t(\alpha+\theta)^2)$$
$$\omega_r)/(1+\mathrm{s}(\beta)^2/t(\alpha+\theta)^2)x-\mathrm{s}(\mathrm{at}(\mathrm{s}(\beta)/t(\alpha+\theta))+\gamma)(\mathrm{c}(\beta)\omega_p/t(\alpha+\theta)-$$
$$\mathrm{s}(\beta)/t(\alpha+\theta)^2(1+t(\alpha+\theta)^2)\omega_r)/(1+\mathrm{s}(\beta)^2/t(\alpha+\theta)^2)y)-H(1+t(\beta)^2)\omega_p)+$$
$$\mathrm{c}(\gamma)\omega_y(-\mathrm{s}(\beta)/t(\alpha+\theta)/(1+\mathrm{s}(\beta)^2/t(\alpha+\theta)^2)^{1/2}(\mathrm{c}(\mathrm{at}(\mathrm{s}(\beta)/t(\alpha+\theta))+\gamma)x$$
$$+\mathrm{s}(\mathrm{at}(\mathrm{s}(\beta)/t(\alpha+\theta))+\gamma)y)+1/(1+\mathrm{s}(\beta)^2/t(\alpha+\theta)^2)^{1/2}(-\mathrm{s}(\mathrm{at}(\mathrm{s}(\beta)/t(\alpha+$$
$$\theta))+\gamma)x+\mathrm{c}(\mathrm{at}(\mathrm{s}(\beta)/t(\alpha+\theta))+\gamma)y)-H(t(\alpha+\theta)-t(\alpha))/\mathrm{c}(\beta)-H\cdot t(\alpha)/$$
$$\mathrm{c}(\beta))+\mathrm{s}(\gamma)(-\mathrm{c}(\beta)\omega_p/t(\alpha+\theta)/(1+\mathrm{s}(\beta)^2/t(\alpha+\theta)^2)^{1/2}(\mathrm{c}(\mathrm{at}(\mathrm{s}(\beta)/t(\alpha+$$
$$\theta))+\gamma)x+\mathrm{s}(\mathrm{at}(\mathrm{s}(\beta)/t(\alpha+\theta))+\gamma)y)+\mathrm{s}(\beta)/t(\alpha+\theta)^2/(1+\mathrm{s}(\beta)^2/t(\alpha+$$
$$\theta)^2)^{1/2}(\mathrm{c}(\mathrm{at}(\mathrm{s}(\beta)/t(\alpha+\theta))+\gamma)x+\mathrm{s}(\mathrm{at}(\mathrm{s}(\beta)/t(\alpha+\theta))+\gamma)y)(1+t(\alpha+\theta)^2)$$
$$\omega_r+1/2\mathrm{s}(\beta)/t(\alpha+\theta)/(1+\mathrm{s}(\beta)^2/t(\alpha+\theta)^2)^{3/2}(\mathrm{c}(\mathrm{at}(\mathrm{s}(\beta)/t(\alpha+\theta))+\gamma)x+$$
$$\mathrm{s}(\mathrm{at}(\mathrm{s}(\beta)/t(\alpha+\theta))+\gamma)y)(2\mathrm{s}(\beta)/t(\alpha+\theta)^2\mathrm{c}(\beta)\omega_p-2\mathrm{s}(\beta)^2/t(\alpha+\theta)^3(1+t(\alpha$$
$$+\theta)^2)\omega_r)-\mathrm{s}(\beta)/t(\alpha+\theta)/(1+\mathrm{s}(\beta)^2/t(\alpha+\theta)^2)^{1/2}(-\mathrm{s}(\mathrm{at}(\mathrm{s}(\beta)/t(\alpha+\theta))+$$
$$\gamma)(\mathrm{c}(\beta)\omega_p/t(\alpha+\theta)-\mathrm{s}(\beta)/t(\alpha+\theta)^2(1+t(\alpha+\theta)^2)\omega_r)/(1+\mathrm{s}(\beta)^2/t(\alpha+\theta)^2)x$$
$$+\mathrm{c}(\mathrm{at}(\mathrm{s}(\beta)/t(\alpha+\theta))+\gamma)(\mathrm{c}(\beta)\omega_p/t(\alpha+\theta)-\mathrm{s}(\beta)/t(\alpha+\theta)^2(1+t(\alpha+\theta)^2)$$
$$\omega_r)/(1+\mathrm{s}(\beta)^2/t(\alpha+\theta)^2)y)-1/2/(1+\mathrm{s}(\beta)^2/t(\alpha+\theta)^2)^{3/2}(-\mathrm{s}(\mathrm{at}(\mathrm{s}(\beta)/$$
$$t(\alpha+\theta))+\gamma)x+\mathrm{c}(\mathrm{at}(\mathrm{s}(\beta)/t(\alpha+\theta))+\gamma)y)(2\mathrm{s}(\beta)/t(\alpha+\theta)^2\mathrm{c}(\beta)\omega_p-2\mathrm{s}(\beta)^2/$$
$$t(\alpha+\theta)^3(1+t(\alpha+\theta)^2)\omega_r)+1/(1+\mathrm{s}(\beta)^2/t(\alpha+\theta)^2)^{1/2}(-\mathrm{c}(\mathrm{at}(\mathrm{s}(\beta)/t(\alpha+\theta))$$
$$+\gamma)(\mathrm{c}(\beta)\omega_p/t(\alpha+\theta)-\mathrm{s}(\beta)/t(\alpha+\theta)^2(1+t(\alpha+\theta)^2)\omega_r)/(1+\mathrm{s}(\beta)^2/t(\alpha+\theta)^2)$$
$$x-\mathrm{s}(\mathrm{at}(\mathrm{s}(\beta)/t(\alpha+\theta))+\gamma)(\mathrm{c}(\beta)\omega_p/t(\alpha+\theta)-\mathrm{s}(\beta)/t(\alpha+\theta)^2(1+t(\alpha+\theta)^2)$$
$$\omega_r)/(1+\mathrm{s}(\beta)^2/t(\alpha+\theta)^2)y)-H((1+t(\alpha+\theta)^2)\omega_r-(1+t(\alpha)^2)\omega_r)/\mathrm{c}(\beta)-$$
$$H(t(\alpha+\theta)-t(\alpha))/\mathrm{c}(\beta)^2\mathrm{s}(\beta)\omega_p-H(1+t(\alpha)^2)\omega_r/\mathrm{c}(\beta)-H\cdot t(\alpha)/\mathrm{c}(\beta)^2$$
$$\mathrm{s}(\beta)\omega_p)-v)+\mathrm{c}(\gamma)\omega_y(-\mathrm{s}(\gamma)(1/(1+\mathrm{s}(\beta)^2/t(\alpha+\theta)^2)^{1/2}(\mathrm{c}(\mathrm{at}(\mathrm{s}(\beta)/t(\alpha+$$
$$\theta))+\gamma)x+\mathrm{s}(\mathrm{at}(\mathrm{s}(\beta)/t(\alpha+\theta))+\gamma)y)+\mathrm{s}(\beta)/t(\alpha+\theta)/(1+\mathrm{s}(\beta)^2/t(\alpha+$$
$$\theta)^2)^{1/2}(-\mathrm{s}(\mathrm{at}(\mathrm{s}(\beta)/t(\alpha+\theta))+\gamma)x+\mathrm{c}(\mathrm{at}(\mathrm{s}(\beta)/t(\alpha+\theta))+\gamma)y)-H\cdot t(\beta))+$$
$$\mathrm{c}(\gamma)(-\mathrm{s}(\beta)/t(\alpha+\theta)/(1+\mathrm{s}(\beta)^2/t(\alpha+\theta)^2)^{1/2}(\mathrm{c}(\mathrm{at}(\mathrm{s}(\beta)/t(\alpha+\theta))+\gamma)x+$$
$$\mathrm{s}(\mathrm{at}(\mathrm{s}(\beta)/t(\alpha+\theta))+\gamma)y)+1/(1+\mathrm{s}(\beta)^2/t(\alpha+\theta)^2)^{1/2}(-\mathrm{s}(\mathrm{at}(\mathrm{s}(\beta)/t(\alpha+$$
$$\theta))+\gamma)x+\mathrm{c}(\mathrm{at}(\mathrm{s}(\beta)/t(\alpha+\theta))+\gamma)y)-H(t(\alpha+\theta)-t(\alpha))/\mathrm{c}(\beta)-H\cdot t(\alpha)/$$
$$\mathrm{c}(\beta)))+\mathrm{s}(\gamma)(-\mathrm{c}(\gamma)\omega_y(1/(1+\mathrm{s}(\beta)^2/t(\alpha+\theta)^2)^{1/2}(\mathrm{c}(\mathrm{at}(\mathrm{s}(\beta)/t(\alpha+\theta))+$$
$$\gamma)x+\mathrm{s}(\mathrm{at}(\mathrm{s}(\beta)/t(\alpha+\theta))+\gamma)y)+\mathrm{s}(\beta)/t(\alpha+\theta)/(1+\mathrm{s}(\beta)_2/t(\alpha+\theta)^2)^{1/2}$$

$$(-\mathrm{s}(\mathrm{at}(\mathrm{s}(\beta)/t(\alpha+\theta))+\gamma)x+\mathrm{c}(\mathrm{at}(\mathrm{s}(\beta)/t(\alpha+\theta))+\gamma)y)-H\cdot t(\beta))-\mathrm{s}(\gamma)$$

$$(-1/2/(1+\mathrm{s}(\beta)^2/t(\alpha+\theta)^2)^{3/2}(\mathrm{c}(\mathrm{at}(\mathrm{s}(\beta)/t(\alpha+\theta))+\gamma)x+\mathrm{s}(\mathrm{at}(\mathrm{s}(\beta)/$$

$$t(\alpha+\theta))+\gamma)y)(2\mathrm{s}(\beta)/t(\alpha+\theta)^2\mathrm{c}(\beta)\omega_p-2\mathrm{s}(\beta)^2/t(\alpha+\theta)^3(1+t(\alpha+\theta)^2)\omega_r)+$$

$$1/(1+\mathrm{s}(\beta)^2/t(\alpha+\theta)^2)^{1/2}(-\mathrm{s}(\mathrm{at}(\mathrm{s}(\beta)/t(\alpha+\theta))+\gamma)(\mathrm{c}(\beta)\omega_p/t(\alpha+\theta)-$$

$$\mathrm{s}(\beta)/t(\alpha+\theta)^2(1+t(\alpha+\theta)^2)\omega_r)/(1+\mathrm{s}(\beta)^2/t(\alpha+\theta)^2)x+\mathrm{c}(\mathrm{at}(\mathrm{s}(\beta)/t(\alpha+\theta))$$

$$+\gamma)(\mathrm{c}(\beta)\omega_p/t(\alpha+\theta)-\mathrm{s}(\beta)/t(\alpha+\theta)^2(1+t(\alpha+\theta)^2)\omega_r)/(1+\mathrm{s}(\beta)2/t(\alpha+\theta)^2)$$

$$y)+\mathrm{c}(\beta)\omega_p/t(\alpha+\theta)/(1+\mathrm{s}(\beta)^2/t(\alpha+\theta)^2)^{1/2}(-\mathrm{s}(\mathrm{at}(\mathrm{s}(\beta)/t(\alpha+\theta))+\gamma)x+$$

$$\mathrm{c}(\mathrm{at}(\mathrm{s}(\beta)/t(\alpha+\theta))+\gamma)y)-\mathrm{s}(\beta)/t(\alpha+\theta)^2/(1+\mathrm{s}(\beta)^2/t(\alpha+\theta)^2)^{1/2}(-\mathrm{s}(\mathrm{at}$$

$$(\mathrm{s}(\beta)/t(\alpha+\theta))+\gamma)x+\mathrm{c}(\mathrm{at}(\mathrm{s}(\beta)/t(\alpha+\theta))+\gamma)y)(1+t(\alpha+\theta)^2)\omega_r-1/2\mathrm{s}(\beta)/$$

$$t(\alpha+\theta)/(1+\mathrm{s}(\beta)^2/t(\alpha+\theta)^2)^{3/2}(-\mathrm{s}(\mathrm{at}(\mathrm{s}(\beta)/t(\alpha+\theta))+\gamma)x+\mathrm{c}(\mathrm{at}(\mathrm{s}(\beta)/$$

$$t(\alpha+\theta))+\gamma)y)(2\mathrm{s}(\beta)/t(\alpha+\theta)^2\mathrm{c}(\beta)\omega_p-2\mathrm{s}(\beta)^2/t(\alpha+\theta)^3(1+t(\alpha+\theta)^2)\omega_r)+$$

$$\mathrm{s}(\beta)/t(\alpha+\theta)/(1+\mathrm{s}(\beta)^2/t(\alpha+\theta)^2)^{1/2}(-\mathrm{c}(\mathrm{at}(\mathrm{s}(\beta)/t(\alpha+\theta))+\gamma)(\mathrm{c}(\beta)\omega_p/$$

$$t(\alpha+\theta)-\mathrm{s}(\beta)/t(\alpha+\theta)^2(1+t(\alpha+\theta)^2)\omega_r)/(1+\mathrm{s}(\beta)^2/t(\alpha+\theta)^2)x-\mathrm{s}(\mathrm{at}(\mathrm{s}(\beta)/$$

$$t(\alpha+\theta))+\gamma)(\mathrm{c}(\beta)\omega_p/t(\alpha+\theta)-\mathrm{s}(\beta)/t(\alpha+\theta)^2(1+t(\alpha+\theta)2)\omega_r)/(1+\mathrm{s}(\beta)^2/$$

$$t(\alpha+\theta)^2)y)-H(1+t(\beta)^2)\omega_p)-\mathrm{s}(\gamma)\omega_y(-\mathrm{s}(\beta)/t(\alpha+\theta)/(1+\mathrm{s}(\beta)^2/t(\alpha+$$

$$\theta)^2)^{1/2}(\mathrm{c}(\mathrm{at}(\mathrm{s}(\beta)/t(\alpha+\theta))+\gamma)x+\mathrm{s}(\mathrm{at}(\mathrm{s}(\beta)/t(\alpha+\theta))+\gamma)y)+1/(1+$$

$$\mathrm{s}(\beta)^2/t(\alpha+\theta)^2)^{1/2}(-\mathrm{s}(\mathrm{at}(\mathrm{s}(\beta)/t(\alpha+\theta))+\gamma)x+\mathrm{c}(\mathrm{at}(\mathrm{s}(\beta)/t(\alpha+\theta))+\gamma)y)$$

$$-H(t(\alpha+\theta)-t(\alpha))/\mathrm{c}(\beta)-H\cdot t(\alpha)/\mathrm{c}(\beta))+\mathrm{c}(\gamma)(-\mathrm{c}(\beta)\omega_p/t(\alpha+\theta)/(1+$$

$$\mathrm{s}(\beta)^2/t(\alpha+\theta)^2)^{1/2}(\mathrm{c}(\mathrm{at}(\mathrm{s}(\beta)/t(\alpha+\theta))+\gamma)x+\mathrm{s}(\mathrm{at}(\mathrm{s}(\beta)/t(\alpha+\theta))+\gamma)y)+$$

$$\mathrm{s}(\beta)/t(\alpha+\theta)^2/(1+\mathrm{s}(\beta)^2/t(\alpha+\theta)^2)^{1/2}(\mathrm{c}(\mathrm{at}(\mathrm{s}(\beta)/t(\alpha+\theta))+\gamma)x+\mathrm{s}(\mathrm{at}$$

$$(\mathrm{s}(\beta)/t(\alpha+\theta))+\gamma)y)(1+t(\alpha+\theta)^2)\omega_r+1/2\mathrm{s}(\beta)/t(\alpha+\theta)/(1+\mathrm{s}(\beta)^2/t(\alpha+$$

$$\theta)^2)^{3/2}(\mathrm{c}(\mathrm{at}(\mathrm{s}(\beta)/t(\alpha+\theta))+\gamma)x+\mathrm{s}(\mathrm{at}(\mathrm{s}(\beta)/t(\alpha+\theta))+\gamma)y)(2\mathrm{s}(\beta)/t(\alpha+$$

$$\theta)^2\mathrm{c}(\beta)\omega_p-2\mathrm{s}(\beta)^2/t(\alpha+\theta)^3(1+t(\alpha+\theta)^2)\omega_r)-\mathrm{s}(\beta)/t(\alpha+\theta)/(1+\mathrm{s}(\beta)^2/$$

$$t(\alpha+\theta)^2)^{1/2}(-\mathrm{s}(\mathrm{at}(\mathrm{s}(\beta)/t(\alpha+\theta))+\gamma)(\mathrm{c}(\beta)\omega_p/t(\alpha+\theta)-\mathrm{s}(\beta)/t(\alpha+\theta)^2(1+$$

$$t(\alpha+\theta)^2)\omega_r)/(1+\mathrm{s}(\beta)^2/t(\alpha+\theta)^2)x+\mathrm{c}(\mathrm{at}(\mathrm{s}(\beta)/t(\alpha+\theta))+\gamma)(\mathrm{c}(\beta)\omega_p/$$

$$t(\alpha+\theta)-\mathrm{s}(\beta)/t(\alpha+\theta)^2(1+t(\alpha+\theta)^2)\omega_r)/(1+\mathrm{s}(\beta)^2/t(\alpha+\theta)^2)y)-1/2/(1+$$

$$\mathrm{s}(\beta)^2/t(\alpha+\theta)^2)^{3/2}(-\mathrm{s}(\mathrm{at}(\mathrm{s}(\beta)/t(\alpha+\theta))+\gamma)x+\mathrm{c}(\mathrm{at}(\mathrm{s}(\beta)/t(\alpha+\theta))+\gamma)y)$$

$$(2\mathrm{s}(\beta)/t(\alpha+\theta)^2\mathrm{c}(\beta)\omega_p-2\mathrm{s}(\beta)^2/t(\alpha+\theta)^3(1+t(\alpha+\theta)^2)\omega_r)+1/(1+\mathrm{s}(\beta)^2/$$

$$t(\alpha+\theta)^2)^{1/2}(-\mathrm{c}(\mathrm{at}(\mathrm{s}(\beta)/t(\alpha+\theta))+\gamma)(\mathrm{c}(\beta)\omega_p/t(\alpha+\theta)-\mathrm{s}(\beta)/t(\alpha+\theta)^2(1+$$

$$t(\alpha+\theta)^2)\omega_r)/(1+\mathrm{s}(\beta)^2/t(\alpha+\theta)^2)x-\mathrm{s}(\mathrm{at}(\mathrm{s}(\beta)/t(\alpha+\theta))+\gamma)(\mathrm{c}(\beta)\omega_p/t(\alpha$$

$$+\theta)-\mathrm{s}(\beta)/t(\alpha+\theta)^2(1+t(\alpha+\theta)^2)\omega_r)/(1+\mathrm{s}(\beta)^2/t(\alpha+\theta)^2)y)-H((1+t(\alpha+$$

$$\theta)^2)\omega_r-(1+t(\alpha)^2)\omega_r)/\mathrm{c}(\beta)-H(t(\alpha+\theta)-t(\alpha))/\mathrm{c}(\beta)^2\mathrm{s}(\beta)\omega_p-H(1+t(\alpha)^2)$$

$\omega_r/c(\beta)-H\cdot t(\alpha)/c(\beta)^2 s(\beta)\omega_p)))+s(\beta)\omega_p\cdot H))+s(\theta)(-c(\alpha)\omega_r(-s(\gamma)$

$(c(\gamma)(1/(1+s(\beta)^2/t(\alpha+\theta)^2)^{1/2}(c(at(s(\beta)/t(\alpha+\theta))+\gamma)x+s(at(s(\beta)/$

$t(\alpha+\theta))+\gamma)y)+s(\beta)/t(\alpha+\theta)/(1+s(\beta)^2/t(\alpha+\theta)^2)^{1/2}(-s(at(s(\beta)/t(\alpha+$

$\theta))+\gamma)x+c(at(s(\beta)/t(\alpha+\theta))+\gamma)y)-H\cdot t(\beta))+s(\gamma)(-s(\beta)/t(\alpha+\theta)/(1+$

$s(\beta)^2/t(\alpha+\theta)^2)^{1/2}(c(at(s(\beta)/t(\alpha+\theta))+\gamma)x+s(at(s(\beta)/t(\alpha+\theta))+\gamma)y)+$

$1/(1+s(\beta)^2/t(\alpha+\theta)^2)^{1/2}(-s(at(s(\beta)/t(\alpha+\theta))+\gamma)x+c(at(s(\beta)/t(\alpha+\theta))$

$+\gamma)y)-H(t(\alpha+\theta)-t(\alpha))/c(\beta)-H\cdot t(\alpha)/c(\beta)))+c(\gamma)(-s(\gamma)(1/(1+$

$s(\beta)^2/t(\alpha+\theta)^2)^{1/2}(c(at(s(\beta)/t(\alpha+\theta))+\gamma)x+s(at(s(\beta)/t(\alpha+\theta))+\gamma)y)+$

$s(\beta)/t(\alpha+\theta)/(1+s(\beta)^2/t(\alpha+\theta)^2)^{1/2}(-s(at(s(\beta)/t(\alpha+\theta))+\gamma)x+c(at$

$(s(\beta)/t(\alpha+\theta))+\gamma)y)-H\cdot t(\beta))+c(\gamma)(-s(\beta)/t(\alpha+\theta)/(1+s(\beta)^2/t(\alpha+$

$\theta)^2)^{1/2}(c(at(s(\beta)/t(\alpha+\theta))+\gamma)x+s(at(s(\beta)/t(\alpha+\theta))+\gamma)y)+1/(1+$

$s(\beta)^2/t(\alpha+\theta)^2)^{1/2}(-s(at(s(\beta)/t(\alpha+\theta))+\gamma)x+c(at(s(\beta)/t(\alpha+\theta))+\gamma)y)$

$-H(t(\alpha+\theta)-t(\alpha))/c(\beta)-H\cdot t(\alpha)/c(\beta))))-s(\alpha)(-c(\gamma)\omega_y(c(\gamma)(1/(1+$

$s(\beta)2/t(\alpha+\theta)^2)^{1/2}(c(at(s(\beta)/t(\alpha+\theta))+\gamma)x+s(at(s(\beta)/t(\alpha+\theta))+\gamma)y)+$

$s(\beta)/t(\alpha+\theta)/(1+s(\beta)^2/t(\alpha+\theta)^2)^{1/2}(-s(at(s(\beta)/t(\alpha+\theta))+\gamma)x+c(at$

$(s(\beta)/t(\alpha+\theta))+\gamma)y)-H\cdot t(\beta))+s(\gamma)(-s(\beta)/t(\alpha+\theta)/(1+s(\beta)^2/t(\alpha+$

$\theta)^2)^{1/2}(c(at(s(\beta)/t(\alpha+\theta))+\gamma)x+s(at(s(\beta)/t(\alpha+\theta))+\gamma)y)+1/(1+$

$s(\beta)^2/t(\alpha+\theta)^2)^{1/2}(-s(at(s(\beta)/t(\alpha+\theta))+\gamma)x+c(at(s(\beta)/t(\alpha+\theta))+\gamma)y)$

$-H(t(\alpha+\theta)-t(\alpha))/c(\beta)-H\cdot t(\alpha)/c(\beta)))-s(\gamma)(-s(\gamma)\omega_y(1/(1+s(\beta)^2/$

$t(\alpha+\theta)^2)^{1/2}(c(at(s(\beta)/t(\alpha+\theta))+\gamma)x+s(at(s(\beta)/t(\alpha+\theta))+\gamma)y)+s(\beta)/$

$t(\alpha+\theta)/(1+s(\beta)^2/t(\alpha+\theta)^2)^{1/2}(-s(at(s(\beta)/t(\alpha+\theta))+\gamma)x+c(at(s(\beta)/$

$t(\alpha+\theta))+\gamma)y)-H\cdot t(\beta))+c(\gamma)(-1/2/(1+s(\beta)^2/t(\alpha+\theta)^2)^{3/2}(c(at$

$(s(\beta)/t(\alpha+\theta))+\gamma)x+s(at(s(\beta)/t(\alpha+\theta))+\gamma)y)(2s(\beta)/t(\alpha+\theta)^2c(\beta)\omega_p-$

$2s(\beta)^2/t(\alpha+\theta)^3(1+t(\alpha+\theta)^2)\omega_r)+1/(1+s(\beta)^2/t(\alpha+\theta)^2)^{1/2}(-s(at(s(\beta)/$

$t(\alpha+\theta))+\gamma)(c(\beta)\omega_p/t(\alpha+\theta)-s(\beta)/t(\alpha+\theta)^2(1+t(\alpha+\theta)^2)\omega_r)/(1+s(\beta)^2/$

$t(\alpha+\theta)^2)x+c(at(s(\beta)/t(\alpha+\theta))+\gamma)(c(\beta)\omega_p/t(\alpha+\theta)-s(\beta)/t(\alpha+\theta)^2(1+t(\alpha$

$+\theta)^2)\omega_r)/(1+s(\beta)^2/t(\alpha+\theta)^2)y)+c(\beta)\omega_p/t(\alpha+\theta)/(1+s(\beta)^2/t(\alpha+$

$\theta)^2)^{1/2}(-s(at(s(\beta)/t(\alpha+\theta))+\gamma)x+c(at(s(\beta)/t(\alpha+\theta))+\gamma)y)-s(\beta)/t(\alpha+$

$\theta)^2/(1+s(\beta)^2/t(\alpha+\theta)^2)^{1/2}(-s(at(s(\beta)/t(\alpha+\theta))+\gamma)x+c(at(s(\beta)/t(\alpha+$

$\theta))+\gamma)y)(1+t(\alpha+\theta)^2)\omega_r-1/2s(\beta)/t(\alpha+\theta)/(1+s(\beta)^2/t(\alpha+\theta)^2)^{3/2}(-s(at$

$(s(\beta)/t(\alpha+\theta))+\gamma)x+c(at(s(\beta)/t(\alpha+\theta))+\gamma)y)(2s(\beta)/t(\alpha+\theta)^2c(\beta)\omega_p-$

$2s(\beta)^2/t(\alpha+\theta)^3(1+t(\alpha+\theta)^2)\omega_r)+s(\beta)/t(\alpha+\theta)/(1+s(\beta)^2/t(\alpha+\theta)^2)^{1/2}$

$(-c(at(s(\beta)/t(\alpha+\theta))+\gamma)(c(\beta)\omega_p/t(\alpha+\theta)-s(\beta)/t(\alpha+\theta)^2(1+t(\alpha+\theta)^2)\omega_r)/$

$(1+\mathrm{s}(\beta)^2/t(\alpha+\theta)^2)x-\mathrm{s}(\mathrm{at}(\mathrm{s}(\beta)/t(\alpha+\theta))+\gamma)(\mathrm{c}(\beta)\omega_p/t(\alpha+\theta)-\mathrm{s}(\beta)/$

$t(\alpha+\theta)^2(1+t(\alpha+\theta)^2)\omega_r)/(1+\mathrm{s}(\beta)^2/t(\alpha+\theta)^2)y)-H(1+t(\beta)^2)\omega_p)+\mathrm{c}(\gamma)\omega_y$

$(-\mathrm{s}(\beta)/t(\alpha+\theta)/(1+\mathrm{s}(\beta)^2/t(\alpha+\theta)^2)^{1/2}(\mathrm{c}(\mathrm{at}(\mathrm{s}(\beta)/t(\alpha+\theta))+\gamma)x+\mathrm{s}(\mathrm{at}$

$(\mathrm{s}(\beta)/t(\alpha+\theta))+\gamma)y)+1/(1+\mathrm{s}(\beta)^2/t(\alpha+\theta)^2)^{1/2}(-\mathrm{s}(\mathrm{at}(\mathrm{s}(\beta)/t(\alpha+\theta))+$

$\gamma)x+\mathrm{c}(\mathrm{at}(\mathrm{s}(\beta)/t(\alpha+\theta))+\gamma)y)-H(t(\alpha+\theta)-t(\alpha))/\mathrm{c}(\beta)-H\cdot t(\alpha)/\mathrm{c}(\beta))+$

$\mathrm{s}(\gamma)(-\mathrm{c}(\beta)\omega_p/t(\alpha+\theta)/(1+\mathrm{s}(\beta)^2/t(\alpha+\theta)^2)^{1/2}(\mathrm{c}(\mathrm{at}(\mathrm{s}(\beta)/t(\alpha+\theta))+\gamma)x$

$+\mathrm{s}(\mathrm{at}(\mathrm{s}(\beta)/t(\alpha+\theta))+\gamma)y)+\mathrm{s}(\beta)/t(\alpha+\theta)^2/(1+\mathrm{s}(\beta)^2/t(\alpha+\theta)^2)^{1/2}(\mathrm{c}(\mathrm{at}$

$(\mathrm{s}(\beta)/t(\alpha+\theta))+\gamma)x+\mathrm{s}(\mathrm{at}(\mathrm{s}(\beta)/t(\alpha+\theta))+\gamma)y)(1+t(\alpha+\theta)^2)\omega_r+{}^{1/2}\mathrm{s}(\beta)/$

$t(\alpha+\theta)/(1+\mathrm{s}(\beta)^2/t(\alpha+\theta)^2)^{3/2}(\mathrm{c}(\mathrm{at}(\mathrm{s}(\beta)/t(\alpha+\theta))+\gamma)x+\mathrm{s}(\mathrm{at}(\mathrm{s}(\beta)/t(\alpha$

$+\theta))+\gamma)y)(2\mathrm{s}(\beta)/t(\alpha+\theta)^2\mathrm{c}(\beta)\omega_p-2\mathrm{s}(\beta)^2/t(\alpha+\theta)^3(1+t(\alpha+\theta)^2)\omega_r)-$

$\mathrm{s}(\beta)/t(\alpha+\theta)/(1+\mathrm{s}(\beta)^2/t(\alpha+\theta)^2)^{1/2}(-\mathrm{s}(\mathrm{at}(\mathrm{s}(\beta)/t(\alpha+\theta))+\gamma)(\mathrm{c}(\beta)\omega_p/$

$t(\alpha+\theta)-\mathrm{s}(\beta)/t(\alpha+\theta)^2(1+t(\alpha+\theta)^2)\omega_r)/(1+\mathrm{s}(\beta)^2/t(\alpha+\theta)^2)x+\mathrm{c}(\mathrm{at}(\mathrm{s}(\beta)/$

$t(\alpha+\theta))+\gamma)(\mathrm{c}(\beta)\omega_p/t(\alpha+\theta)-\mathrm{s}(\beta)/t(\alpha+\theta)^2(1+t(\alpha+\theta)^2)\omega_r)/(1+\mathrm{s}(\beta)^2/$

$t(\alpha+\theta)^2)y)-1/2/(1+\mathrm{s}(\beta)^2/t(\alpha+\theta)^2)^{3/2}(-\mathrm{s}(\mathrm{at}(\mathrm{s}(\beta)/t(\alpha+\theta))+\gamma)x+\mathrm{c}(\mathrm{at}$

$(\mathrm{s}(\beta)/t(\alpha+\theta))+\gamma)y)(2\mathrm{s}(\beta)/t(\alpha+\theta)^2\mathrm{c}(\beta)\omega_p-2\mathrm{s}(\beta)^2/t(\alpha+\theta)^3(1+t(\alpha+$

$\theta)^2)\omega_r)+1/(1+\mathrm{s}(\beta)^2/t(\alpha+\theta)^2)^{1/2}(-\mathrm{c}(\mathrm{at}(\mathrm{s}(\beta)/t(\alpha+\theta))+\gamma)(\mathrm{c}(\beta)\omega_p/$

$t(\alpha+\theta)-\mathrm{s}(\beta)/t(\alpha+\theta)^2(1+t(\alpha+\theta)^2)\omega_r)/(1+\mathrm{s}(\beta)^2/t(\alpha+\theta)^2)x-\mathrm{s}(\mathrm{at}(\mathrm{s}(\beta)/$

$t(\alpha+\theta))+\gamma)(\mathrm{c}(\beta)\omega_p/t(\alpha+\theta)-\mathrm{s}(\beta)/t(\alpha+\theta)^2(1+t(\alpha+\theta)^2)\omega_r)/(1+\mathrm{s}(\beta)^2/$

$t(\alpha+\theta)^2)y)-H((1+t(\alpha+\theta)^2)\omega_r-(1+t(\alpha)^2)\omega_r)/\mathrm{c}(\beta)-H(t(\alpha+\theta)-t(\alpha))/$

$\mathrm{c}(\beta)^2\mathrm{s}(\beta)\omega_p-H(1+t(\alpha)^2)\omega_r/\mathrm{c}(\beta)-H\cdot t(\alpha)/\mathrm{c}(\beta)^2\mathrm{s}(\beta)\omega_p)-v)-\mathrm{s}(\gamma)\omega_y$

$(-\mathrm{s}(\gamma)(1/(1+\mathrm{s}(\beta)^2/t(\alpha+\theta)^2)^{1/2}(\mathrm{c}(\mathrm{at}(\mathrm{s}(\beta)/t(\alpha+\theta))+\gamma)x+\mathrm{s}(\mathrm{at}(\mathrm{s}(\beta)/$

$t(\alpha+\theta))+\gamma)y)+\mathrm{s}(\beta)/t(\alpha+\theta)/(1+\mathrm{s}(\beta)^2/t(\alpha+\theta)^2)^{1/2}(-\mathrm{s}(\mathrm{at}(\mathrm{s}(\beta)/t(\alpha+$

$\theta))+\gamma)x+\mathrm{c}(\mathrm{at}(\mathrm{s}(\beta)/t(\alpha+\theta))+\gamma)y)-H\cdot t(\beta))+\mathrm{c}(\gamma)(-\mathrm{s}(\beta)/t(\alpha+\theta)/(1+$

$\mathrm{s}(\beta)^2/t(\alpha+\theta)^2)^{1/2}(\mathrm{c}(\mathrm{at}(\mathrm{s}(\beta)/t(\alpha+\theta))+\gamma)x+\mathrm{s}(\mathrm{at}(\mathrm{s}(\beta)/t(\alpha+\theta))+\gamma)y)+$

$1/(1+\mathrm{s}(\beta)^2/t(\alpha+\theta)^2)^{1/2}(-\mathrm{s}(\mathrm{at}(\mathrm{s}(\beta)/t(\alpha+\theta))+\gamma)x+\mathrm{c}(\mathrm{at}(\mathrm{s}(\beta)/t(\alpha+\theta))$

$+\gamma)y)-H(t(\alpha+\theta)-t(\alpha))/\mathrm{c}(\beta)-H\cdot t(\alpha)/\mathrm{c}(\beta)))+\mathrm{c}(\gamma)(-\mathrm{c}(\gamma)\omega_y(1/(1+$

$\mathrm{s}(\beta)^2/t(\alpha+\theta)^2)^{1/2}(\mathrm{c}(\mathrm{at}(\mathrm{s}(\beta)/t(\alpha+\theta))+\gamma)x+\mathrm{s}(\mathrm{at}(\mathrm{s}(\beta)/t(\alpha+\theta))+\gamma)y)+$

$\mathrm{s}(\beta)/t(\alpha+\theta)/(1+\mathrm{s}(\beta)^2/t(\alpha+\theta)^2)^{1/2}(-\mathrm{s}(\mathrm{at}(\mathrm{s}(\beta)/t(\alpha+\theta))+\gamma)x+\mathrm{c}(\mathrm{at}$

$(\mathrm{s}(\beta)/t(\alpha+\theta))+\gamma)y)-H\cdot t(\beta))-\mathrm{s}(\gamma)(-1/2/(1+\mathrm{s}(\beta)^2/t(\alpha+\theta)^2)^{3/2}$

$(\mathrm{c}(\mathrm{at}(\mathrm{s}(\beta)/t(\alpha+\theta))+\gamma)x+\mathrm{s}(\mathrm{at}(\mathrm{s}(\beta)/t(\alpha+\theta))+\gamma)y)(2\mathrm{s}(\beta)/t(\alpha+\theta)^2\mathrm{c}(\beta)$

$\omega_p-2\mathrm{s}(\beta)^2/t(\alpha+\theta)^3(1+t(\alpha+\theta)^2)\omega_r)+1/(1+\mathrm{s}(\beta)^2/t(\alpha+\theta)^2)^{1/2}(-\mathrm{s}(\mathrm{at}$

$(\mathrm{s}(\beta)/t(\alpha+\theta))+\gamma)(\mathrm{c}(\beta)\omega_p/t(\alpha+\theta)-\mathrm{s}(\beta)/t(\alpha+\theta)^2(1+t(\alpha+\theta)^2)\omega_r)/(1+$

$\mathrm{s}(\beta)^2/t(\alpha+\theta)^2)x+\mathrm{c}(\mathrm{at}(\mathrm{s}(\beta)/t(\alpha+\theta))+\gamma)(\mathrm{c}(\beta)\omega_p/t(\alpha+\theta)-\mathrm{s}(\beta)/t(\alpha+$

$\theta)^2(1+t(\alpha+\theta)^2)\omega_r)/(1+\mathrm{s}(\beta)^2/t(\alpha+\theta)^2)y)+\mathrm{c}(\beta)\omega_p/t(\alpha+\theta)/(1+\mathrm{s}(\beta)^2/$
$t(\alpha+\theta)^2)^{1/2}(-\mathrm{s}(\mathrm{at}(\mathrm{s}(\beta)/t(\alpha+\theta))+\gamma)x+\mathrm{c}(\mathrm{at}(\mathrm{s}(\beta)/t(\alpha+\theta))+\gamma)y)-\mathrm{s}(\beta)/$
$t(\alpha+\theta)^2/(1+\mathrm{s}(\beta)^2/t(\alpha+\theta)^2)^{1/2}(-\mathrm{s}(\mathrm{at}(\mathrm{s}(\beta)/t(\alpha+\theta))+\gamma)x+\mathrm{c}(\mathrm{at}(\mathrm{s}(\beta)/$
$t(\alpha+\theta))+\gamma)y)(1+t(\alpha+\theta)^2)\omega_r-1/2\mathrm{s}(\beta)/t(\alpha+\theta)/(1+\mathrm{s}(\beta)^2/t(\alpha+\theta)^2)^{3/2}$
$(-\mathrm{s}(\mathrm{at}(\mathrm{s}(\beta)/t(\alpha+\theta))+\gamma)x+\mathrm{c}(\mathrm{at}(\mathrm{s}(\beta)/t(\alpha+\theta))+\gamma)y)(2\mathrm{s}(\beta)/t(\alpha+\theta)^2$
$\mathrm{c}(\beta)\omega_p-2\mathrm{s}(\beta)^2/t(\alpha+\theta)^3(1+t(\alpha+\theta)^2)\omega_r)+\mathrm{s}(\beta)/t(\alpha+\theta)/(1+\mathrm{s}(\beta)^2/t(\alpha+$
$\theta)^2)^{1/2}(-\mathrm{c}(\mathrm{at}(\mathrm{s}(\beta)/t(\alpha+\theta))+\gamma)(\mathrm{c}(\beta)\omega_p/t(\alpha+\theta)-\mathrm{s}(\beta)/t(\alpha+\theta)^2(1+t(\alpha+$
$\theta)^2)\omega_r)/(1+\mathrm{s}(\beta)^2/t(\alpha+\theta)^2)x-\mathrm{s}(\mathrm{at}(\mathrm{s}(\beta)/t(\alpha+\theta))+\gamma)(\mathrm{c}(\beta)\omega_p/t(\alpha+\theta)-$
$\mathrm{s}(\beta)/t(\alpha+\theta)^2(1+t(\alpha+\theta)^2)\omega_r)/(1+\mathrm{s}(\beta)^2/t(\alpha+\theta)^2)y)-H(1+t(\beta)^2)\omega_p)-$
$\mathrm{s}(\gamma)\omega_y(-\mathrm{s}(\beta)/t(\alpha+\theta)/(1+\mathrm{s}(\beta)^2/t(\alpha+\theta)^2)^{1/2}(\mathrm{c}(\mathrm{at}(\mathrm{s}(\beta)/t(\alpha+\theta))+\gamma)x$
$+\mathrm{s}(\mathrm{at}(\mathrm{s}(\beta)/t(\alpha+\theta))+\gamma)y)+1/(1+\mathrm{s}(\beta)^2/t(\alpha+\theta)^2)^{1/2}(-\mathrm{s}(\mathrm{at}(\mathrm{s}(\beta)/t(\alpha+$
$\theta))+\gamma)x+\mathrm{c}(\mathrm{at}(\mathrm{s}(\beta)/t(\alpha+\theta))+\gamma)y)-H(t(\alpha+\theta)-t(\alpha))/\mathrm{c}(\beta)-H\cdot t(\alpha)/$
$\mathrm{c}(\beta))+\mathrm{c}(\gamma)(-\mathrm{c}(\beta)\omega_p/t(\alpha+\theta)/(1+\mathrm{s}(\beta)^2/t(\alpha+\theta)^2)^{1/2}(\mathrm{c}(\mathrm{at}(\mathrm{s}(\beta)/t(\alpha+$
$\theta))+\gamma)x+\mathrm{s}(\mathrm{at}(\mathrm{s}(\beta)/t(\alpha+\theta))+\gamma)y)+\mathrm{s}(\beta)/t(\alpha+\theta)^2/(1+\mathrm{s}(\beta)^2/t(\alpha+$
$\theta)^2)^{1/2}(\mathrm{c}(\mathrm{at}(\mathrm{s}(\beta)/t(\alpha+\theta))+\gamma)x+\mathrm{s}(\mathrm{at}(\mathrm{s}(\beta)/t(\alpha+\theta))+\gamma)y)(1+t(\alpha+\theta)^2)$
$\omega_r+1/2\mathrm{s}(\beta)/t(\alpha+\theta)/(1+\mathrm{s}(\beta)^2/t(\alpha+\theta)^2)^{3/2}(\mathrm{c}(\mathrm{at}(\mathrm{s}(\beta)/t(\alpha+\theta))+\gamma)x+$
$\mathrm{s}(\mathrm{at}(\mathrm{s}(\beta)/t(\alpha+\theta))+\gamma)y)(2\mathrm{s}(\beta)/t(\alpha+\theta)^2\mathrm{c}(\beta)\omega_p-2\mathrm{s}(\beta)^2/t(\alpha+\theta)^3(1+t(\alpha$
$+\theta)^2)\omega_r)-\mathrm{s}(\beta)/t(\alpha+\theta)/(1+\mathrm{s}(\beta)^2/t(\alpha+\theta)^2)^{1/2}(-\mathrm{s}(\mathrm{at}(\mathrm{s}(\beta)/t(\alpha+\theta))+$
$\gamma)(\mathrm{c}(\beta)\omega_p/t(\alpha+\theta)-\mathrm{s}(\beta)/t(\alpha+\theta)^2(1+t(\alpha+\theta)^2)\omega_r)/(1+\mathrm{s}(\beta)^2/t(\alpha+\theta)^2)x$
$+\mathrm{c}(\mathrm{at}(\mathrm{s}(\beta)/t(\alpha+\theta))+\gamma)(\mathrm{c}(\beta)\omega_p/t(\alpha+\theta)-\mathrm{s}(\beta)/t(\alpha+\theta)^2(1+t(\alpha+\theta)^2)$
$\omega_r)/(1+\mathrm{s}(\beta)^2/t(\alpha+\theta)^2)y)-1/2/(1+\mathrm{s}(\beta)^2/t(\alpha+\theta)^2)^{3/2}(-\mathrm{s}(\mathrm{at}(\mathrm{s}(\beta)/$
$t(\alpha+\theta))+\gamma)x+\mathrm{c}(\mathrm{at}(\mathrm{s}(\beta)/t(\alpha+\theta))+\gamma)y)(2\mathrm{s}(\beta)/t(\alpha+\theta)^2\mathrm{c}(\beta)\omega_p-2\mathrm{s}(\beta)^2/$
$t(\alpha+\theta)^3(1+t(\alpha+\theta)^2)\omega_r)+1/(1+\mathrm{s}(\beta)^2/t(\alpha+\theta)^2)^{1/2}(-\mathrm{c}(\mathrm{at}(\mathrm{s}(\beta)/t(\alpha+\theta))$
$+\gamma)(\mathrm{c}(\beta)\omega_p/t(\alpha+\theta)-\mathrm{s}(\beta)/t(\alpha+\theta)^2(1+t(\alpha+\theta)^2)\omega_r)/(1+\mathrm{s}(\beta)^2/t(\alpha+\theta)^2)$
$x-\mathrm{s}(\mathrm{at}(\mathrm{s}(\beta)/t(\alpha+\theta))+\gamma)(\mathrm{c}(\beta)\omega_p/t(\alpha+\theta)-\mathrm{s}(\beta)/t(\alpha+\theta)^2(1+t(\alpha+\theta)^2)$
$\omega_r)/(1+\mathrm{s}(\beta)^2/t(\alpha+\theta)^2)y)-H((1+t(\alpha+\theta)^2)\omega_r-(1+t(\alpha)^2)\omega_r)/\mathrm{c}(\beta)-$
$H(t(\alpha+\theta)-t(\alpha))/\mathrm{c}(\beta)^2\mathrm{s}(\beta)\omega_p-H(1+t(\alpha)^2)\omega_r/\mathrm{c}(\beta)-H\cdot t(\alpha)/\mathrm{c}(\beta)^2$
$\mathrm{s}(\beta)\omega_p)))-\mathrm{s}(\alpha)\omega_r(\mathrm{s}(\beta)(\mathrm{c}(\gamma)(\mathrm{c}(\gamma)(1/(1+\mathrm{s}(\beta)^2/t(\alpha+\theta)^2)^{1/2}(\mathrm{c}(\mathrm{at}$
$(\mathrm{s}(\beta)/t(\alpha+\theta))+\gamma)x+\mathrm{s}(\mathrm{at}(\mathrm{s}(\beta)/t(\alpha+\theta))+\gamma)y)+\mathrm{s}(\beta)/t(\alpha+\theta)/(1+\mathrm{s}(\beta)^2/$
$t(\alpha+\theta)^2)^{1/2}(-\mathrm{s}(\mathrm{at}(\mathrm{s}(\beta)/t(\alpha+\theta))+\gamma)x+\mathrm{c}(\mathrm{at}(\mathrm{s}(\beta)/t(\alpha+\theta))+\gamma)y)-H\cdot$
$t(\beta))+\mathrm{s}(\gamma)(-\mathrm{s}(\beta)/t(\alpha+\theta)/(1+\mathrm{s}(\beta)^2/t(\alpha+\theta)^2)^{1/2}(\mathrm{c}(\mathrm{at}(\mathrm{s}(\beta)/t(\alpha+\theta))$
$+\gamma)x+\mathrm{s}(\mathrm{at}(\mathrm{s}(\beta)/t(\alpha+\theta))+\gamma)y)+1/(1+\mathrm{s}(\beta)^2/t(\alpha+\theta)^2)^{1/2}(-\mathrm{s}(\mathrm{at}(\mathrm{s}(\beta)/$

$$
\begin{aligned}
&t(\alpha+\theta))+\gamma)x+\mathrm{c}(\mathrm{at}(\mathrm{s}(\beta)/t(\alpha+\theta))+\gamma)y)-H(t(\alpha+\theta)-t(\alpha))/\mathrm{c}(\beta)-H\cdot t\\
&(\alpha)/\mathrm{c}(\beta)))+\mathrm{s}(\gamma)(-\mathrm{s}(\gamma)(1/(1+\mathrm{s}(\beta)^2/t(\alpha+\theta)^2)^{1/2}(\mathrm{c}(\mathrm{at}(\mathrm{s}(\beta)/t(\alpha+\theta))\\
&+\gamma)x+\mathrm{s}(\mathrm{at}(\mathrm{s}(\beta)/t(\alpha+\theta))+\gamma)y)+\mathrm{s}(\beta)/t(\alpha+\theta)/(1+\mathrm{s}(\beta)^2/t(\alpha+\theta)^2)^{1/2}\\
&(-\mathrm{s}(\mathrm{at}(\mathrm{s}(\beta)/t(\alpha+\theta))+\gamma)x+\mathrm{c}(\mathrm{at}(\mathrm{s}(\beta)/t(\alpha+\theta))+\gamma)y)-H\cdot t(\beta))+\mathrm{c}(\gamma)\\
&(-\mathrm{s}(\beta)/t(\alpha+\theta)/(1+\mathrm{s}(\beta)^2/t(\alpha+\theta)^2)^{1/2}(\mathrm{c}(\mathrm{at}(\mathrm{s}(\beta)/t(\alpha+\theta))+\gamma)x+\mathrm{s}(\mathrm{at}\\
&(\mathrm{s}(\beta)/t(\alpha+\theta))+\gamma)y)+1/(1+\mathrm{s}(\beta)^2/t(\alpha+\theta)^2)^{1/2}(-\mathrm{s}(\mathrm{at}(\mathrm{s}(\beta)/t(\alpha+\theta))+\\
&\gamma)x+\mathrm{c}(\mathrm{at}(\mathrm{s}(\beta)/t(\alpha+\theta))+\gamma)y)-H(t(\alpha+\theta)-t(\alpha))/\mathrm{c}(\beta)-H\cdot t(\alpha)/\\
&\mathrm{c}(\beta))))-\mathrm{c}(\beta)H)+\mathrm{c}(\alpha)(\mathrm{c}(\beta)\omega_p(\mathrm{c}(\gamma)(\mathrm{c}(\gamma)(1/(1+\mathrm{s}(\beta)^2/t(\alpha+\theta)^2)^{1/2}\\
&(\mathrm{c}(\mathrm{at}(\mathrm{s}(\beta)/t(\alpha+\theta))+\gamma)x+\mathrm{s}(\mathrm{at}(\mathrm{s}(\beta)/t(\alpha+\theta))+\gamma)y)+\mathrm{s}(\beta)/t(\alpha+\theta)/(1+\\
&\mathrm{s}(\beta)^2/t(\alpha+\theta)^2)^{1/2}(-\mathrm{s}(\mathrm{at}(\mathrm{s}(\beta)/t(\alpha+\theta))+\gamma)x+\mathrm{c}(\mathrm{at}(\mathrm{s}(\beta)/t(\alpha+\theta))+\gamma)y)\\
&-H\cdot t(\beta))+\mathrm{s}(\gamma)(-\mathrm{s}(\beta)/t(\alpha+\theta)/(1+\mathrm{s}(\beta)^2/t(\alpha+\theta)^2)^{1/2}(\mathrm{c}(\mathrm{at}(\mathrm{s}(\beta)/t(\alpha\\
&+\theta))+\gamma)x+\mathrm{s}(\mathrm{at}(\mathrm{s}(\beta)/t(\alpha+\theta))+\gamma)y)+1/(1+\mathrm{s}(\beta)^2/t(\alpha+\theta)^2)^{1/2}(-\mathrm{s}(\mathrm{at}\\
&(\mathrm{s}(\beta)/t(\alpha+\theta))+\gamma)x+\mathrm{c}(\mathrm{at}(\mathrm{s}(\beta)/t(\alpha+\theta))+\gamma)y)-H(t(\alpha+\theta)-t(\alpha))/\mathrm{c}(\beta)-\\
&H\cdot t(\alpha)/\mathrm{c}(\beta)))+\mathrm{s}(\gamma)(-\mathrm{s}(\gamma)(1/(1+\mathrm{s}(\beta)^2/t(\alpha+\theta)^2)^{1/2}(\mathrm{c}(\mathrm{at}(\mathrm{s}(\beta)/t(\alpha\\
&+\theta))+\gamma)x+\mathrm{s}(\mathrm{at}(\mathrm{s}(\beta)/t(\alpha+\theta))+\gamma)y)+\mathrm{s}(\beta)/t(\alpha+\theta)/(1+\mathrm{s}(\beta)^2/t(\alpha+\\
&\theta)^2)^{1/2}(-\mathrm{s}(\mathrm{at}(\mathrm{s}(\beta)/t(\alpha+\theta))+\gamma)x+\mathrm{c}(\mathrm{at}(\mathrm{s}(\beta)/t(\alpha+\theta))+\gamma)y)-H\cdot t(\beta))+\\
&\mathrm{c}(\gamma)(-\mathrm{s}(\beta)/t(\alpha+\theta)/(1+\mathrm{s}(\beta)^2/t(\alpha+\theta)^2)^{1/2}(\mathrm{c}(\mathrm{at}(\mathrm{s}(\beta)/t(\alpha+\theta))+\gamma)x+\\
&\mathrm{s}(\mathrm{at}(\mathrm{s}(\beta)/t(\alpha+\theta))+\gamma)y)+1/(1+\mathrm{s}(\beta)^2/t(\alpha+\theta)^2)^{1/2}(-\mathrm{s}(\mathrm{at}(\mathrm{s}(\beta)/t(\alpha+\\
&\theta))+\gamma)x+\mathrm{c}(\mathrm{at}(\mathrm{s}(\beta)/t(\alpha+\theta))+\gamma)y)-H(t(\alpha+\theta)-t(\alpha))/\mathrm{c}(\beta)-H\cdot t(\alpha)/\\
&\mathrm{c}(\beta))))+\mathrm{s}(\beta)(-\mathrm{s}(\gamma)\omega_y(\mathrm{c}(\gamma)(1/(1+\mathrm{s}(\beta)^2/t(\alpha+\theta)^2)^{1/2}(\mathrm{c}(\mathrm{at}(\mathrm{s}(\beta)/t(\alpha\\
&+\theta))+\gamma)x+\mathrm{s}(\mathrm{at}(\mathrm{s}(\beta)/t(\alpha+\theta))+\gamma)y)+\mathrm{s}(\beta)/t(\alpha+\theta)/(1+\mathrm{s}(\beta)^2/t(\alpha+\\
&\theta)^2)^{1/2}(-\mathrm{s}(\mathrm{at}(\mathrm{s}(\beta)/t(\alpha+\theta))+\gamma)x+\mathrm{c}(\mathrm{at}(\mathrm{s}(\beta)/t(\alpha+\theta))+\gamma)y)-H\cdot t(\beta))+\\
&\mathrm{s}(\gamma)(-\mathrm{s}(\beta)/t(\alpha+\theta)/(1+\mathrm{s}(\beta)^2/t(\alpha+\theta)^2)^{1/2}(\mathrm{c}(\mathrm{at}(\mathrm{s}(\beta)/t(\alpha+\theta))+\gamma)x+\\
&\mathrm{s}(\mathrm{at}(\mathrm{s}(\beta)/t(\alpha+\theta))+\gamma)y)+1/(1+\mathrm{s}(\beta)^2/t(\alpha+\theta)^2)^{1/2}(-\mathrm{s}(\mathrm{at}(\mathrm{s}(\beta)/t(\alpha+\\
&\theta))+\gamma)x+\mathrm{c}(\mathrm{at}(\mathrm{s}(\beta)/t(\alpha+\theta))+\gamma)y)-H(t(\alpha+\theta)-t(\alpha))/\mathrm{c}(\beta)-H\cdot t(\alpha)/\\
&\mathrm{c}(\beta)))+\mathrm{c}(\gamma)(-\mathrm{s}(\gamma)\omega_y(1/(1+\mathrm{s}(\beta)^2/t(\alpha+\theta)^2)^{1/2}(\mathrm{c}(\mathrm{at}(\mathrm{s}(\beta)/t(\alpha+\theta))+\\
&\gamma)x+\mathrm{s}(\mathrm{at}(\mathrm{s}(\beta)/t(\alpha+\theta))+\gamma)y)+\mathrm{s}(\beta)/t(\alpha+\theta)/(1+\mathrm{s}(\beta)^2/t(\alpha+\theta)^2)^{1/2}\\
&(-\mathrm{s}(\mathrm{at}(\mathrm{s}(\beta)/t(\alpha+\theta))+\gamma)x+\mathrm{c}(\mathrm{at}(\mathrm{s}(\beta)/t(\alpha+\theta))+\gamma)y)-H\cdot t(\beta))+\mathrm{c}(\gamma)\\
&(-1/2/(1+\mathrm{s}(\beta)^2/t(\alpha+\theta)^2)^{3/2}(\mathrm{c}(\mathrm{at}(\mathrm{s}(\beta)/t(\alpha+\theta))+\gamma)x+\mathrm{s}(\mathrm{at}(\mathrm{s}(\beta)/t(\alpha\\
&+\theta))+\gamma)y)(2\mathrm{s}(\beta)/t(\alpha+\theta)^2\mathrm{c}(\beta)\omega_p-2\mathrm{s}(\beta)^2/t(\alpha+\theta)^3(1+t(\alpha+\theta)^2)\omega_r)+1/\\
&(1+\mathrm{s}(\beta)^2/t(\alpha+\theta)^2)^{1/2}(-\mathrm{s}(\mathrm{at}(\mathrm{s}(\beta)/t(\alpha+\theta))+\gamma)(\mathrm{c}(\beta)\omega_p/t(\alpha+\theta)-\mathrm{s}(\beta)/\\
&t(\alpha+\theta)^2(1+t(\alpha+\theta)^2)\omega_r)/(1+\mathrm{s}(\beta)^2/t(\alpha+\theta)^2)x+\mathrm{c}(\mathrm{at}(\mathrm{s}(\beta)/t(\alpha+\theta))+\gamma)\\
&(\mathrm{c}(\beta)\omega_p/t(\alpha+\theta)-\mathrm{s}(\beta)/t(\alpha+\theta)^2(1+t(\alpha+\theta)^2)\omega_r)/(1+\mathrm{s}(\beta)^2/t(\alpha+\theta)^2)y)+
\end{aligned}
$$

$\mathrm{c}(\beta)\omega_p/t(\alpha+\theta)/(1+\mathrm{s}(\beta)^2/t(\alpha+\theta)^2)^{1/2}(-\mathrm{s}(\mathrm{at}(\mathrm{s}(\beta)/t(\alpha+\theta))+\gamma)x+\mathrm{c}(\mathrm{at}$
$(\mathrm{s}(\beta)/t(\alpha+\theta))+\gamma)y)-\mathrm{s}(\beta)/t(\alpha+\theta)^2/(1+\mathrm{s}(\beta)^2/t(\alpha+\theta)^2)^{1/2}(-\mathrm{s}(\mathrm{at}$
$(\mathrm{s}(\beta)/t(\alpha+\theta))+\gamma)x+\mathrm{c}(\mathrm{at}(\mathrm{s}(\beta)/t(\alpha+\theta))+\gamma)y)(1+t(\alpha+\theta)^2)\omega_r-1/2\mathrm{s}(\beta)/$
$t(\alpha+\theta)/(1+\mathrm{s}(\beta)^2/t(\alpha+\theta)^2)^{3/2}(-\mathrm{s}(\mathrm{at}(\mathrm{s}(\beta)/t(\alpha+\theta))+\gamma)x+\mathrm{c}(\mathrm{at}(\mathrm{s}(\beta)/$
$t(\alpha+\theta))+\gamma)y)(2\mathrm{s}(\beta)/t(\alpha+\theta)^2\mathrm{c}(\beta)\omega_p-2\mathrm{s}(\beta)^2/t(\alpha+\theta)^3(1+t(\alpha+\theta)^2)\omega_r)+$
$\mathrm{s}(\beta)/t(\alpha+\theta)/(1+\mathrm{s}(\beta)^2/t(\alpha+\theta)^2)^{1/2}(-\mathrm{c}(\mathrm{at}(\mathrm{s}(\beta)/t(\alpha+\theta))+\gamma)(\mathrm{c}(\beta)\omega_p/$
$t(\alpha+\theta)-\mathrm{s}(\beta)/t(\alpha+\theta)^2(1+t(\alpha+\theta)^2)\omega_r)/(1+\mathrm{s}(\beta)^2/t(\alpha+\theta)^2)x-\mathrm{s}(\mathrm{at}(\mathrm{s}(\beta)/$
$t(\alpha+\theta))+\gamma)(\mathrm{c}(\beta)\omega_p/t(\alpha+\theta)-\mathrm{s}(\beta)/t(\alpha+\theta)^2(1+t(\alpha+\theta)^2)\omega_r)/(1+\mathrm{s}(\beta)^2/$
$t(\alpha+\theta)^2)y)-H(1+t(\beta)^2)\omega_p)+\mathrm{c}(\gamma)\omega_y(-\mathrm{s}(\beta)/t(\alpha+\theta)/(1+\mathrm{s}(\beta)^2/t(\alpha+$
$\theta)^2)^{1/2}(\mathrm{c}(\mathrm{at}(\mathrm{s}(\beta)/t(\alpha+\theta))+\gamma)x+\mathrm{s}(\mathrm{at}(\mathrm{s}(\beta)/t(\alpha+\theta))+\gamma)y)+1/(1+$
$\mathrm{s}(\beta)^2/t(\alpha+\theta)^2)^{1/2}(-\mathrm{s}(\mathrm{at}(\mathrm{s}(\beta)/t(\alpha+\theta))+\gamma)x+\mathrm{c}(\mathrm{at}(\mathrm{s}(\beta)/t(\alpha+\theta))+\gamma)y)$
$-H(t(\alpha+\theta)-t(\alpha))/\mathrm{c}(\beta)-H\cdot t(\alpha)/\mathrm{c}(\beta))+\mathrm{s}(\gamma)(-\mathrm{c}(\beta)\omega_p/t(\alpha+\theta)/(1+$
$\mathrm{s}(\beta)^2/t(\alpha+\theta)^2)^{1/2}(\mathrm{c}(\mathrm{at}(\mathrm{s}(\beta)/t(\alpha+\theta))+\gamma)x+\mathrm{s}(\mathrm{at}(\mathrm{s}(\beta)/t(\alpha+\theta))+\gamma)y)+$
$\mathrm{s}(\beta)/t(\alpha+\theta)^2/(1+\mathrm{s}(\beta)^2/t(\alpha+\theta)^2)^{1/2}(\mathrm{c}(\mathrm{at}(\mathrm{s}(\beta)/t(\alpha+\theta))+\gamma)x+\mathrm{s}(\mathrm{at}$
$(\mathrm{s}(\beta)/t(\alpha+\theta))+\gamma)y)(1+t(\alpha+\theta)^2)\omega_r+^{1/2}\mathrm{s}(\beta)/t(\alpha+\theta)/(1+\mathrm{s}(\beta)^2/t(\alpha+$
$\theta)^2)^{3/2}(\mathrm{c}(\mathrm{at}(\mathrm{s}(\beta)/t(\alpha+\theta))+\gamma)x+\mathrm{s}(\mathrm{at}(\mathrm{s}(\beta)/t(\alpha+\theta))+\gamma)y)(2\mathrm{s}(\beta)/t(\alpha+$
$\theta)^2\mathrm{c}(\beta)\omega_p-2\mathrm{s}(\beta)^2/t(\alpha+\theta)^3(1+t(\alpha+\theta)^2)\omega_r)-\mathrm{s}(\beta)/t(\alpha+\theta)/(1+\mathrm{s}(\beta)^2/$
$t(\alpha+\theta)^2)^{1/2}(-\mathrm{s}(\mathrm{at}(\mathrm{s}(\beta)/t(\alpha+\theta))+\gamma)(\mathrm{c}(\beta)\omega_p/t(\alpha+\theta)-\mathrm{s}(\beta)/t(\alpha+\theta)^2(1+$
$t(\alpha+\theta)^2)\omega_r)/(1+\mathrm{s}(\beta)^2/t(\alpha+\theta)^2)x+\mathrm{c}(\mathrm{at}(\mathrm{s}(\beta)/t(\alpha+\theta))+\gamma)(\mathrm{c}(\beta)\omega_p/t(\alpha$
$+\theta)-\mathrm{s}(\beta)/t(\alpha+\theta)^2(1+t(\alpha+\theta)^2)\omega_r)/(1+\mathrm{s}(\beta)^2/t(\alpha+\theta)^2)y)-1/2/(1+$
$\mathrm{s}(\beta)^2/t(\alpha+\theta)^2)^{3/2}(-\mathrm{s}(\mathrm{at}(\mathrm{s}(\beta)/t(\alpha+\theta))+\gamma)x+\mathrm{c}(\mathrm{at}(\mathrm{s}(\beta)/t(\alpha+\theta))+\gamma)y)$
$(2\mathrm{s}(\beta)/t(\alpha+\theta)^2\mathrm{c}(\beta)\omega_p-2\mathrm{s}(\beta)^2/t(\alpha+\theta)^3(1+t(\alpha+\theta)^2)\omega_r)+1/(1+\mathrm{s}(\beta)^2/$
$t(\alpha+\theta)^2)^{1/2}(-\mathrm{c}(\mathrm{at}(\mathrm{s}(\beta)/t(\alpha+\theta))+\gamma)(\mathrm{c}(\beta)\omega_p/t(\alpha+\theta)-\mathrm{s}(\beta)/t(\alpha+\theta)^2(1+$
$t(\alpha+\theta)^2)\omega_r)/(1+\mathrm{s}(\beta)^2/t(\alpha+\theta)^2)x-\mathrm{s}(\mathrm{at}(\mathrm{s}(\beta)/t(\alpha+\theta))+\gamma)(\mathrm{c}(\beta)\omega_p/t(\alpha$
$+\theta)-\mathrm{s}(\beta)/t(\alpha+\theta)^2(1+t(\alpha+\theta)^2)\omega_r)/(1+\mathrm{s}(\beta)^2/t(\alpha+\theta)^2)y)-H((1+t(\alpha+$
$\theta)^2)\omega_r-(1+t(\alpha)^2)\omega_r)/\mathrm{c}(\beta)-H(t(\alpha+\theta)-t(\alpha))/\mathrm{c}(\beta)^2\mathrm{s}(\beta)\omega_p-H(1+t(\alpha)^2)$
$\omega_r/\mathrm{c}(\beta)-H\cdot t(\alpha)/\mathrm{c}(\beta)^2\mathrm{s}(\beta)\omega_p)-v)+\mathrm{c}(\gamma)\omega_y(-\mathrm{s}(\gamma)(1/(1+\mathrm{s}(\beta)^2/t(\alpha+$
$\theta)^2)^{1/2}(\mathrm{c}(\mathrm{at}(\mathrm{s}(\beta)/t(\alpha+\theta))+\gamma)x+\mathrm{s}(\mathrm{at}(\mathrm{s}(\beta)/t(\alpha+\theta))+\gamma)y)+\mathrm{s}(\beta)/t(\alpha+$
$\theta)/(1+\mathrm{s}(\beta)^2/t(\alpha+\theta)^2)^{1/2}(-\mathrm{s}(\mathrm{at}(\mathrm{s}(\beta)/t(\alpha+\theta))+\gamma)x+\mathrm{c}(\mathrm{at}(\mathrm{s}(\beta)/t(\alpha+$
$\theta))+\gamma)y)-H\cdot t(\beta))+\mathrm{c}(\gamma)(-\mathrm{s}(\beta)/t(\alpha+\theta)/(1+\mathrm{s}(\beta)^2/t(\alpha+\theta)^2)^{1/2}(\mathrm{c}(\mathrm{at}$
$(\mathrm{s}(\beta)/t(\alpha+\theta))+\gamma)x+\mathrm{s}(\mathrm{at}(\mathrm{s}(\beta)/t(\alpha+\theta))+\gamma)y)+1/(1+\mathrm{s}(\beta)^2/t(\alpha+$
$\theta)^2)^{1/2}(-\mathrm{s}(\mathrm{at}(\mathrm{s}(\beta)/t(\alpha+\theta))+\gamma)x+\mathrm{c}(\mathrm{at}(\mathrm{s}(\beta)/t(\alpha+\theta))+\gamma)y)-H(t(\alpha+\theta)-$

$t(\alpha))/\mathrm{c}(\beta)-H\cdot t(\alpha)/\mathrm{c}(\beta)))+\mathrm{s}(\gamma)(-\mathrm{c}(\gamma)\omega_y(1/(1+\mathrm{s}(\beta)^2/t(\alpha+\theta)^2)^{1/2}$
$(\mathrm{c}(\mathrm{at}(\mathrm{s}(\beta)/t(\alpha+\theta))+\gamma)x+\mathrm{s}(\mathrm{at}(\mathrm{s}(\beta)/t(\alpha+\theta))+\gamma)y)+\mathrm{s}(\beta)/t(\alpha+\theta)/(1+$
$\mathrm{s}(\beta)^2/t(\alpha+\theta)^2)^{1/2}(-\mathrm{s}(\mathrm{at}(\mathrm{s}(\beta)/t(\alpha+\theta))+\gamma)x+\mathrm{c}(\mathrm{at}(\mathrm{s}(\beta)/t(\alpha+\theta))+\gamma)y)$
$-H\cdot t(\beta))-\mathrm{s}(\gamma)(-1/2/(1+\mathrm{s}(\beta)^2/t(\alpha+\theta)^2)^{3/2}(\mathrm{c}(\mathrm{at}(\mathrm{s}(\beta)/t(\alpha+\theta))+\gamma)$
$x+\mathrm{s}(\mathrm{at}(\mathrm{s}(\beta)/t(\alpha+\theta))+\gamma)y)(2\mathrm{s}(\beta)/t(\alpha+\theta)^2\mathrm{c}(\beta)\omega_p-2\mathrm{s}(\beta)^2/t(\alpha+\theta)^3(1+$
$t(\alpha+\theta)^2)\omega_r)+1/(1+\mathrm{s}(\beta)^2/t(\alpha+\theta)^2)^{1/2}(-\mathrm{s}(\mathrm{at}(\mathrm{s}(\beta)/t(\alpha+\theta))+\gamma)(\mathrm{c}(\beta)$
$\omega_p/t(\alpha+\theta)-\mathrm{s}(\beta)/t(\alpha+\theta)^2(1+t(\alpha+\theta)^2)\omega_r)/(1+\mathrm{s}(\beta)^2/t(\alpha+\theta)^2)x+\mathrm{c}(\mathrm{at}$
$(\mathrm{s}(\beta)/t(\alpha+\theta))+\gamma)(\mathrm{c}(\beta)\omega_p/t(\alpha+\theta)-\mathrm{s}(\beta)/t(\alpha+\theta)^2(1+t(\alpha+\theta)^2)\omega_r)/(1+$
$\mathrm{s}(\beta)^2/t(\alpha+\theta)^2)y)+\mathrm{c}(\beta)\omega_p/t(\alpha+\theta)/(1+\mathrm{s}(\beta)^2/t(\alpha+\theta)^2)^{1/2}(-\mathrm{s}(\mathrm{at}(\mathrm{s}(\beta)/$
$t(\alpha+\theta))+\gamma)x+\mathrm{c}(\mathrm{at}(\mathrm{s}(\beta)/t(\alpha+\theta))+\gamma)y)-\mathrm{s}(\beta)/t(\alpha+\theta)^2/(1+\mathrm{s}(\beta)^2/t(\alpha+$
$\theta)^2)^{1/2}(-\mathrm{s}(\mathrm{at}(\mathrm{s}(\beta)/t(\alpha+\theta))+\gamma)x+\mathrm{c}(\mathrm{at}(\mathrm{s}(\beta)/t(\alpha+\theta))+\gamma)y)(1+t(\alpha+$
$\theta)^2)\omega_r-1/2\mathrm{s}(\beta)/t(\alpha+\theta)/(1+\mathrm{s}(\beta)^2/t(\alpha+\theta)^2)^{3/2}(-\mathrm{s}(\mathrm{at}(\mathrm{s}(\beta)/t(\alpha+\theta))+$
$\gamma)x+\mathrm{c}(\mathrm{at}(\mathrm{s}(\beta)/t(\alpha+\theta))+\gamma)y)(2\mathrm{s}(\beta)/t(\alpha+\theta)^2\mathrm{c}(\beta)\omega_p-2\mathrm{s}(\beta)^2/t(\alpha+\theta)^3$
$(1+t(\alpha+\theta)^2)\omega_r)+\mathrm{s}(\beta)/t(\alpha+\theta)/(1+\mathrm{s}(\beta)^2/t(\alpha+\theta)^2)^{1/2}(-\mathrm{c}(\mathrm{at}(\mathrm{s}(\beta)/t(\alpha+$
$\theta))+\gamma)(\mathrm{c}(\beta)\omega_p/t(\alpha+\theta)-\mathrm{s}(\beta)/t(\alpha+\theta)^2(1+t(\alpha+\theta)^2)\omega_r)/(1+\mathrm{s}(\beta)^2/t(\alpha+$
$\theta)^2)x-\mathrm{s}(\mathrm{at}(\mathrm{s}(\beta)/t(\alpha+\theta))+\gamma)(\mathrm{c}(\beta)\omega_p/t(\alpha+\theta)-\mathrm{s}(\beta)/t(\alpha+\theta)^2(1+t(\alpha+$
$\theta)^2)\omega_r)/(1+\mathrm{s}(\beta)^2/t(\alpha+\theta)^2)y)-H(1+t(\beta)^2)\omega_p)-\mathrm{s}(\gamma)\omega_y(-\mathrm{s}(\beta)/t(\alpha+\theta)/$
$(1+\mathrm{s}(\beta)^2/t(\alpha+\theta)^2)^{1/2}(\mathrm{c}(\mathrm{at}(\mathrm{s}(\beta)/t(\alpha+\theta))+\gamma)x+\mathrm{s}(\mathrm{at}(\mathrm{s}(\beta)/t(\alpha+\theta))+\gamma)$
$y)+1/(1+\mathrm{s}(\beta)^2/t(\alpha+\theta)^2)^{1/2}(-\mathrm{s}(\mathrm{at}(\mathrm{s}(\beta)/t(\alpha+\theta))+\gamma)x+\mathrm{c}(\mathrm{at}(\mathrm{s}(\beta)/t(\alpha+$
$\theta))+\gamma)y)-H(t(\alpha+\theta)-t(\alpha))/\mathrm{c}(\beta)-H\cdot t(\alpha)/\mathrm{c}(\beta))+\mathrm{c}(\gamma)(-\mathrm{c}(\beta)\omega_p/t(\alpha+$
$\theta)/(1+\mathrm{s}(\beta)^2/t(\alpha+\theta)^2)^{1/2}(\mathrm{c}(\mathrm{at}(\mathrm{s}(\beta)/t(\alpha+\theta))+\gamma)x+\mathrm{s}(\mathrm{at}(\mathrm{s}(\beta)/t(\alpha+\theta))$
$+\gamma)y)+\mathrm{s}(\beta)/t(\alpha+\theta)^2/(1+\mathrm{s}(\beta)^2/t(\alpha+\theta)^2)^{1/2}(\mathrm{c}(\mathrm{at}(\mathrm{s}(\beta)/t(\alpha+\theta))+\gamma)x+$
$\mathrm{s}(\mathrm{at}(\mathrm{s}(\beta)/t(\alpha+\theta))+\gamma)y)(1+t(\alpha+\theta)^2)\omega_r+1/2\mathrm{s}(\beta)/t(\alpha+\theta)/(1+\mathrm{s}(\beta)^2/$
$t(\alpha+\theta)^2)^{3/2}(\mathrm{c}(\mathrm{at}(\mathrm{s}(\beta)/t(\alpha+\theta))+\gamma)x+\mathrm{s}(\mathrm{at}(\mathrm{s}(\beta)/t(\alpha+\theta))+\gamma)y)(2\mathrm{s}(\beta)/$
$t(\alpha+\theta)^2\mathrm{c}(\beta)\omega_p-2\mathrm{s}(\beta)2/t(\alpha+\theta)^3(1+t(\alpha+\theta)^2)\omega_r)-\mathrm{s}(\beta)/t(\alpha+\theta)/(1+$
$\mathrm{s}(\beta)^2/t(\alpha+\theta)^2)^{1/2}(-\mathrm{s}(\mathrm{at}(\mathrm{s}(\beta)/t(\alpha+\theta))+\gamma)(\mathrm{c}(\beta)\omega_p/t(\alpha+\theta)-\mathrm{s}(\beta)/t(\alpha+$
$\theta)^2(1+t(\alpha+\theta)^2)\omega_r)/(1+\mathrm{s}(\beta)^2/t(\alpha+\theta)^2)x+\mathrm{c}(\mathrm{at}(\mathrm{s}(\beta)/t(\alpha+\theta))+\gamma)(\mathrm{c}(\beta)$
$\omega_p/t(\alpha+\theta)-\mathrm{s}(\beta)/t(\alpha+\theta)^2(1+t(\alpha+\theta)^2)\omega_r)/(1+\mathrm{s}(\beta)^2/t(\alpha+\theta)^2)y)-1/2/$
$(1+\mathrm{s}(\beta)^2/t(\alpha+\theta)^2)^{3/2}(-\mathrm{s}(\mathrm{at}(\mathrm{s}(\beta)/t(\alpha+\theta))+\gamma)x+\mathrm{c}(\mathrm{at}(\mathrm{s}(\beta)/t(\alpha+\theta))+$
$\gamma)y)(2\mathrm{s}(\beta)/t(\alpha+\theta)^2\mathrm{c}(\beta)\omega_p-2\mathrm{s}(\beta)^2/t(\alpha+\theta)^3(1+t(\alpha+\theta)^2)\omega_r)+1/(1+$
$\mathrm{s}(\beta)^2/t(\alpha+\theta)^2)^{1/2}(-\mathrm{c}(\mathrm{at}(\mathrm{s}(\beta)/t(\alpha+\theta))+\gamma)(\mathrm{c}(\beta)\omega_p/t(\alpha+\theta)-\mathrm{s}(\beta)/t(\alpha$
$+\theta)^2(1+t(\alpha+\theta)^2)\omega_r)/(1+\mathrm{s}(\beta)^2/t(\alpha+\theta)^2)x-\mathrm{s}(\mathrm{at}(\mathrm{s}(\beta)/t(\alpha+\theta))+\gamma)(\mathrm{c}(\beta)$

$$\omega_p/t(\alpha+\theta)-s(\beta)/t(\alpha+\theta)^2(1+t(\alpha+\theta)^2)\omega_r)/(1+s(\beta)^2/t(\alpha+\theta)^2)\gamma)-H((1+t(\alpha+\theta)^2)\omega_r-(1+t(\alpha)^2)\omega_r)/c(\beta)-H(t(\alpha+\theta)-t(\alpha))/c(\beta)^2s(\beta)\omega_p-H(1+t(\alpha)^2)\omega_r/c(\beta)-H\cdot t(\alpha)/c(\beta)^2s(\beta)\omega_p)))+s(\beta)\omega_p\cdot H)))$$

(6-7)

6.2 像移补偿误差分析

建立面阵航空相机成像模型是为了推导出像面像移速度的公式,其目的是要依据像移速度计算来确定每个像移补偿分区的电荷转移速度,以实现对像点运动的补偿。每个补偿分区都对应着不同的地表目标区域,当相机处于非垂直成像状态时,像面上对应各目标区域的像移速度是不同的,即使在同一目标区域内,对应不同物点的像面像点运动速度也是不同的,所以以像面补偿分区内任何像点的像移速度或者该区域内所有像点的平均像移速度确定像面电荷转移速度,进而实行像移补偿的都是存在补偿误差的[93-96]。

如果将每个像元作为像移补偿控制对象能够使像移补偿误差最小化,这是面阵像移补偿技术的努力方向,但受技术和工艺水平限制目前在工程上还无法实现。所以要把整个像面划分成若干像移补偿分区。像移补偿区域有两种划分方法:一是在像面上均匀划分补偿分区,则每个分区包含相同数量的像元;二是把地表目标区域做均匀划分。当相机严格地垂直成像时,不论采用哪种划分方法,从像面映射到地表目标区域或者反之从地表目标区域映射到像面,像面和地表上的分区都是按相同比例尺均匀地互相映射的,即每个像元所对应的物点数量(区域面积)都是相同的,此时像面上所有分区内像点运动速度是相同的,所以以任意一点像移速度作为电荷转移速度在理论上是不存在补偿误差的。但是,当相机光轴偏离垂直成像状态时,以典型的侧视成像状态为例,每个像元(尺度和形状相同)所对应的物面区域大小和形状各不相同,反过来均匀划分的地表分区映射到像面上的分区形状和大小(像元数量)也是各异的。这时无论采用各像面分区内的平均像移速度还是中心像点的像移速度作为像面电荷转移速度进行补偿都存在补偿误差,理论上,这种误差会直接影响到像移补偿的效果,所以应加以分析。

下面就以地表目标区域均匀划分映射到像面相应像移补偿分区的情况为例,对以各地表分区中心物点的像移速度作为该分区的像移补偿速度和以各地表分区内所有物点的平均像移速度作为该分区的像移补偿速度所产生的像移补偿误差分别加以分析[97,98]。

视场内覆盖的地表目标区域随光轴的偏转是变化的,下面以两种典型的成像方式确定和划分地表目标区域：

（1）垂直成像状态。成像时光轴垂直于地表平面，载机无三轴姿态角。此时视场内对应于CCD像面的地表区域为以地面主点为中心的3628.8m×3628.8m正方形区域。将该区域均匀划分为4×4共计16个分区，每个分区为907.2m×907.2m的正方形区域，分别对应于像面上的1.512mm×1.512mm的正方形分区。像面上每个像元（12μm×12μm）对应地表平面0.72m×0.72m的面积。

（2）侧视成像状态。成像时相机俯角为30°，载机无三轴姿态角。此时视场内对应于CCD像面的地表区域不再为正方形，而是上底为6569.61m，下底为8106.54m，高为14671.76m的梯形区域。为便于分析，地表目标区域仍按正方形划分，确定为以地面主点为中心的7257.6m×7257.6m正方形区域。将该区域均匀划分为4×4共计16个分区，每个地表分区为1814.4m×1814.4m的正方形区域。此时各地表分区所对应的像面区域不再为正方形，映射到像面上的分区均为不等高的梯形，且只有光轴地表投影线上的为正梯形，其他均为不等腰梯形。尺寸分布为14.37mm×14.68mm×5.872mm（上底×下底×高）至15.59mm×15.96mm×6.929mm的梯形像面像移分区。单个像面像元对应地表面积也为梯形，从最短下底1.365m到最长下底1.515m的梯形像元覆盖区域，不考虑像移的影响，理论上纵向和横向的地面分辨力为3.03m，而像面上分区外的像元对应的最远端地表分辨力均为3.3m；下面就针对以中心物点像移速度和以分区平均像移速来确定像移补偿速度（像面电荷转移速度）的情况进行补偿误差分析。在计算补偿误差时，只考虑分区内各采样像点移速度的数值大小，而不考虑其方向。

6.2.1 以中心物点像移速度作为分区补偿速度时的补偿误差

在16个地表分区中均匀设置5×5共25个采样点阵列 $S_{[i,j]}^{[k,l]}$（$i=1\sim5$，$j=1\sim5$，$k=1\sim4$，$l=1\sim4$），取 $S_{[3,3]}^{[k,l]}$ 为第 k 行第 l 列地表分区采样点阵列中第3行第3列的中心采样物点，映射到各像面补偿分区对应着16个像面分区 $I_{[i,j]}^{[k,l]}$，取 $I_{[3,3]}^{[k,l]}$ 为各分区中心采样像点。设 $V_{[i,j]}^{[k,l]}$ 为第 k 行第 l 列像面分区采样点阵列中第 i 行第 j 列采样像点的像移速度值，相似地取 $V_{[3,3]}^{[k,l]}$ 为各像面分区中心采样像点的像移速度值。无论垂直成像还是侧视成像，各像面分区内的像移补偿误差 $D_{[i,j]}^{[k,l]}$ 为各采样像点的像移速度值减去其中心像点的像移速度值，即

$$D_{[i,j]}^{[k,l]} = V_{[i,j]}^{[k,l]} - V_{[3,3]}^{[k,l]} \tag{6-8}$$

1. 垂直成像时的补偿速度误差

当垂直成像且载机三轴姿态角速度都为0时，像面上的像移速度在理论上

处处相等,因此取像面上任意像点的像移速度为像移补偿速度误差均为 0,如图 6-1所示。

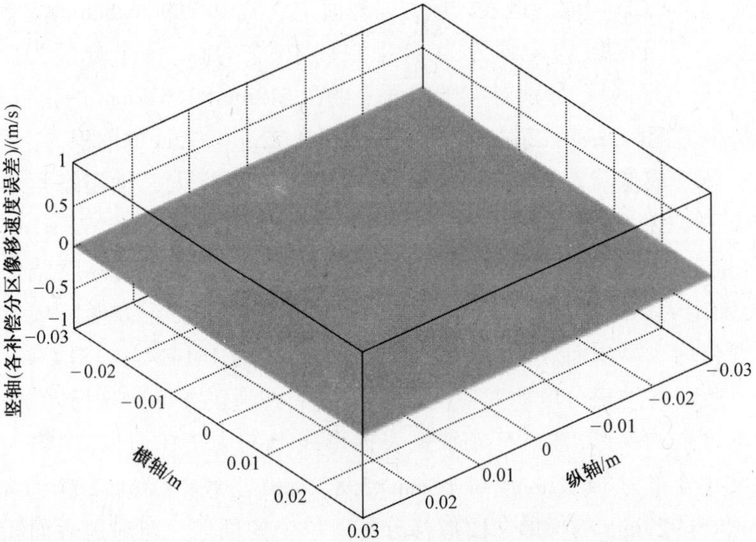

图 6-1　α、β、γ、ω_r、ω_p、ω_y 为 0 时的像移补偿速度误差分布

如图 6-2 可见,当仅有横滚角速度时中部像移补偿分区内的像移补偿速度误差要小于外部,且位于中部和边缘分区的像移速度误差成对称分布规律。像面上最大的像移补偿速度误差小于 0.2mm/s,在曝光期间像移补偿误差小于 0.4μm,在一个像元之内。

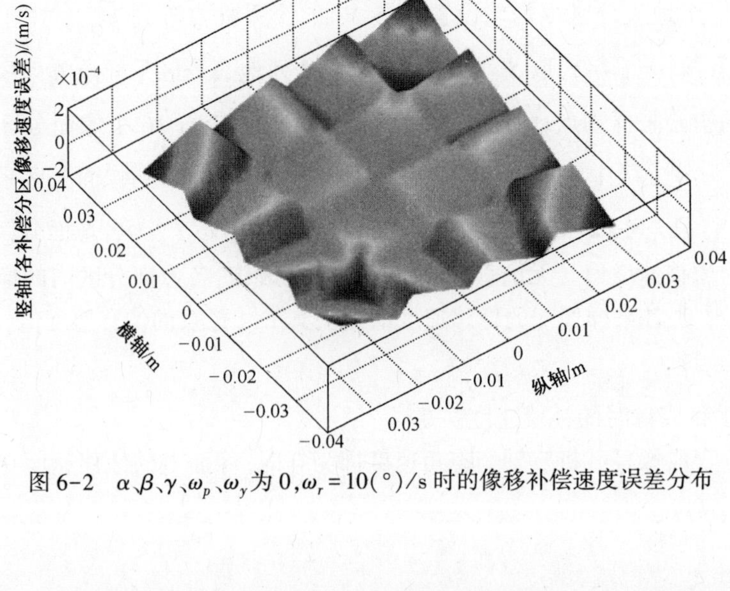

图 6-2　α、β、γ、ω_p、ω_y 为 0,$\omega_r = 10(°)/\mathrm{s}$ 时的像移补偿速度误差分布

当仅有俯仰角速度时像移补偿速度分布规律，中部补偿误差要小于外部，且沿横轴和纵轴的像移速度误差也成对称分布规律，但沿横轴方向补偿误差波动幅度较小。像面上最大的像移补偿速度误差小于 0.2mm/s，在曝光期间为 2ms，像移补偿误差小于 0.4μm，不超过一个像元。如图 6-3 所示。

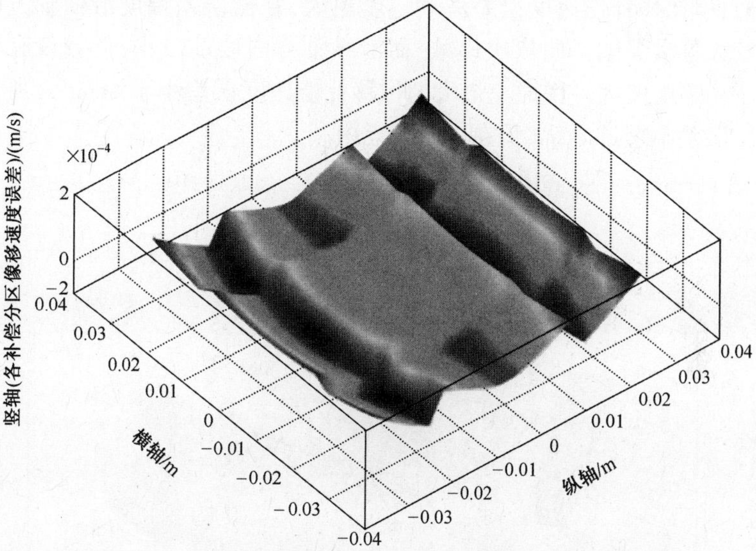

图 6-3　α、β、γ、ω_r、ω_y 为 0，$\omega_p=5(°)/s$ 时的像移补偿速度误差分布

由图 6-4 可见，仅有偏航角速度时，像移补偿速度误差幅度的分布比较均

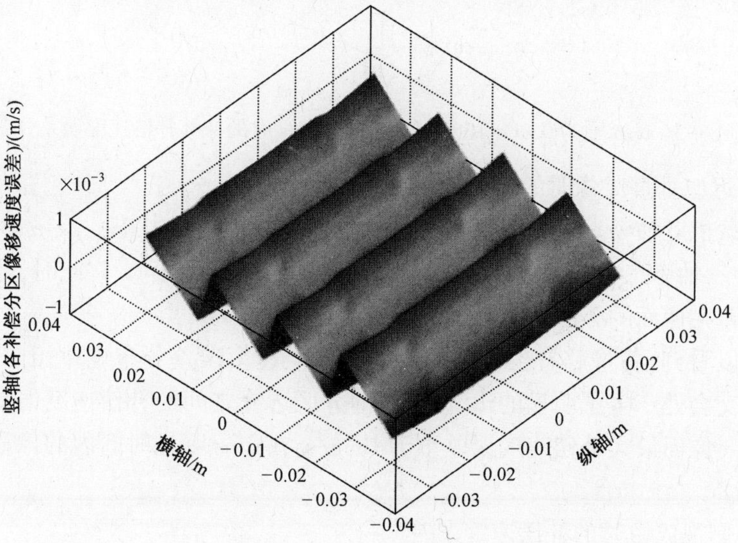

图 6-4　α、β、γ、ω_r、ω_p 为 0，$\omega_y=5(°)/s$ 时的像移补偿速度误差分布

匀,沿横轴方向的波动幅度较大,而沿纵轴方向波动较小。像面上最大的像移补偿速度误差小于 1mm/s,所以最大像移补偿误不超过 2μm,仍在一个像元尺度内。

由图 6-5 可见,存在横滚角速度和偏航角速度时,与仅有偏航角速度时的情况类似,但像移补偿速度误差波动幅度更大,补偿误差幅度沿横轴方向的波动幅度较大且沿纵轴正向依次递减,而沿纵轴方向波动较小,但较仅有偏航角速度时波动幅度要大。像面上最大的像移补偿速度误差小于 1mm/s,所以最大像移补偿误差不超过 2μm,仍在一个像元内。

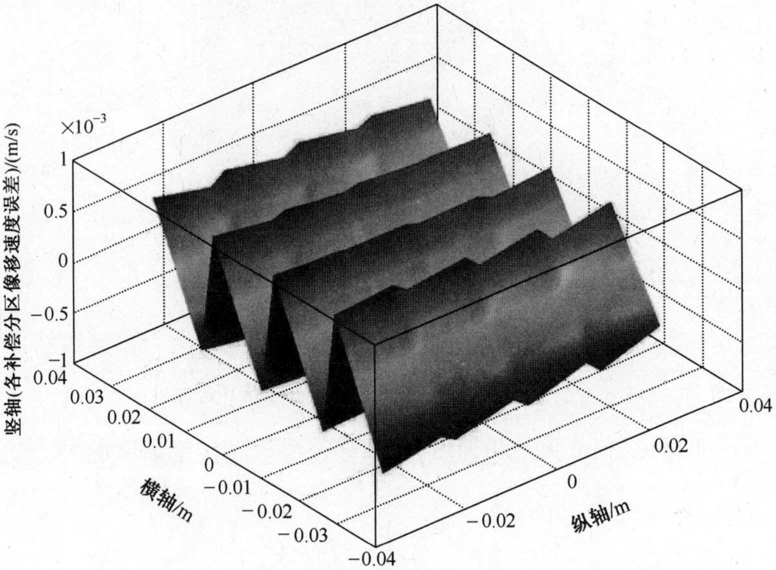

图 6-5　α、β、γ 为 0,$\omega_r = 10(°)/s$,$\omega_y = 5(°)/s$ 时的像移补偿速度误差分布

2. 近似垂直成像时的补偿速度误差

当载机三轴姿态角都小于 3°时,可近似为垂直成像状态。设 α、β、γ 均为 3°,且绕三轴姿态角速度分别为 $\omega_r = 10(°)/s$,$\omega_p = \omega_y = 5(°)/s$,此时,像移补偿速度误差在像面的分布如图 6-6 所示。

可以看到,各像移补偿分区内的像移补偿速度误差分布规律相似,且在各分区的交会处产生了明显的边缘效应,即分区边缘之间的补偿速度误差变化幅度较大。像面最大补偿速度误差小于 1mm/s,在 2ms 曝光时间内的像移误差小于 2μm。

3. 侧视成像时的补偿速度误差

以 $\theta = 60°$时的侧视成像状态为例。

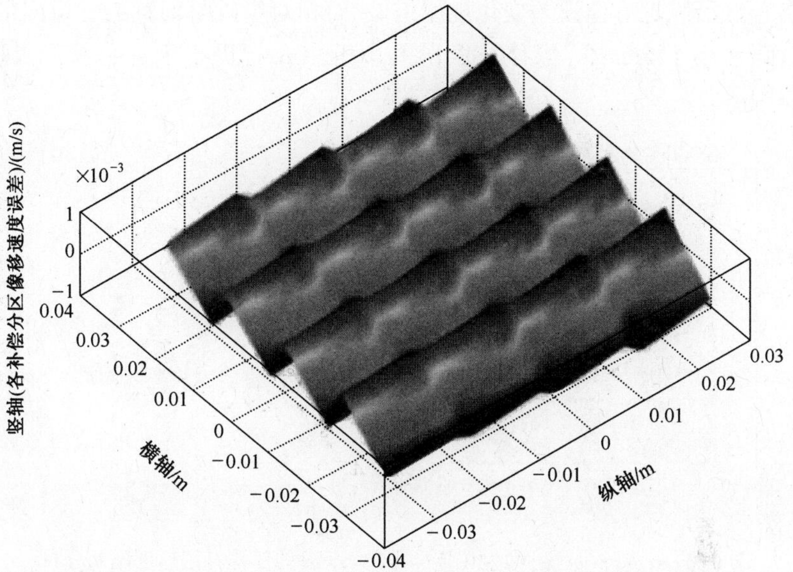

图 6-6　$\alpha=\beta=\gamma=0°,\omega_r=10(°)/s,\omega_p=\omega_y=5(°)/s$ 时的像移补偿速度误差分布

1）载机无三轴姿态角与姿态角速度时的误差

图 6-7(a)为像面像移补偿速度误差分布的俯视图,图 6-7(b)为三维分布图。可见,沿横轴正方向误差变化幅度逐渐变大,而沿纵轴方向即载机平飞方向的补偿速度误差幅度梯度为 0。这符合所描述的载机无三轴姿态及其姿态角的理想侧视成像像面像移速度分布规律,即像平面内平行于平飞方向的每条直线上各像点的像移速度处处相等。像面最大补偿速度误差小于 0.2mm/s,在曝光时间内的像移补偿误差小于 0.4μm,小于一个像元单位。

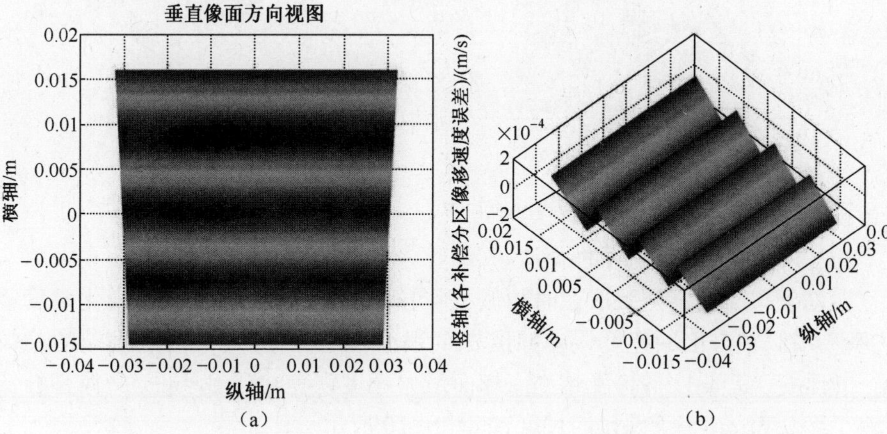

（a）　　　　　　　　（b）

图 6-7　$\alpha=\beta=\gamma=0°,\omega_r=\omega_p=\omega_y=0(°)/s$ 时的像移补偿速度误差分布

各分区沿纵轴方向误差变化规律相似，而相对纵轴是对称的。像面最大补偿速度误差小于 5mm/s，像移补偿误差小于 10μm，仍小于一个像元尺度，如图 6-8所示。

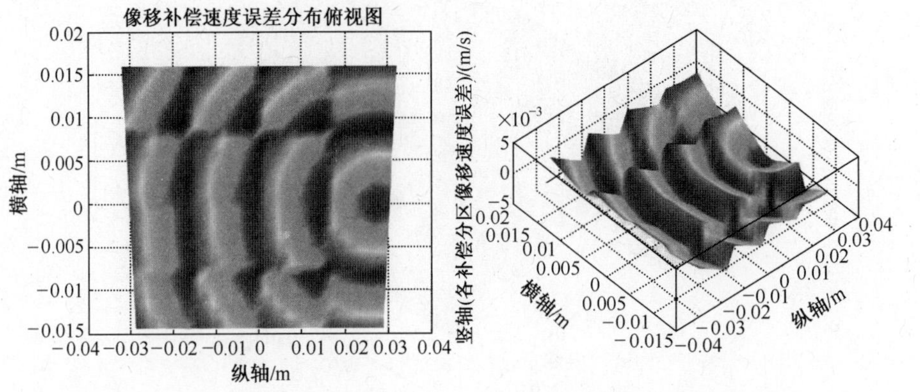

图 6-8　α、β、γ、ω_p、ω_y均为 0，$\omega_r=10(°)/s$ 时的像移补偿速度误差分布

各分区沿横轴方向误差变化规律相似，而相对横轴是对称的。像面最大补偿速度误差小于 0.2mm/s，像移补偿误差小于 0.4μm，不超过一个像元尺度，如图 6-9 所示。

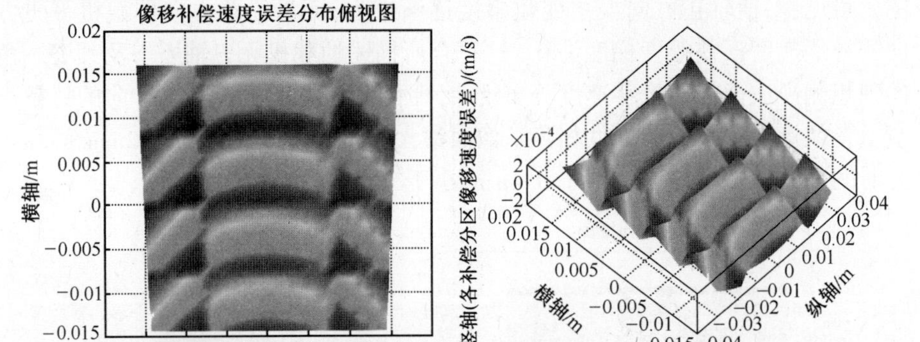

图 6-9　α、β、γ、ω_r、ω_y均为 0，$\omega_p=5(°)/s$ 时的像移补偿速度误差分布

2）仅有偏航角速度时的误差

误差分布与严格侧视成像时相似，不同的是沿横轴正方向误差变化幅度逐渐变小；沿纵轴方向的速度误差幅度梯度很小，且越靠近对应地表远端的补偿分区的速度误差幅度梯梯度越小。像面最大速度误差小于 0.4mm/s，像移补偿误差小于 0.8μm，小于像元的尺度，如图 6-10 所示。

与沿纵轴正方向误差幅度变化规律相似，沿横轴方向的速度误差幅度梯度

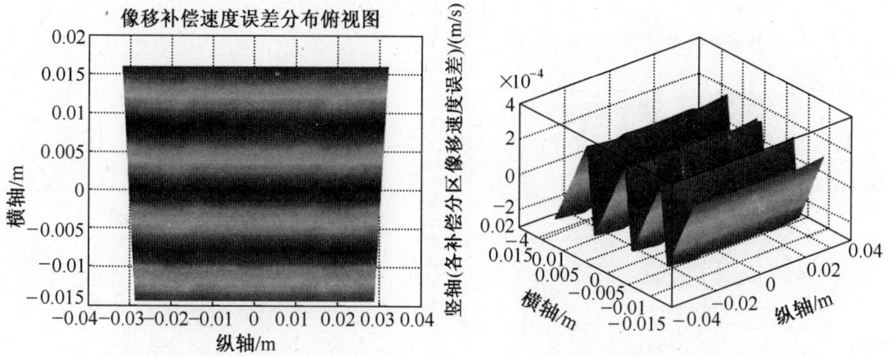

图 6-10　α、β、γ、ω_r、ω_p 均为 0，$\omega_y=5(°)/s$ 时的像移补偿速度误差分布

逐渐变小，且越靠近对应地表近端的补偿分区像移补偿速度误差梯度越小。像面最大速度误差小于 4mm/s，像移补偿误差小于 8μm，小于单个像元尺寸，如图 6-11所示。

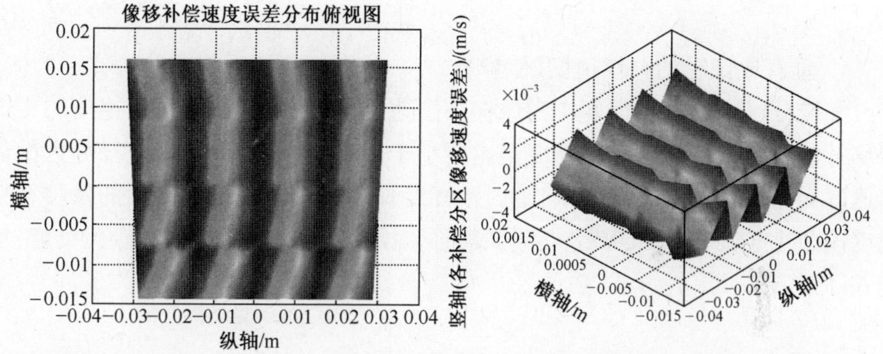

图 6-11　$\alpha=\beta=\gamma=0°$，$\omega_r=10(°)/s$，$\omega_p=\omega_y=5(°)/s$ 时的像移补偿速度误差分布

4. 近似理想侧视成像速度误差

设载机三轴姿态角均为 2°，此时接近理想侧视成像状态。且设绕三轴姿态角速度分别为 $\omega_r=10(°)/s$，$\omega_p=\omega_y=5(°)/s$，此时像移补偿速度误差在像面的分布如图 6-12 所示。

可见像面上速度误差分布同具有三轴姿态角的侧视成像情况基本相同，只是像面分区的方向和形状略有差别，像移补偿误差相同。

6.2.2　以分区平均像移速度作为分区速度补偿时的误差分析

设 $\overline{V}^{[k,l]}$ 为各像面分区全部采样像点的像移速度平均值，按式(6-9)计算。无论垂直成像还是侧视成像，各像面分区内的像移补偿误差 $D_{[i,j]}^{[k,l]}$ 为各采样像

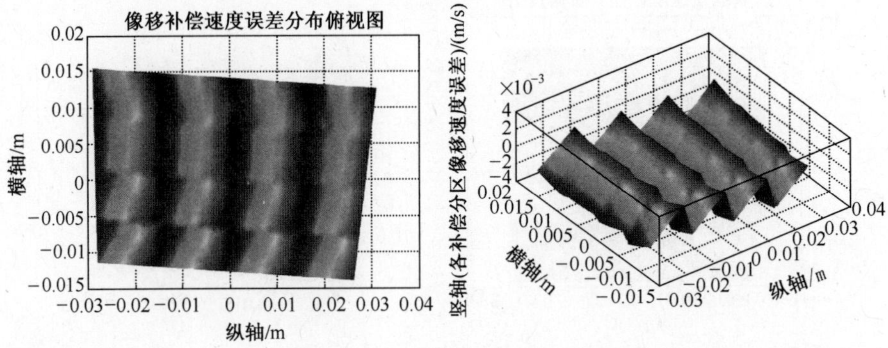

图 6-12 $\alpha=\beta=\gamma=2°,\omega_r=10(°)/s,\omega_p=\omega_y=5(°)/s$ 时的像移补偿速度误差分布

点的像移速度值减去该分区内像点像移速度平均值,按式(6-10)计算。

$$\overline{V}^{[k,l]}=\frac{1}{25}\sum_{j=1}^{5}\sum_{i=1}^{5}V_{[i,j]} \tag{6-9}$$

$$D_{[i,j]}^{[k,l]}=V_{[i,j]}^{[k,l]}-\overline{V}^{[k,l]} \tag{6-10}$$

1. 垂直成像时的补偿速度误差

和取分区中心像点速度作为像移补偿速度相似,当仅有横滚角速度时中部像移补偿分区内的像移补偿速度误差要小于外部,且位于中部和边缘分区的像移速度误差成对称分布规律,但是误差幅度梯度较小。像面上最大的像移补偿速度误差小于 0.6mm/s,曝光期间像移补偿误差小于 1.2μm,小于像元尺度,如图 6-13 所示。

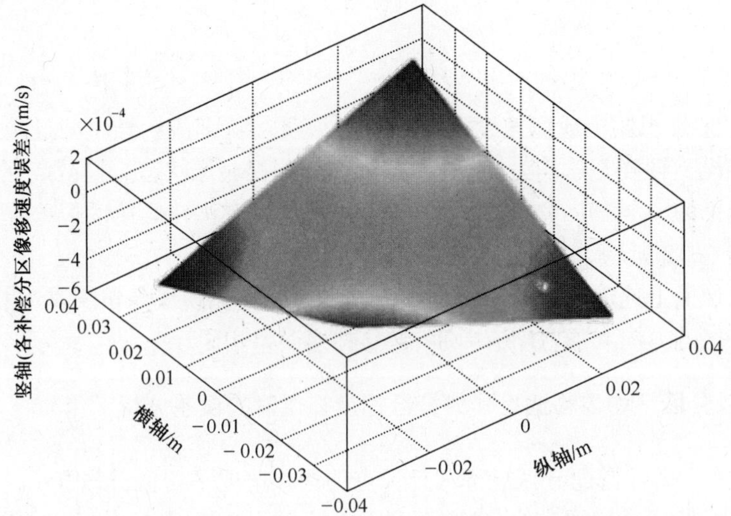

图 6-13 $\alpha、\beta、\gamma、\omega_p、\omega_y$为 0,$\omega_r=10(°)/s$ 时的像移补偿速度误差分布

仅有俯仰角速度时,中部像移补偿速度误差幅度梯度相对横轴和纵轴对称分布,沿横轴方向补偿误差梯度为 0,沿纵轴方向中部和两端梯度较大。最大像移补偿速度误差小于 0.2mm/s,像移补偿误差小于 0.4μm,不超过一个像元,如图 6-14 所示。

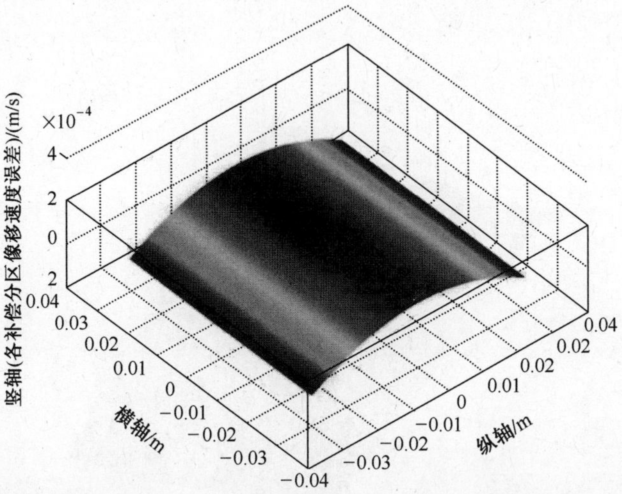

图 6-14 α、β、γ、ω_r、ω_y 为 0,$\omega_p=5(°)/s$ 时的像移补偿速度误差分布

仅有偏航角速度时,像移补偿速度误差纵轴方向的波动幅度较大,相对横轴对称。像面上最大的像移补偿速度误差小于 40mm/s,最大像移补偿误差达 80μm,接近 7 个像元尺度(84μm),像移补偿误差较大,如图 6-15 所示。

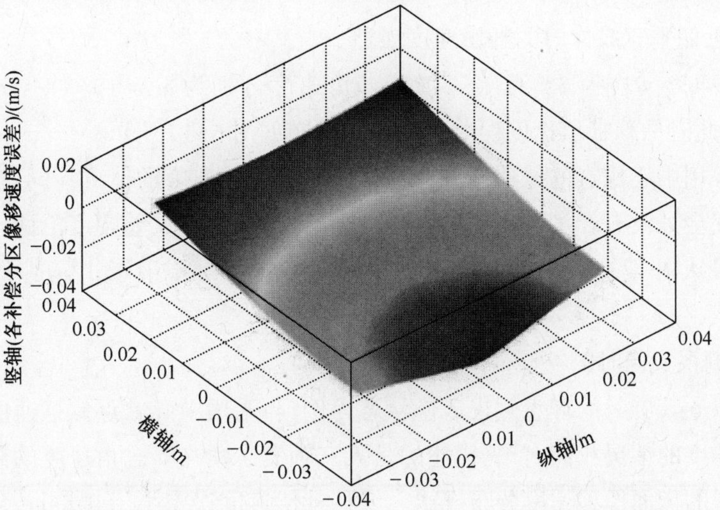

图 6-15 α、β、γ、ω_r、ω_p 为 0,$\omega_y=30(°)/s$ 时的像移补偿速度误差分布

既有偏航角速度又有横滚角速度时,补偿速度误差沿横轴方向的变化幅度较大,沿纵轴补偿误差梯度较小。当绕三轴角速度较大时像面上最大的像移补偿速度误差也较大,小于 12mm/s,所以最大像移补偿误差接近 24μm,达两个像元尺度,如图 6-16 所示。

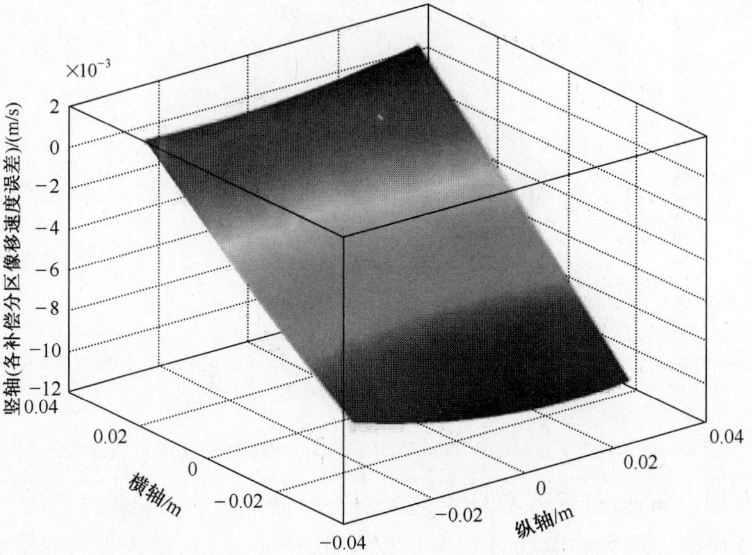

图 6-16　α、β、γ 为 0,$\omega_r=20(°)/s$,$\omega_\gamma=10(°)/s$ 时的像移补偿速度误差分布

2. 近似垂直成像时的补偿速度误差

设 $\alpha=\beta=\gamma$ 均为 3°,且绕三轴姿态角速度分别为 $\omega_r=10(°)/s$,$\omega_p=\omega_\gamma=5(°)/s$,此时像移补偿速度误差在像面的分布如图 6-17 所示。

与采用中心像点的像移速度作为整个像移补偿速度的情况不同,在各补偿分区的交会处没有产生明显的边缘效应,像移补偿速度误差幅度沿两轴都是渐变的。最大补偿速度误差小于 6mm/s,像移补偿误差小于 12μm,约为一个像元。

3. 侧视成像时的补偿误差

仍以 $\theta=60°$时的理想侧视成像状态为例,与采用中心像点像移速度作为像移补偿速度的情况相同,首先描述的是无三轴姿态角与姿态角速度的载机理想侧视成像的像面像移速度分布规律。像移补偿速度误差小于 0.8mm/s,像移补偿位置误差小于 1.6μm。如图 6-18 所示。

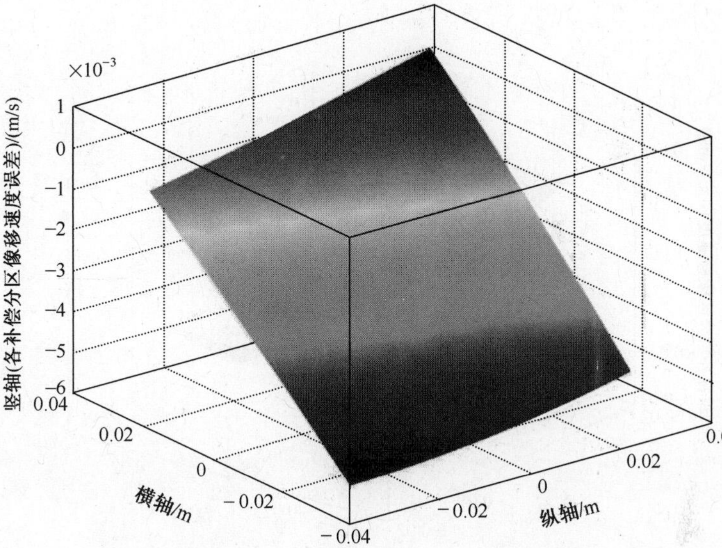

图 6-17　$\alpha=\beta=\gamma=3°$，$\omega_r=10(°)/s$，$\omega_p=\omega_y=5(°)/s$ 时的像移补偿速度误差分布

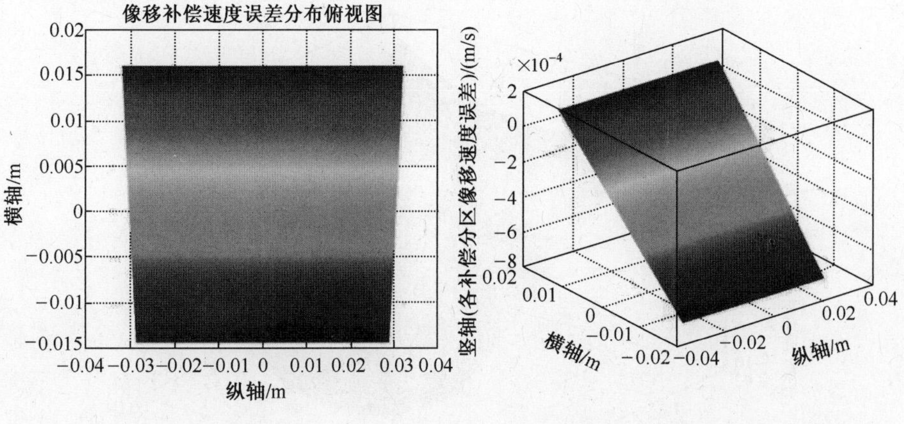

图 6-18　$\alpha=\beta=\gamma=0°$，$\omega_r=\omega_p=\omega_y=0°$时的像移补偿速度误差分布

当存在横滚角速度时，各分区沿横轴方向误差梯度较小，相对纵轴对称。像面最大补偿速度误差小于 15mm/s，像移补偿误差近 30μm，达 2.5 个像元尺度，如图 6-19 所示。

当存在俯仰角速度时，沿纵轴方向误差梯度较小，而相对横轴对称。最大补偿速度误差小于 1mm/s，像移补偿误差小于 2μm，在一个像元尺度内，如

图 6-20 所示。

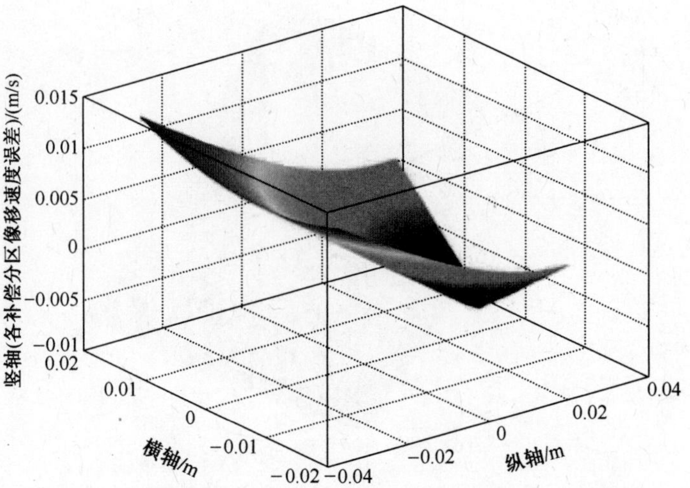

图 6-19　α、β、γ、ω_p、ω_y 均为 0，$\omega_r=10(°)/s$ 时的像移补偿速度误差分布

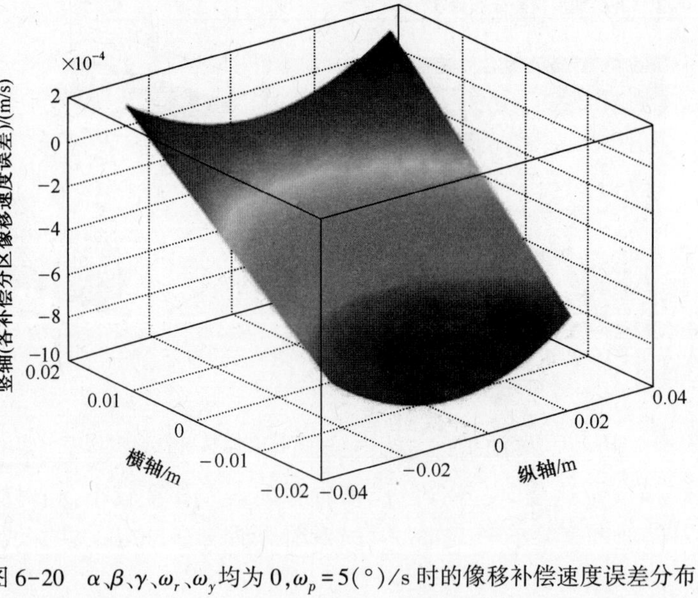

图 6-20　α、β、γ、ω_r、ω_y 均为 0，$\omega_p=5(°)/s$ 时的像移补偿速度误差分布

当存在偏航角速度时，沿横轴误差幅度梯度相同，而沿纵轴方向的度梯度趋近于 0。补偿速度误差小于 2mm/s，像移补偿误差小于 4μm。如图 6-21

所示。

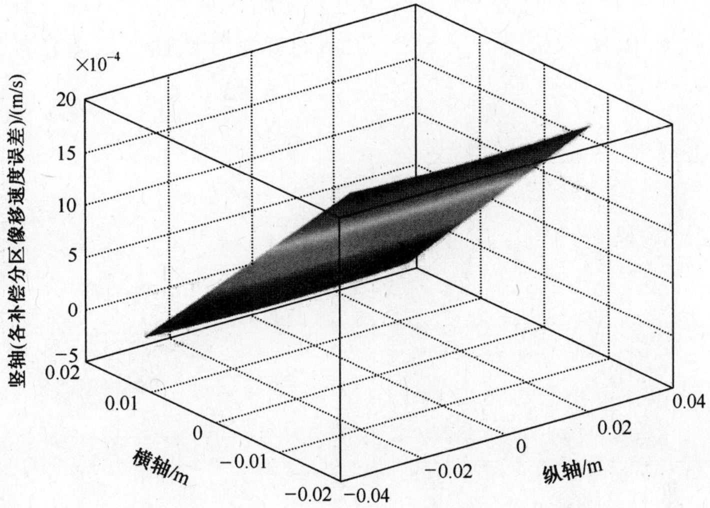

图 6-21 α、β、γ、ω_r、ω_p 均为 0，$\omega_y = 5(°)/s$ 时的像移补偿速度误差分布

当存在横滚与偏航角速度时，沿横轴误差梯度很小，中部的误差幅度梯度趋近于 0，后端和前端梯度有由负到正的变化；沿纵轴方向误差幅度梯度较大，中部梯度变化较小，靠近远端和近端的分区误差梯度变化稍大。最大速度误差小于 20mm/s，像移补偿误差小于 40μm，接近 4 个像元尺寸。如图 6-22 所示。

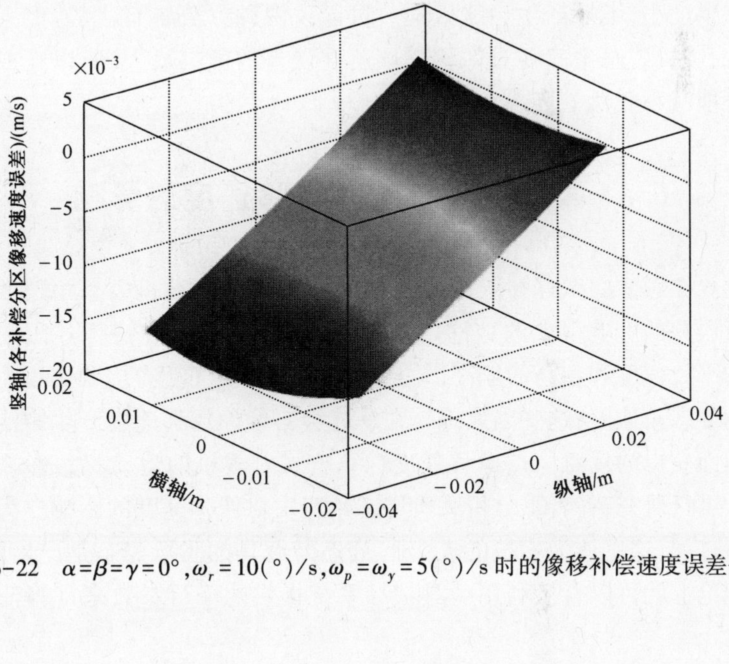

图 6-22 $\alpha = \beta = \gamma = 0°$，$\omega_r = 10(°)/s$，$\omega_p = \omega_y = 5(°)/s$ 时的像移补偿速度误差分布

4. 近似理想侧视成像补偿速度误差

设载机三轴姿态角均为 2°,此时接近理想侧视成像状态,绕三轴姿态角速度分别为 $\omega_r=10(°)/s$,$\omega_p=\omega_y=5(°)/s$,此时像移补偿速度误差在像面的分布如图 6-23 所示。

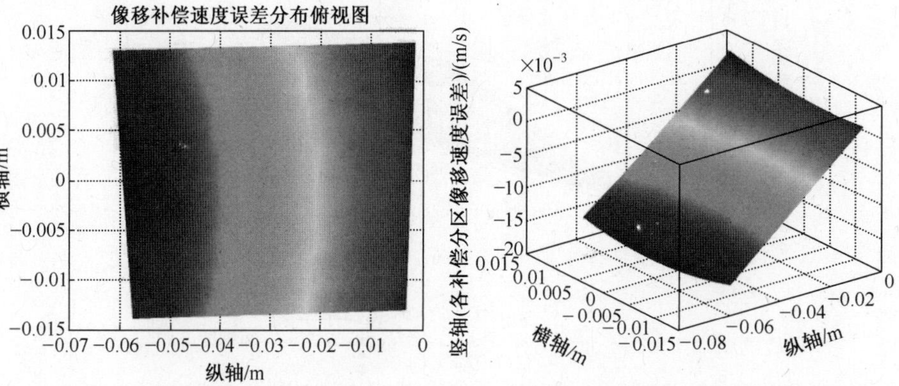

图 6-23 $\alpha=\beta=\gamma=2°$,$\omega_r=10(°)/s$,$\omega_p=\omega_y=5(°)/s$ 时的像移补偿速度误差分布

此时,像面上补偿速度误差分布与具有三轴姿态角的侧视成像情况基本相同,只是像面分区的方向和形状略有差别,像移补偿误差相同。

经过对比分析,"中心像点法"比较简单、运算速度快,但在补偿分区边缘容易产生边缘效应;"平均速度法"相对复杂、且计算量大,但分区边缘之间的补偿速度误差梯度小,不易产生边缘效应。可以说两种方法各有优势,但无论采用哪种方法,载机姿态角速度对像移补偿速度误差的影响最大,所以在成像过程中应尽可能减小载机的姿态角速度。

6.3 载机运动状态对像移速度的影响

通过 6.2 对像面像移补偿速度误差的分析,得出了载机姿态角速度对像移补偿速度误差的影响很大的结论。而机载光电成像系统在成像过程中同时具有超高的平飞速度和超高的航高,并且由于剧烈的空气动力扰动作用而可能引发较大的姿态角速度,这些因素综合在一起会对像面像移速度产生影响。本节将利用前面获得的任意像点像移速度计算公式对载机的运动状态影响像移速度的规律进行研究,并着重分析载机姿态角速度对像移速度的影响。为了简化后续分析过程,这里认为相机的(光轴)姿态与载具的飞行姿态是严格随动的,这样在理论上就可以直接利用载具惯导系统提供的飞行参数来计算任意像点的像移速度。下面将结合像平面像点移动速度矢量图,分别对相机工作于垂直、前视和侧视等几种典型成像模式以及载机任意姿态角及其角速度条件下的像面像移情况进行分析。

6.3.1 垂直成像时像移速度变化分析

当载具没有绕三轴的姿态角且相机光轴垂直于地表平面时就是理想垂直成像模式。

1. 无三轴姿态角速度的情况

图 6-24 所示像移速度矢量图是在载具没有姿态角速度的情况下绘制的,此时整个像面上像移速度大小和方向处处相等,且像移方向与像面纵轴同向,垂直成像是像面像移速度分布规律最简单的一种成像方式,通常光轴偏离垂直状态在很小的范围内都近似做垂直成像处理。需要说明一点,矢量图是在满足下面条件的情况下绘制的:为优化显示矢量图,绘制像面像移速度矢量图时采用的是向量长度自动缩放模式而不是按实际数值显示,即速度矢量方向不变而按合适的比例自动缩放显示,所以在图中没有标注像移速度矢量的长度单位。

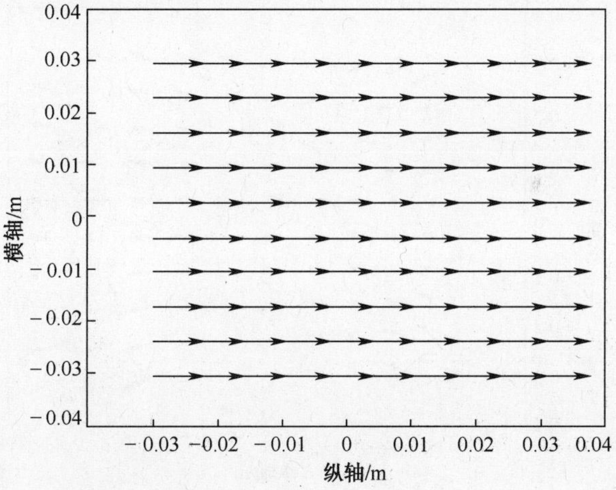

图 6-24 垂直成像像移速度矢量图($\alpha=\beta=\gamma=0°$, $\omega_r=\omega_p=\omega_y=0$)

2. 仅有横滚角速度的情况

为了显示载机横滚角速度对像移速度的影响,图 6-25 是没有叠加载机平飞速度,且仅有横滚角速度时的像移速度分布情况。

3. 仅有俯仰角速度的情况

当载机仅有俯仰角速度时,除了像移速度方向外,像移速度分布规律相同。为了显示姿态角速度对像移速度的影响,图 6-26 是载机仅有抬头角速度而不

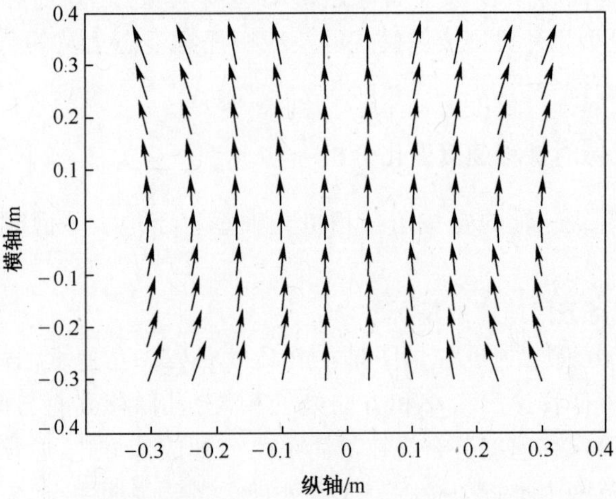

图 6-25　垂直成像像移速度矢量图（$\alpha=\beta=\gamma=0°,\omega_r=10(°)/s,\omega_p=\omega_y=0$）

考虑平飞运动时的像移速度矢量分布图。可见像面外围的像点像移速度方向梯度较大,越接近像面中部则越趋同。

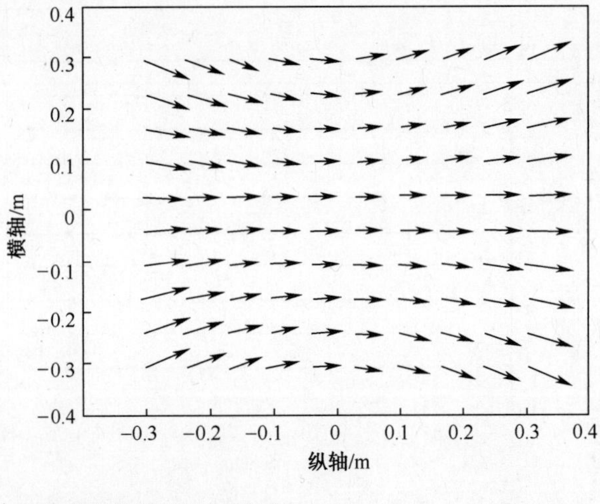

图 6-26　垂直成像像移速度矢量图（$\alpha=\beta=\gamma=0°,\omega_p=10(°)/s,\omega_r=\omega_y=0$）

4. 仅有偏航角速度的情况

图 6-27 所示为仅考虑载机偏航角速度而不考虑平飞速度时的像移速度分布图,此时像移速度分布规律为以像面中心为圆心的圆周分布,且由内到外像移速度的数值逐渐变大。显然对这种像移速度分布进行补偿,可以采用旋转像面的办法进行像移补偿,旋转像面的角速度可以取各像点相对中心点旋转角速度的均值。

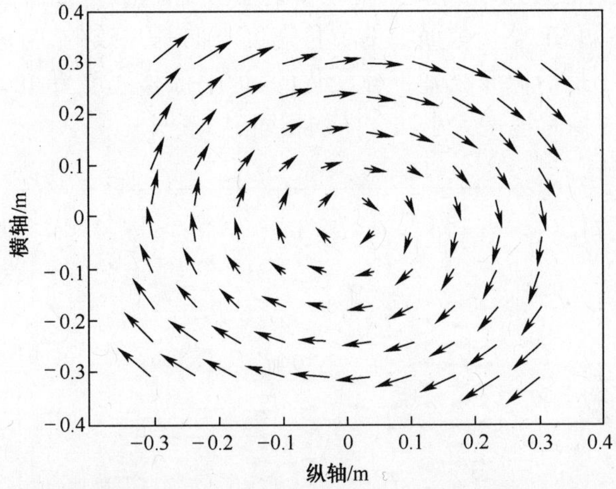

图 6-27　垂直成像像移速度矢量图($\alpha=\beta=\gamma=0°$, $\omega_y=10(°)/s$, ω_r, ω_p为 0)

5. 同时具有三轴角速度时的情况

图 6-28 所示为载机同时具有三轴角速度,且叠加了载机平飞速度时的像移速度矢量分布图。此时,像移速度分布规律比较复杂,沿横轴方向两侧边缘像移速度矢量的方向梯度较大,而中部像点的像移速度变化较小。这种像移规律很难用平移和旋转像面的办法进行有效的补偿。

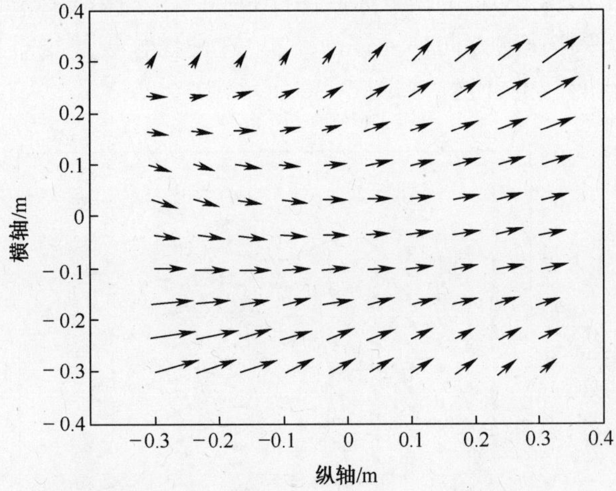

图 6-28　垂直成像像移速度矢量图($\alpha=\beta=\gamma=0°$, $\omega_r=10(°)/s$, $\omega_y=\omega_p=5(°)/s$)

6.3.2　前视成像时像移速度变化分析

当载机仅绕其横轴上仰,而无横滚角及偏航角时为前视成像。

1. 载机仅具有仰角而三轴姿态角为 0 的情况

由图 6-29 可知,整个像面上的像移速度方向是一致的,与像面纵轴同向,但像移速度大小是沿像面纵轴坐标变化的,远端像移速度要小于近端,而当像点 x 坐标相同时像移速度大小和方向均相同。

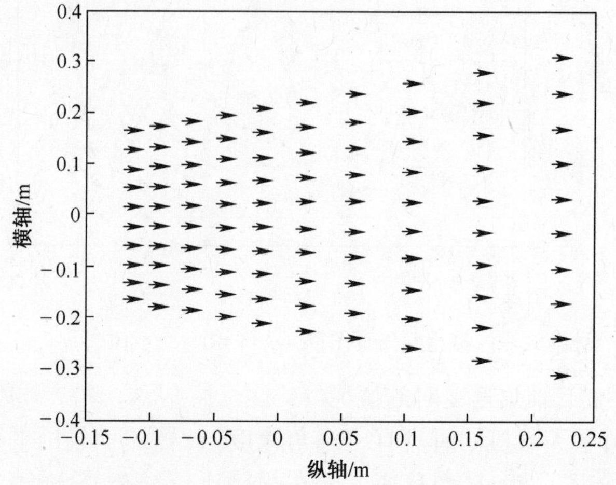

图 6-29 前视成像像移速度矢量图($\beta=45°,\alpha=\gamma=0°,\omega_r=\omega_y=\omega_p=0$)

2. 同时具有三轴角速度时的情况

此时像面上的像移分布比较复杂,沿两轴正向像移速度矢量数值逐渐放大,沿横轴正向像移速度方向梯度逐渐减小,这种像移规律很难用平移和旋转像面的办法进行有效的补偿。如图 6-30 所示。

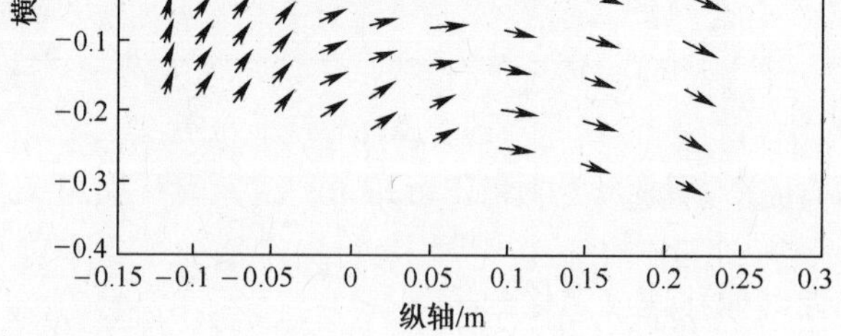

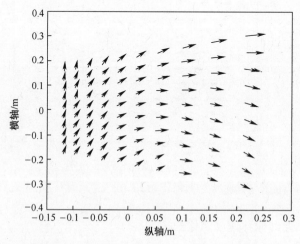

图 6-30 前视成像像移速度矢量图($\beta=45°,\alpha=\gamma=0°,\omega_r=10(°)/s,\omega_y=\omega_p=5(°)/s$)

6.3.3 侧视成像时像移速度变化分析

当载机仅有横滚角,而无俯仰角和偏航角时为侧视成像。

1. 三轴姿态角速度为 0 时的情况

从图 6-31 可以看出整个像面上的像移速度方向相同,指向载机平飞方向,但近端像点的像移速度大于远端,而且当像点的 y 坐标相同时像点的像移速度大小相同。这种像移情况适合采用 ROI 公司集成了条带梯级补偿功能的面阵 CCD 器件进行一维方向的电荷转移像移补偿技术。

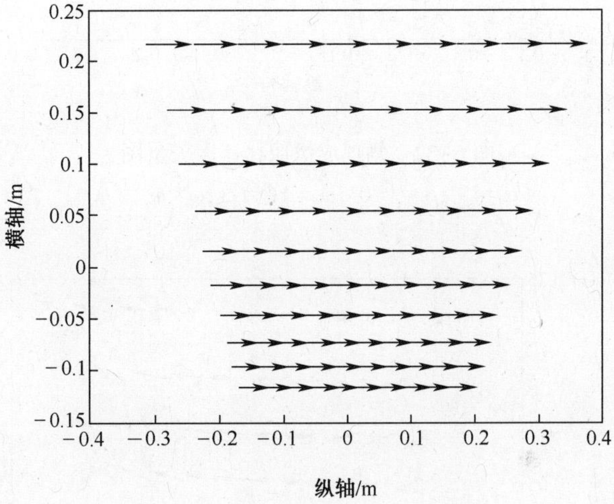

图 6-31　侧视成像像移速度矢量图

($\alpha=45°, \beta=\gamma=0°, \omega_r、\omega_y、\omega_p$ 为 0)

2. 仅有横滚角速度的情况

此时像面像移速度为横滚像移速度和前向像移速度的矢量合成。沿横轴正向的速度分量逐渐减小,而纵轴方向速度分量逐渐增大。采用移动像面或光学补偿法都不能进行有效的像移补偿。运用一维像面电荷梯级移动补偿法也会产生较大补偿误差,理论上只有采用二维像面电荷移动补偿法可以有效补偿,如图 6-32 所示。

3. 仅有俯仰角速度的情况

沿横轴正向像移速度分量逐渐增大,且由左至右的像移速度方向梯度逐渐减小。采用旋转像面法对此种像移速度分布应当具有一定的补偿效果,但会存在较大的补偿误差。如图 6-33 所示。

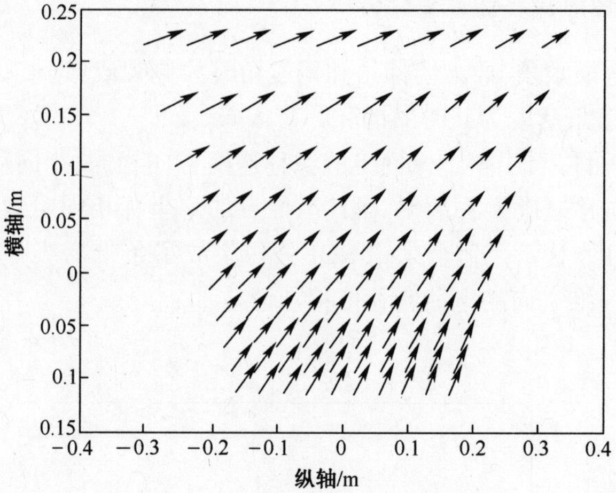

图 6-32　侧视成像像移速度矢量图

（$\alpha=45°,\beta=\gamma=0°,\omega_r=1(°)/s,\omega_\gamma$、$\omega_p$为 0）

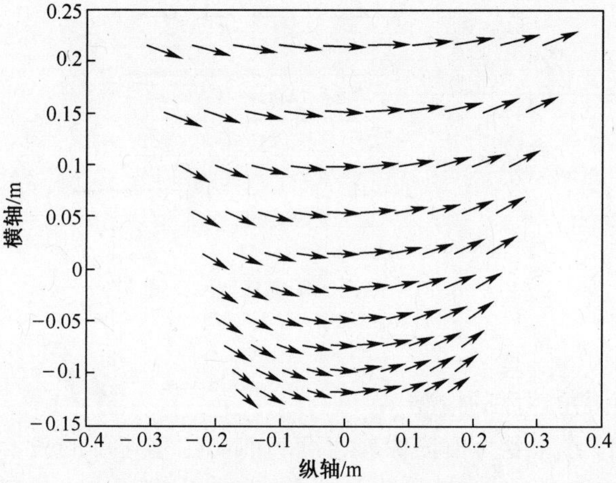

图 6-33　侧视成像像移速度矢量图

（$\alpha=45°,\beta=\gamma=0°,\omega_p=1(°)/s,\omega_r$、$\omega_\gamma$为 0）

4. 仅有偏航角速度的情况

与仅有俯仰角速度时的情况相似，只是像移速度的方向相反，也可以采用旋转像面进行像移补偿，但同样会存在较大的补偿误差。如图 6-34 所示。

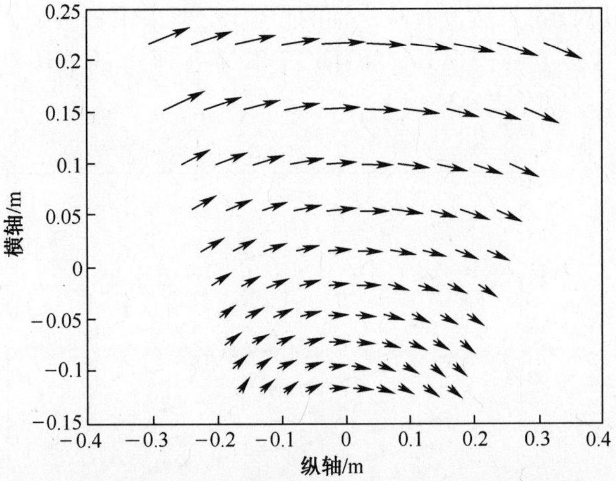

图 6-34　侧视成像像移速度矢量图（$\alpha=45°, \beta=\gamma=0°, \omega_y=1(°)/s, \omega_r$、$\omega_p$为 0）

5. 同时具有三轴角速度时的情况

像面像移速度分布规律复杂，如图 6-35 所示，无法采用移动像面或光学像移补偿法进行有效补偿。理论上采用二维像面电荷移动补偿法可以有效补偿。

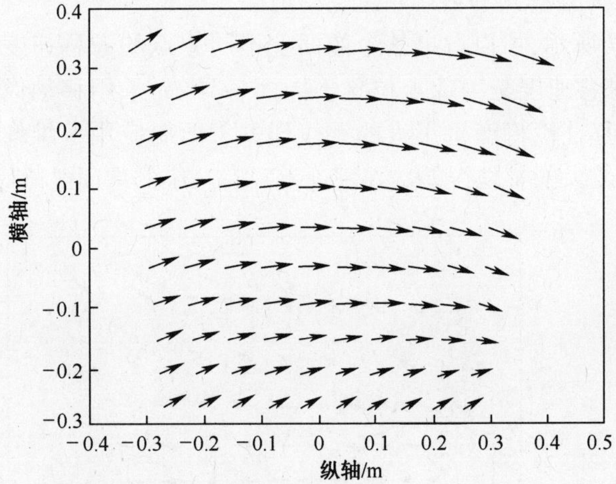

图 6-35　侧视成像像移速度矢量图（$\alpha=45°, \beta=\gamma=0°, \omega_r=\omega_p=\omega_y=1(°)/s$）

6.3.4　任意姿态角成像时像移速度变化分析

当载机绕三轴有任意姿态角和姿态角速度时，像面像移速度分布规律比前面 3 种情况更为复杂。

1. 仅有任意姿态角的情况

如图 6-36 所示，虽然没有绕三轴的角速度，但采用一维像面电荷移动法进行补偿仍会造成较大补偿误差。采用偏转像面加平移的方法也可以进行像移补偿，但同样会有较大的补偿误差。

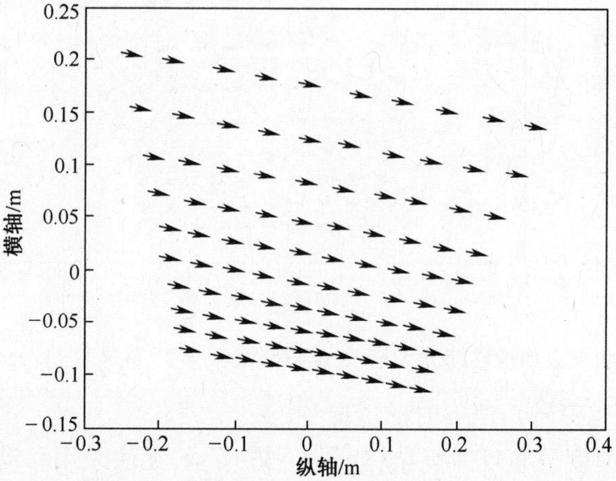

图 6-36 侧视成像像移速度矢量图（$\alpha=\beta=\gamma=5°$，ω_γ、ω_p、ω_y 为 0）

2. 同时具有姿态角和姿态角速度的情况

如图 6-37 所示，可以看出整个像面上不同像点的像移速度的大小和方向都不相同，即像移速度是因像点位置不同而各异的，采用移动像面或光学像移补偿法进行像移补偿将产生很大的补偿误差。即使应用一维像面电荷移动补偿法也会产生较大的补偿误差。在理论上只有二维的像面电荷移动补偿才能取

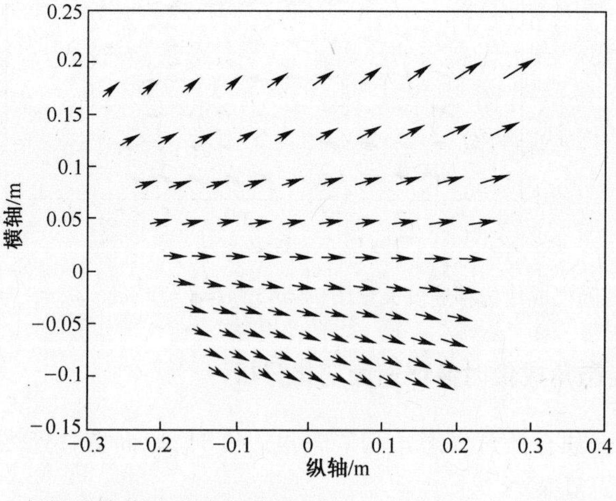

图 6-37 侧视成像像移速度矢量图（$\alpha=\beta=\gamma=5°$，$\omega_\gamma=\omega_p=\omega_y=-1(°)/s$）

得较好的像移补偿效果。

6.4 本章小结

经过对载机各种姿态角和姿态角速度条件下的像面像移速度分布进行统计分析,总结归纳如下:

(1) 在理想的垂直成像模式下,不考虑载机绕三轴的姿态角速度,仅由平飞运动造成的像面像移速度分布最简单,像面上的像移速度处处相等,如图 6-24 所示。此时可以采用平移像面器件、光学补偿透镜和旋转反射镜等像移补偿手段,也可以采用像面电荷移动等电子补偿法进行像移补偿,均可以取得很好的成像效果。

(2) 不考虑载机姿态角速度的条件下,像面像移速度分布比较简单,如图 6-29、图 6-31、图 6-36 所示,像面上所有像点的像移速度方向相同,但大小不等。对这类像移的补偿适合采用具有一维像面电荷移动功能的成像器件进行像移补偿,在垂直像移速度方向上可以对电荷转移速度进行调整,使像面各处的电荷转移速度和像移速度尽量同步,可以取得较好的像移补偿效果。

(3) 仅考虑载机单一姿态角速度时,所造成的像面像移速度分布规律也相对简单,如图 6-25、图 6-26、图 6-27、图 6-32 和图 6-33 所示。此时的像移补偿方法应当能够对像面上的不同区域同时进行二维方向上的像移补偿。

(4) 以上都是理想化的成像状态,而在实际的航拍过程中,载机运动过程姿态角和姿态角速度是在一定范围内时时刻刻随机变化,因此实际的成像条件非常复杂,即在曝光过程中相机跟随载机一起处于随机变化的姿态角及其角速度的共同作用之下,所以像面上的像移速度变化规律也会较在典型的理想条件下成像的情形复杂得多。载机姿态角速度对像面像移的影响是很大的,如图 6-28、图 6-30、图 6-35 和图 6-37 所示。整个像面上的像移速度处处不同,分布情况非常复杂,很难归纳像移变化规律,尤其当载机航速和航高都很大,剧烈的空气动力扰动会使姿态角速度的变化情况更复杂。所以对于机载光电成像面阵相机而言,采用类似于 ROI 的面阵 CCD 全向像移梯级补偿技术进行像移补偿是最理想的技术方案。

参 考 文 献

[1] 中国兵器工业集团公司．登上现代战场的侦察舞台[EB/OL]. http:www.mapwindows.corn/News/Spacenews/Spacenews20010801. htm.

[2] 吴欣．国外航空侦察设备的发展现状和未来趋势[EB/OL]. http:www. win57. com/login/jswx. html.

[3] 国外无人机大全编写组．国外无人机大全[M]. 北京:航空工业出版社,2001.

[4] 王家骐．光学仪器总体设计[M]. 长春:中国科学院长春光学精密机械与物理研究所．2003.

[5] 贾平,于前洋,等．机载摄像记录系统方案论证报告[R]. 长春:中国科学院长春光学精密机械与物理研究所．

[6] 林国华,朱永甫．飞机飞行性能与控制[M]. 空军工程学院,1997.

[7] 于维成,陈煜．飞行力学[M]. 空军第二航空技术专科学校,1987.

[8] 李海星,惠守文,丁亚林,等．国外航空光学测绘装备发展及关键技术．[J]. 电子测量与仪器学报,2014,28(5):469~477.

[9] GJ-141 船载中小型光电经纬仪总体方案论证报告[R]. 长春:中国科学院长春光学精密机械与物理研究所..

[10] BZK-中高空远程无人侦察机系统光电平台方案论证报告．长春:中国科学院长春光学精密机械与物理研究所．

[11] 左安元,刘刚,陈嘟．一种用于机载系统定位的坐标转换方法[J]．系统仿真学报,2002 ,18(7):1789-1793 .

[12] 张华海,郑南山．由空间直角坐标计算大地坐标的简便公式[J]. 全球定位系统,2002,27(4):9-12.

[13] 朱华统．大地坐标系的建立[M]．北京:测绘出版社,1986 .

[14] 钱曾波,刘静宇,肖国超．航天摄影测量[M]. 北京:解放军出版社,1992.

[15] 许其凤．GPS 卫星导航与精密定位[M]. 北京:解放军出版社,1989.

[16] 杨培根．光电惯性技术[M]. 北京:兵器工业出版社,1999.

[17] 董绪荣,张守信,华仲春．GPS/INS 组合导航定位及其应用[M]. 长沙:国防科技大学出版社,1998.

[18] 毛英泰．误差理论与精度分析[M]. 北京:国防工业出版社,1982.

[19] 朱本仁．蒙特卡罗方法引论[M]. 济南:山东大学出版社,1997.

[20] 张煜烽．捷联惯导/GPS 误差控制技术究[D]. 北京:北京理工大学,2001.

[21] 薛国义,周智敏,王建,等．机载环境下的 GPS 测量误差分析和建模[J]. 中国惯性技术学报,2006,14(4):30-34.

[22] Bate R R. 航天动力学基础[M]. 吴鹤鸣,李肇杰,译．北京:北京航空航天大学出版社,1990.

[23] 黄文彬,等．航空摄影的走向与变化[J]．西北测绘信息,2000(1):6-8.
[24] 张力．航空数字摄影测量传感器系统新进展[J]．地理信息世界,2009,06(3):37-49.
[25] 金光．机载光电跟踪测量的目标定位误差分析和研究[D]．长春:中国科学院长春光学精密机械与物理研究所,2001.
[26] 肖明耀．误差理论与应用[M]．北京:中国计量出版社,1985.
[27] 金光,王家骐．利用坐标变换推导经纬仪三轴误差[J]．光学精密工程,1999,7(5):89-94.
[28] 刘晶红,孙辉,张葆,等．航空光电成像平台的目标自主定位[J]．光学精密工程,2007,15(8):1305-1309.
[29] 孙辉,李志强,张建华,等．机载光电平台目标交会定位[J]．中国光学,2015,8(6):988-996.
[30] 孙辉．机载光电平台目标定位与误差分析[J]．中国光学,2013,6(6):912-918.
[31] 王英,曾光宇．双线阵 CCD 交会测量立靶精度系统研究[J]．光电工程,2011,38(10):33-38.
[32] 王晶,高利民,姚俊峰,等．机载测量平台中的坐标转换误差分析[J]．光学精密工程,2009,17(2):388~394.
[33] Blostein S D, Huang T S. Error analysis in stereo determination of 3D pointposition[J]. IEEE Transaction On Pattern Analysis and Machine Intelligence, 1987, 9(6):752-765.
[34] 俞道银,谈恒英．工程光学[M]．北京:机械工业出版社,2002.
[35] 张以谟．应用光学[M]．第 3 版,北京:电子工业出版社,2008.
[36] 王家骐,金光,颜昌翔．机载光电跟踪测量设备的目标定位误差分析[J]．光学精密工程,2005,13(2):105-116.
[37] 董梅,卢道华,张礼华．基于蒙特卡罗法的卷板机误差分析[J]．中国制造业信息化,2005,34(9):119-121.
[38] 金光,钟兴．CCD 光学遥感器参数选择研究[J]．空间科学学报,2009,01:135-139.
[39] 李哲煜,杨洪波,张峋．航空成像平台视景仿真系统的实现[J]．光学精密工程,2005(21):24013.
[40] 施阳．Matlab 语言精要及动态仿真工具 Simulink[M]．西安:西北工业大学出版社,1997.
[41] 张培强．MATLAB 语言[M]．合肥:中国科学技术大学出版社,1995.
[42] 冯师颜．误差理论与实验数据处理[M]．北京:科学出版社,1964.
[43] 陈丁跃,周仁魁,李英才．随机振动对星载 TDI CCD 影响分析[J]．光子学报,2004,33(10):1247-1250.
[44] 王光．KS-146 长焦距航空照相机[M]．北京:中国人民解放军空军司令部情报部,1989.
[45] 周前飞,刘晶红,熊文卓,等．机载光电成像平台的多目标自主定位系统研究[J]．光学学报,2015,35(1):1-15.

[46] Weng J, Cohen P, Herniou M. Camera calibration with distortion models and accuracyevaluation[J]. IEEE Transaction On Pattern Analysis and Machine Intelligence, 1992, 14(10): 965-980.

[47] Mcvey E S. Some accuracy and resolution aspects of computer vision distance measurement [J].IEEE Transaction On Pattern Analysis and Machine Intelligence, 1982, 4: 646-649.

[48] 张岣,金光,李哲煜. 面阵相机焦平面像移速度的几何分析[J]. 测试技术学报, 1671-7449(2006)增刊-0276-04.

[49] Lareau, et al. Electro-Optical Imaging Array with Profiled Forward Motion Compensation[P]. United States Patent No. 5 692062, 1997.

[50] RECON/OPTICAL, INC. KS-87E FRAME CAMERA[R]. USA: ROI 公司, 2002.

[51] John L Minor. Advanced Tactical Air Reconnaissance System Development Test and Evaluation RF-4C Final Flight Test Results, SPIE Airborne Reconnaissance XVIII, 1994, 2272: 2-27.

[52] André G Lareau, Electro-optical imaging array with motion compensation, SPIE Airborne Reconnaissance XVll, 1993, 2023: 65-79.

[53] Lareau A G. Optimum Coverage E-O Framing Camera[J], SPIE, 1996, 2829: 216-226.

[54] Lareau A G, Flight Demonstration of the CA-261 Step Frame Camera. SPIE Proceedings Vol. xxx, Airborne Reconnaissance XXI, pp. 20-27 July 1997.

[55] Steven J Strunk, et al. The Development of a 4 Million Pixel CCD Imager for Aerial Reconnaissance[J]. SPIE 1992, 1763: 25-36.

[56] 王俊,王家骐,卢锷,等. 图像二维运动时的光学传递函数计算[J]. 光学学报, 2001, 21(5): 581-585.

[57] André G Lareau, RF-4C Final Flight Test Results, SPIE Proceedings, Airborne Reconnaissance XVIII, pp. 2-27, 26-27-July, 1994.

[58] 黄静,王岱,高晓东,等. 大面阵数字航测相机像移补偿的实现[J]. 光电工程, 2006, 33(5): 27~30.

[59] 张岣,金光,王晓晖. 相机姿态角对焦平面像移速度的影响[J]. 光学精密工程. Vol. 15 Special. 2007. 10.

[60] Zhao Guijan. Study on dyhamic imaging on push-broom TDICCD optical remote sensor [J]. Optics and Precision Engineering, 2006, 14(2); 291-296.

[61] 闫得杰,徐抒岩,韩诚山. 飞行器姿态对空间相机像移补偿的影响[J]. 光学精密工程, 2008, 16(11): 2197-2203.

[62] Sun Zhiyuan, Zhang Liu, Jin Guang. Design of ground-based physical simulation system for satellite-borne TDI-CCD dynamic imaging [J]. Optoelectronic Imaging & Multimedia Technology, 2010: 785014-785014-8.

[63] Zhang Liu, Li Shujun, Jin Guang. Modeling of satellite borne TDI CCD pitching imaging image motion velocity vector [F]. IEEE International Conference on Mechatronics Automation2009: 1587-1591.

[64] Yang Xiubin, Zhong Xing, Jin Guang. Influence of The TDI CCD Camera Takes Pictures When High Resolution Satellite Lateral Swaying [C]. IEEE International Conference on Mechatronics and Automation, 2009: 1899-1903.
[65] 康辉. 映象光学[M]. 天津:南开大学出版社. 1996.
[66] 赫克特 E,赞斯 A. 光学[M]. 北京:人民教育出版社 1980.
[67] 彭树楷,陆维承. 应用光学[M]. 世界书局. 1976. 09:115~117.
[68] 王家骐,于平,颜昌翔,等. 航天光学遥感器像移速度矢计算数学模型[J]. 光学学报,2004,24(12):1585~1589.
[69] 李广泽,孔德柱,刘金国. 宽覆盖型光学遥感相机侧摆像移速度计算[J]. 中国光学,2013,6(5):750-758.
[70] 孙辉,张淑敏. 机载成像系统像移计算模型与误差分析[J]. 光学精密工程,2012,20(11):2492-2499.
[71] 李刚,杨名宇,等. 基于联合变换相关的机载航空相机像移测量[J]. 中国光学,2015,8(3):401-406.
[72] 王运,颜昌翔. 基于差分法的空间相机像移速度矢量计算[J]. 光学精密工程,2011,19(5):1054-1060.
[73] 陈霖,周廷,房建成,等. 航空遥感运动补偿用 POS 高阶误差模型的建立与分析[J]. 仪器仪表学报,2012,33(11):2436-2444.
[74] 王亚敏,杨秀彬,金光,等. 高分辨率 CMOS 相机沿轨长条带钟摆式搜索成像设计[J]. 光学学报,2017:147-156.
[75] Zhang Xun, Jin Guang, Sun Xiaowei. A New Algorithm of Image Segmentation for Overlapping Grain Image. SPIE, 2006, 6027.
[76] 黄群东,杨芳,赵键. 敏捷卫星宽幅动态成像姿态调整技术研究[J]. 航天器工程,2013,22(4):17-22.
[77] 王翀,尤政,邢飞,等. 大视场空间遥感相机的像速场及图像传感器曝光积分控制[J]. 光学学报,2013,33(5):88-95.
[78] 周庆才,王志坚,王春艳. 基于稳像理论的空间光学遥感像移补偿的分析与计算[J]. 光学学报,2004,24(3):413-417.
[79] 李延伟,远国勤. 面阵彩色航空遥感相机前向像移补偿机构精度分析[J]. 光学精密工程,2012,20 (11):2439-2443.
[80] 周庆才,王志坚,王春艳. 基于稳像理论的空间光学遥感像移补偿的分析与计算[J]. 光学学报,2004,24(3):413-417.
[81] 童子磊. CCD 相机的像移补偿技术[J]. 激光与红外,2005,35(9):628-632.
[82] 刘明,刘钢,李友一,等. 航空相机的像移计算及其补偿分析[J]. 光电工程,2004,31:12-14.
[83] wulich D, Kopeika N S. Image resolution limits resulting from mechanical vibrations[J]. Optical Engineer, 1987, 26(6):529-533.

[84] 丁福建,李英才. CCD 相机像移的补偿[J]. 光子学报,1998,27(10):948-951.
[85] 许世文,姚新程,符苓. 推帚式 TDI-CCD 成像时像移影响的分析[J]. 光电工程,1999,26(1):60-63.
[86] 吴宏圣,潘凝,翟林培. TDI CCD 全景式航空相机的像移补偿误差分析[J]. 光学精密工程,2003,11(6):545-548.
[87] 杨秀彬,姜丽,金光. 数字域时间延迟积分时间 CMOS 相机高分"凝视"成像设计分析,光学学报,2012. 9. 10,32(09):103-109.
[88] 常琳,金光,杨秀彬. 航天 TDI CCD 相机成像拼接快速配准算法设计与分析. 光学学报. 2014. 34(05):56-64.
[89] 杨秀彬,贺小军,张刘,等. 偏流角误差对 TDI CCD 相机成像的影响与仿真. [J]光电工程,2008,35(11):45~50.
[90] Yang Xiubin, Jiang li, Jin Guang, et al. Earth elevation map production and high resolution sensing camera imaging analysis, SPIE Optoelectronic imaging and Multimedia Technology, 2010,7850(13):1-6.
[91] Sun Zhiyuan, Zhang Liu, Jin Guang, et al. Design of ground-based physical simulation system for satellite-borne TDI CCD dynamic imaging. SPIE Optoelectronic imaging and Multimedia Technology, 2010, 7850(14):1-8.
[92] 杨秀彬,姜丽,金光. 轨道末期星载相机侧摆成像匹配分析与实验. 空间科学学报,2013. 33(3):337-345.
[93] 杨秀彬,金光,张刘,等. 卫星后摆补偿地速研究及成像仿真分析. 宇航学报,2010,31(3):912-917.
[94] Yang Xiubin, Zhong Xing, Zhang Liu, et al. Influence of the TDI CCD Camera Takes Pictures When High Resolution Satellite Lateral Swaying, IEEE Transactions on Mechatronics and Automation Systems, 2012. 6. 13, 13:7850-7856.
[95] 郝阳,李翀,等. 机载平台成像影响分析及运动补偿 FPGA 实现[J]. 现代雷达,2014,36(8):39-42.